사회기반시설의 자산관리와 ISO 55000

사회기반시설의 자산관리와 ISO 55000

한국도로학회 자산관리분과위원회 저

씨아이알

머리말

최근 도로, 교량, 터널, 하천, 상하수도 등 사회기반시설을 자산(asset)의 개념으로 보고 효율적이면서 경제적인 인프라 자산의 운용 및 유지관리를 위한 사회기반시설 자산관리(IAM: Infrastructure Asset Management) 개념이 선진국을 중심으로 도입 혹은 운영되고 있다. 자산관리는 원래 리스크 혹은 수익성 등을 고려하여 금융자산을 적절하게 운영하여 그 가치를 최대로 하는 활동이었지만 이 개념을 사회기반시설(SOC)에 도입한 것이 IAM이라 생각하면 이해하기 쉽다.

우리나라의 인프라 건설은 1970년대 고도성장기 시절부터 급속하게 이루어졌으며 구조물의 강도와 기능적 악화가 이루어지면서 유지보수 수요가 급격하게 증가하고 있는 실정이다. 나아가 고령화 시대에 접어들면서 사회기반시설의 건설과 유지보수에 많은 예산을 투여할 수 있는 경제적인 여력도 부족한 실정이다. 따라서 한정된 예산환경하에서 효율적이면서 경제적인 인프라 자산의 운영 및 유지관리가 당면 과제이다.

해외의 상황을 살펴보면, 영국의 경우 2008년에 물적 자산 전체를 대상으로 한 자산관리 공개사양서 PAS(Publicly Available Specification) 55가 공표되었으며 2009년에는 영국규격협회가 국제표준화기구에 자산관리를 위한 국제표준을 정할 것을 제안하여 2014년 1월 자산관리에 관한 국제표준인 ISO 55000 시리즈가 발행되었다.

ISO 55000 시리즈는 자산관리를 종합적인 관리기술 차원에서 골격을 구상하고 세부기술을 명시하였으며, 필요한 경우 새로운 기준을 제정하는 등 체계적인 관리를 요구하고 있다. 또한 해외에서의 PPP(Public-Private Partnership) 사업과 SOC 사업의 해외진출을 위한 인증제도로 활용되고 있다.

일본의 국토교통성도 2013년을 '유지관리 정책원년'으로 선포하여 고령화가 진행되는 인프라 자산에 대한 장기적인 정책 마련을 시작하였으며 민간기업뿐만 아니라 지자체에서도 ISO 55000의 인증을 받고 있다.

이러한 배경을 바탕으로 사회기반시설의 효율적인 관리를 위한 이론, 해외 실정과 국제 표준인 ISO 55000 시리즈의 구성과 특징 그리고 국내에서 가장 국제표준에 근접하고 있는 포장 분야와 연구가 많이 진행되고 있는 상하수도 분야를 중심으로 본 서를 출간하게 되었다. 특히 최근 인프라의 상태 데이터의 취득에 가능성을 보여주고 있는 드론 기술을 활용한 응용 분야도 사례를 일부 소개하였다.

이 책은 인프라 자산관리 분야 전문가들이 많은 시간을 서울역 스마트워크센터에 함께 모여 토의하고 점검하고 혹은 연구 성과를 통해 얻은 저자들의 통찰들을 모아 한 권의 책으로 묶게 되었다. 책의 완성도를 높이기 위한 저자들의 노력과 공들인 시간에 깊이 감사드린다.

아무쪼록 이 책이 많은 독자들 특히 실무자와 연구자 그리고 학생들에게 유용하게 활용되어 인프라 자산관리 분야 발전과 정착에 도움이 되길 간절히 바란다. 이 책을 위해 힘든 여정을 함께한 저자들께 이 글을 빌려 심심한 감사의 말씀을 전하며, 이 책이 나올 수 있도록 도와주신 김성배 씨아이알 대표와 박영지 편집장 이하 관계 직원 여러분의 노고에 깊은 감사를 드린다.

2018년 2월

대표 저자 **도명식**

추천의 글

『사회기반시설의 자산관리와 ISO 55000』의 출간을 진심으로 축하합니다.

이 책을 저술한 저자들은 과거 또는 현재 인프라 자산관리 분야에서 연구하고 강의하면서 이 분야의 발전을 위해 노력해온 인재들이며, 우리나라의 사회기반시설의 효율적인 자산관리의 정책과 실무 분야에서 앞으로도 큰 역할을 해줄 것으로 기대되는 분들입니다.

한국도로학회는 1999년 한국도로포장공학회를 태동으로 그간 산업발전의 동맥인 도로의 건설과 유지관리에 관한 학문적 성장과 변화를 주도한 학회로 약 3,000명의 회원이 학계, 연구기관, 건설 현장 등에서 활동하고 있는 중견학회입니다.

특히 한국도로학회에는 11개 분과위원회와 7개의 전문연구위원회가 왕성한 활동하고 있는데 그 가운데에서 자산관리분과위원회(위원장 도명식 교수) 소속 분과위원들의 노력으로 이 책이 독자들과 지식을 공유하게 됨을 기쁘게 생각합니다.

더불어 분과위원회의 연구, 세미나 개최, 정책 제언 등의 학술적 활동의 결과로 이러한 의미 있는 성과를 도출하는 것을 적극 장려하고 싶습니다.

본 서의 출간을 기획하고 주도적으로 집필에 참여하신 자산관리 분과위원회 도명식 위원장께 깊이 감사드리며, 집필에 참여해주신 박성환 교수님, 한국건설기술연구원의 이상혁, 한대석 박사님 그리고 ㈜도화엔지니어링 신휘수 박사님과 ㈜스마트지오 김성훈 대표님께도 노고에 감사드립니다.

아무쪼록 본 서가 사회기반시설 자산관리 분야에서 연구하고 실무를 담당하는 학생, 연구자 그리고 민간기업 종사자와 정책을 개발하는 공무원들에게 좋은 지침서가 될 수 있기를 기대해 봅니다.

2018년 2월

한국도로학회 학회장 **윤경구**

CONTENTS

CHAPTER 01

사회기반시설의 자산관리 개요

제1장에서는 사회기반시설 자산관리 시스템의 도입 배경, 필요성 그리고 사회기반시설 자산관리 국제표준(ISO 55000)의 주요 내용을 소개한다. 해외에서의 최신 동향을 소개하고 기존 유지관리와 자산관리의 차이점과 전략적 자산관리 계획(SAMP: Strategic Asset Management Plan)과 로직 모델 등에 대해서도 설명한다.

CHAPTER 01

사회기반시설의 자산관리 개요

1.1 자산관리 시스템 도입 배경

사회기반시설의 자산관리는 선진국을 중심으로 표준관리 시스템 및 구체적인 추진방안이 논의되어왔다. 특히 영국의 경우 2008년에 물적 자산 전반을 대상으로 자산관리 공개사양서 PAS 55를 공표하였다. 2009년에는 영국규격협회가 국제표준화기구에 자산관리에 관한 국제표준 제정을 제안하였으며 이에 국제표준화기구(ISO)에서 위원회를 구성하여 2014년 1월에 자산관리에 관한 국제표준인 ISO 55000 시리즈를 발행하게 되었다.

ISO 55000 시리즈는 행정기관이나 기업이 가진 광범위한 자산이 직면하게 되는 리스크를 평가하고 조직의 지속적인 발전을 목표로 자산의 유지갱신을 전략적으로 실시하기 위한 관리 프로세스의 표준화 모델이라 할 수 있다. 또한 ISO 55000 시리즈는 해외에서 이루어지는 PPP (Public Private Partnership) 사업 혹은 사회기반시설 건설 및 운영기술 수출에 관한 불가피한 인증제도가 될 것으로 인식되고 있다.

미국의 경우 사회기반시설에 대한 유지관리가 제대로 이루어지지 않아 1980년대 들어 많은 사회기반시설의 급속한 노령화에 직면하게 되었다. 당시에 유지관리 담당자들은 유지보수의 필요성을 주장하였지만 재원 확보가 이루어지지 않아 보수가 이연되는 상황이 계속되어왔다. 이러한 유지보수의 이연은 미국 전역에 걸쳐 사회기반시설의 노령화를 방치하는 결과를 초래하였으며 최근 미국 정부는 인프라투자의 개혁방안을 발표하기에 이르렀다.

사회기반시설은 손상이나 악화가 경미한 수준에서는 예방적 유지보수를 수행할 경우 장수명화를 기대할 수 있으며 결과적으로 생애주기비용을 절감할 수 있다. 반대로 유지보수가 적기에 이루어지지 않고 이월되는 경우 유지보수 비용이 증가하고 장래 세대에서 막대한 유지보수비용을 부담하게 된다. 따라서 사회기반시설을 국민의 자산(asset)으로 여기고 자산의 유지보수를 계획적이면서 적기에 실시하기 위한 자산관리의 개념은 매우 중요하다고 할 수 있다.

도로관리에 기존의 공학적인 개념에 회계, 경영, 재무, 경제학적 자산개념을 도입하는 방안(도로자산 관리체계)은 도로의 서비스 수준(LOS: Level Of Service)을 최대화하는 동시에 최적의 보수·보강 및 계획수립을 통해 예산지출을 최적화하고 장기적인 자산운용 계획을 수립·운용하는 것이다. 이러한 자산관리 개념은 현재 미국, 영국, 호주 등 해외 선진국에서 널리 운영중에 있다. 특히 ISO 55000을 중심으로 인프라의 자산관리에 대한 국제 기준, 절차 등에 대한 연구와 정보교류가 활발히 이루어지고 있으며, 이를 반영한 인프라 자산관리에 대한 국제사회기반시설물 관리 매뉴얼(IIMM: International Infrastructure Management Manual)도 이미 발행되었다.

우리나라의 경우 1970년대부터 본격적으로 건설된 도로자산이 대표적인 사회기반시설이라 할 수 있다. 이러한 도로자산은 현재 노후화가 심화되어 유지관리에 소요되는 예산이 급격히 증가하고 있으나, 현재 유지관리는 구체적인 관리목표 및 적정예산에 대한 검토 없이 사후 대응적 유지보수와 확보된 보수예산의 효율적 집행에만 집중하고 있는 실정이다.

이에 따라 최근에는 도로관리에 충분한 재정투자가 현실적으로 어려운 상황에서 도로의 기능유지, 생애주기비용 등을 고려한 효율적인 유지관리 방안에 대한 필요성이 지속적으로 제기되고 있다. 특히 최근 도로법 개정(14.1.14)으로 도로건설·관리계획(5년)의 수립 시 도로 자산의 활용·운용에 관한 사항을 포함토록 하고 있다.

또한 우리나라는 국가회계법(2007년 10월) 및 국가회계기준에 관한 시행규칙(2009년 3월)을 제정하여 발생주의 회계제도가 도입되었으며 2011 회계연도부터 발생주의에 기초한 재무제표를 본격적으로 작성되기 시작하였다. 이에 따라 기존 국가자산관리체계에서는 상대적으로 관리가 소홀하였던 도로, 하천, 댐, 공항, 항만, 철도, 하천, 상하수도 등의 사회기반시설을 재무제표에 자산으로 포함시켜 종합적으로 가치를 평가·관리하도록 의무화되었다. 이와 같이 사회기반시설의 관리 결과가 재무제표에 반영되어 국민에게 보고됨에 따라 사회기반시설의 유지관리에 대한 종합적인 자산관리체계의 도입이 중요한 과제가 되었다.

1.2 자산관리의 정의 및 대상

사회기반시설의 정의는 관련 법령에 따라 다양하다. 먼저 『사회기반시설에 대한 민간투자법』 제2조에서 정의하고 있는 사회기반시설은 다음과 같다.

(정의) "사회기반시설"이란 각종 생산활동의 기반이 되는 시설, 해당 시설의 효용을 증진시키거나 이용자의 편의를 도모하는 시설 및 국민생활의 편익을 증진시키는 시설로서, 다음 각 목의 어느 하나에 해당하는 시설을 말한다.

가. 「도로법」에 따른 도로 및 도로의 부속물
나. 「철도사업법」에 따른 철도
다. 「도시철도법」에 따른 도시철도
라. 「항만법」에 따른 항만시설
마. 「공항시설법」에 따른 공항시설
바. 「댐건설 및 주변지역지원 등에 관한 법률」에 따른 다목적댐
사. 「수도법」에 따른 수도 및 「물의 재이용 촉진 및 지원에 관한 법률」에 따른 중수도
아. 「하수도법」에 따른 하수도, 공공하수처리시설, 분뇨처리시설 및 「물의 재이용 촉진 및 지원에 관한 법률」에 따른 하·폐수처리수 재이용시설
자. 「하천법」에 따른 하천시설
차. 「어촌·어항법」에 따른 어항시설
카. 「폐기물관리법」에 따른 폐기물처리시설
타. 「전기통신기본법」에 따른 전기통신설비
파. 「전원개발촉진법」에 따른 전원설비
하. 「도시가스사업법」에 따른 가스공급시설
거. 「집단에너지사업법」에 따른 집단에너지시설
너. 「정보통신망 이용촉진 및 정보보호 등에 관한 법률」에 따른 정보통신망
더. 「물류시설의 개발 및 운영에 관한 법률」에 따른 물류터미널 및 물류단지
러. 「여객자동차 운수사업법」에 따른 여객자동차터미널
머. 「관광진흥법」에 따른 관광지 및 관광단지
버. 「주차장법」에 따른 노외주차장
서. 「도시공원 및 녹지 등에 관한 법률」에 따른 도시공원
어. 「물환경보전법」에 따른 공공폐수처리시설
저. 「가축분뇨의 관리 및 이용에 관한 법률」에 따른 공공처리시설
처 「자원의 절약과 재활용촉진에 관한 법률」에 따른 재활용시설
커. 「체육시설의 설치·이용에 관한 법률」에 따른 전문체육시설 및 생활체육시설
터. 「청소년활동 진흥법」에 따른 청소년수련시설
퍼. 「도서관법」에 따른 도서관
허. 「박물관 및 미술관 진흥법」에 따른 박물관 및 미술관
고. 「국제회의산업 육성에 관한 법률」에 따른 국제회의시설
노. 「국가통합교통체계효율화법」에 따른 복합환승센터 및 지능형교통체계

도. 「국가공간정보 기본법」에 따른 공간정보체계
로. 「국가정보화 기본법」에 따른 초고속정보통신망
모. 「과학관의 설립·운영 및 육성에 관한 법률」에 따른 과학관
보. 「철도산업발전기본법」에 따른 철도시설
소. 「유아교육법」, 「초·중등교육법」 및 「고등교육법」의 규정에 따른 유치원 및 학교
오. 「국방·군사시설 사업에 관한 법률」에 따른 국방·군사시설 중 교육·훈련, 병영생활 및 주거에 필요한 시설과 군부대에 부속된 시설로서 군인의 복지·체육을 위하여 필요한 시설
조. 「공공주택 특별법」에 따른 공공임대주택
초. 「영유아보육법」에 따른 어린이집
코. 「노인복지법」에 따른 노인주거복지시설, 노인의료복지시설 및 재가노인복지시설
토. 「공공보건의료에 관한 법률」에 따른 공공보건의료기관
포. 「신항만건설촉진법」에 따른 신항만건설사업의 대상이 되는 시설
호. 「문화예술진흥법」에 따른 문화시설
구. 「산림문화·휴양에 관한 법률」에 따른 자연휴양림
누. 「수목원 조성 및 진흥에 관한 법률」에 따른 수목원
두. 「스마트도시 조성 및 산업진흥 등에 관한 법률」에 따른 스마트도시기반시설
루. 「장애인복지법」에 따른 장애인복지시설
무. 「신에너지 및 재생에너지 개발·이용·보급 촉진법」에 따른 신·재생에너지 설비
부. 「자전거 이용 활성화에 관한 법률」에 따른 자전거이용시설
수. 「산업집적활성화 및 공장설립에 관한 법률」에 따른 산업집적기반시설
우. 「국토의 계획 및 이용에 관한 법률」에 따른 공공청사 중 중앙행정기관의 소속기관 청사. 다만, 「경찰법」에 따른 지방경찰청 및 경찰서는 제외.
주. 「장사 등에 관한 법률」에 따른 화장시설
추. 「아동복지법」에 따른 아동복지시설
쿠. 「택시운송사업의 발전에 관한 법률」에 따른 택시공영차고지

한편 「국가회계법」에 따라 국가의 재정활동에 발생하는 경제적 거래 등을 발생 사실에 따라 복식부기 방식으로 회계처리하는 데에 필요한 기준이 되는 「국가회계기준에 관한 규칙」 제14조에는 사회기반시설에 대해 다음과 같이 정의하고 있다.

제14조(사회기반시설)
사회기반시설은 국가의 기반을 형성하기 위하여 대규모로 투자하여 건설하고 그 경제적 효과가 장기간에 걸쳐 나타나는 자산으로서, 도로, 철도, 항만, 댐, 공항, 하천, 상수도, 국가어항, 기타 사회기반시설 및 건설 중인 사회기반시설 등을 말한다.

본 서에서는 「국가회계기준에 관한 규칙」에서 정의하고 있는 사회기반시설을 대상으로 기술

하기로 한다.

한편 사회기반시설을 대상으로 한 자산관리의 정의도 약 300여 개 이상 존재하며 이 가운데에서 자산관리의 체계를 가장 먼저 도입한 국가는 호주와 뉴질랜드이다.

뉴질랜드의 NAMS(National Asset Management Steering) group, INGENIUM(2006)의 자산관리 매뉴얼인 IIMM에서는 자산관리에 대하여 "현재와 미래 세대의 고객을 위해서 자산을 관리함에 있어서 가장 비용-효과적인 방법으로 고객이 요구하는 서비스 수준을 제공하는 것"이라고 정의하였다. 또한 미국 연방도로청(FHWA: Federal Highway Administration)은 도로 시설물을 대상으로 "유형 자산을 비용효율적인 방법으로 유지관리, 개선, 운용하는 절차"라 정의하고 있다(채명진·윤원건, 2014).

경제협력개발기구(OECD)에서는 "공학적인 원리와 바람직한 경영방법 및 경제학적 합리성을 결합하고, 공공의 기대목표를 달성하는 데 필요한 의사결정을 더욱 조직적이고 유연성 있게 함으로써 자산을 유지관리, 개량, 운용하는 체계적인 프로세스"로 자산관리를 정의하고 있다(채명진·윤원건, 2014).

선진국 사례 검토를 통해 주요 나라에서 정의한 자산관리의 개념을 정리해보면 표 1.1과 같으며, 자산관리가 도입되는 과정이 각국의 사회·경제·문화적 상황과 유지관리의 체계, 재정지원의 체계, 유관기관의 관리 감독 체계 등 여러 가지 요인에 따라서 달라질 수 있기 때문에 대상 시설물과 관리 주체에 따라서 정의도 달라진다.

표 1.1 외국의 자산관리 정의

기관	정의
미국연방 도로청 (FHWA)	물리적인 자산을 비용 효율적으로 유지보수, 관리 및 운영하기 위한 체계적인 프로세스이며 공학적인 원리와 최선의 실천 수법 및 경제학의 이론을 조합시킨 것으로 의사결정을 위한 체계적으로 이론적인 접근을 할 수 있는 도구를 제공하는 시스템
영국 환경·운수·국토성 (DETR)	자산관리란 토지 및 건물의 전략적인 관리이고, 서비스 제공에 수반한 편익이나 금전적인 수익을 위해 자산이용을 최적화한 것
영국 BSI	조직의 전략적 계획을 성취하기 위한 목적으로 물리적 자산들과 자산의 성능, 위험도와 비용 등을 자산의 생애주기 관점에서 조직이 최적으로 관리할 수 있는 시스템적이고 조정되어진 활동과 일상적 행위
뉴질랜드 NAMS	가장 비용효과적인 방법으로 요구되는 서비스 수준을 제공하기 위한 목적으로 물리적인 자산에 관리, 재무, 경제, 공학 등의 다양한 활동들을 조합하여 적용하는 것
호주 Austroad	지역사회의 이익에 대한 효과적이고 효율적인 조달 및 구매 도구로서 자산의 장기적인 관리를 위해 이해하기 쉽고 구조화된 방법론

표 1.1 외국의 자산관리 정의(계속)

기관	정의
경제협력개발기구 (OECD)	도로부문에 적합한 자산관리의 정의를 공공의 기대수준을 충족시키기 위해 필요한 의사결정을 해나가는 보다 조직화되고 유연한 접근방법을 마련하기 위한 도구를 제공하고, 충분한 업무수행사례와 경제적인 합리성을 가지고 공학적 원칙을 결합하여 자산을 유지, 개선 및 운영하는 시스템적인 프로세스
세계도로대회(PIARC)	적절하게 정의된 목표에 근거하여, 도로 네트워크나 도로자산(포장, 교량, 터널, 도로 설비 등)의 운영, 유지관리, 수선 및 갱신을 공사에 의한 교통장애의 영향에 입각하여 장기적으로 가장 비용효율화된 방법에 의하여 계획하여 최적화하는 것을 지원하는 절차
Transportation Association of Canada	포장, 구조물, 그리고 다른 기반시설 수요간 필요성에 대한 비교를 토대로 효과적이고 효율적이고 자금을 배분하는 이해하기 쉬운 프로세스
일본토목학회 (JSCE)	"투자를 통해 얻어지는 성과를 모니터링함과 동시에 지속적인 개선전략을 운영하는 것"으로 '관리(Management)'의 개념보다는 '경영(Business)'의 개념에 더욱 적합

출처 : 채명진·윤원건(2014), p.10. 재정리

여기서 ISO 55000 시리즈에서 사용하고 있는 용어의 정의를 살펴보기로 한다.

1) 자산

자산은 '조직에게 잠재적 혹은 실제로 가치를 가진 것'으로 정의할 수 있다. 여기서 말하는 가치는 해당 구성원 혹은 조직에 따라 상이하며 유형/무형, 금전적/비금전적인 것도 포함한다. 한편 조직은 자산이 가지는 가치를 발생시킴으로 인해 자산에 대한 책임도 가진다.

2) 자산관리

자산관리란 '자산의 가치를 구체화(실현)하는 조직의 활동'으로 정의된다. 가치의 실현은 일반적으로 비용, 리스크, 기회 혹은 성능의 편익 최적화를 포함한 의미이다.

3) 자산관리 시스템

자산관리 시스템은 '조직의 목표를 달성하기 위해 (자산에 관련된) 방침, 목표 및 그 목표를 달성하기 위한 과정(프로세스)을 확립하기 위한 것으로 상호 관련이 있는 혹은 상호 작용하는 조직의 일련의 요소'로 ISO에 의한 관리 시스템 규격의 공통된 정의이다. 즉, 자산관리 시스템이란 자산관리를 실천하기 위해 필요한 조직 내의 역할, 책임, 자원, 정보 등 일련의 요소라 할 수 있으며 이러한 요소들이 조직적·체계적으로 작용할 수 있도록 해야 한다.

공학 분야에서는 조직의 자산관리를 지원하기 위한 정보 시스템을 자산관리 시스템이라 하는 경우가 많으나, 본 서에서는 ISO 55000 시리즈의 개념을 바탕으로 조직이 자산관리를 실시하기 위한 관리 프로세스로 기술하기로 한다. 따라서 자산관리를 지원하는 정보 시스템을 자산관리 정보 시스템이라 부르기로 한다. 또한 자산관리를 실천하기 위해 정량화된 의사결정 프로그램 군을 자산관리 소프트웨어라 부르기로 한다.

이를 종합하여 자산관리와 관련된 용어 간의 관계를 요약하면 그림 1.1과 같다. 먼저 자산관리 시스템의 적용범위 내에 있는 자산을 자산 포트폴리오라 하며 이를 체계적으로 관리하기 위한 도구가 자산관리 시스템이 된다. 자산관리 시스템이 조직 내에서 전사적으로 작동함에 따라 자산관리가 효율적으로 이루어지게 된다. 즉, 자산관리 시스템은 조직의 목표를 달성하기 위해 필요한 자산관리를 적절하게 작동시키는 조직 내의 수단(vehicle)이면서 도구(tools)라고 해석할 수 있다.

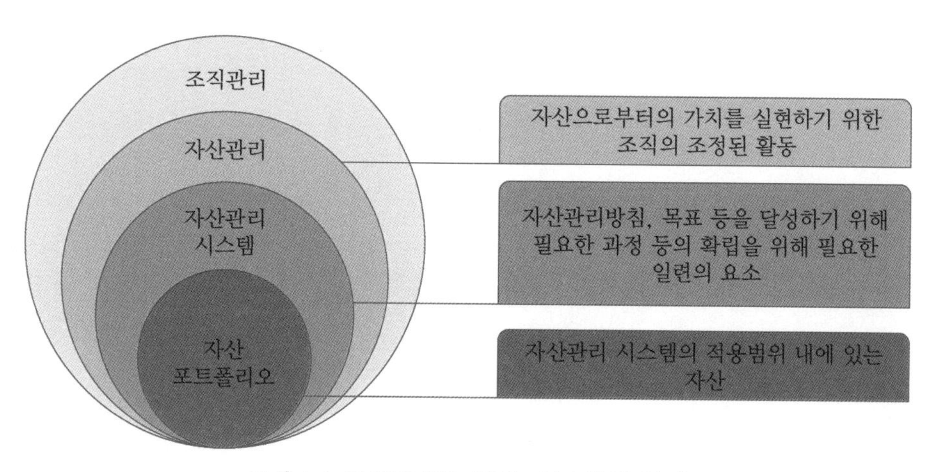

그림 1.1 자산관리와 조직, 시스템의 관계

본 서에서는 사회기반시설 가운데 관리 시스템의 요건을 갖춘 포장, 상수도, 교량관리 시스템을 기반으로 향후 사회기반시설물 전체를 대상으로 한 관리체계로의 전환을 위한 방안에 초점을 맞추기로 한다. 여기서 관리 시스템의 요건은 ① 사회기반시설 자산목록의 최근정보, ② 사회기반시설의 상태평가 내용 및 상태평가 결과, ③ 최소유지등급 이상으로 사회기반시설을 유지관리하기 위해 매년 소요될 수선유지비의 추정치, ④ 위의 사회기반시설의 자산을 대상으로 한 상태평가 결과보고서 등의 정보를 산출하고 문서화하여 관리할 수 있는 경우를 말한다(부록의 사회기반시설 회계처리지침 참조).

1.3 기존 유지관리와 자산관리의 비교

사회기반시설물의 자산관리는 기존에 수행되어왔던 일반적인 유지관리 시스템에 기업의 비즈니스 개념을 접목한 공공관리의 새로운 패러다임이라 할 수 있다. 사회기반시설물은 시설물의 유형마다 다양한 공종(토공·포장공·시설공·배수공 등)으로 구성되며, 건설이 완료된 후에는 내구연한(수명)에 이르기까지 장기간에 걸친 운영·유지관리 작업이 이루어지게 된다.

지금까지 국내의 시설물 유지관리는 구조적인 문제를 발견한 경우에만 보수 및 보강 활동을 수행하는 사후대응형 관리(Reactive Management)가 주류를 이뤄왔지만 최근 유지관리 예산 확보의 어려움, 환경 및 안전 분야 등의 관심 증가 등 현실적인 여건의 변화로 인해 경제·경영 리스크의 관점을 접목한 예방형 관리(Preventive Management)의 필요성이 대두되었다.

즉, 기존의 시설물 유지관리는 구조물의 상태만을 중시하는 공학적 관점에서의 관리만이 수행되어왔다고 하면 자산관리 기법은 기존의 공학적 유지보수 기법에 경영·경제·회계·재무 및 리스크를 고려한 장기적인 관점에서의 생애주기관리 개념을 추가한 계획이라 할 수 있다.

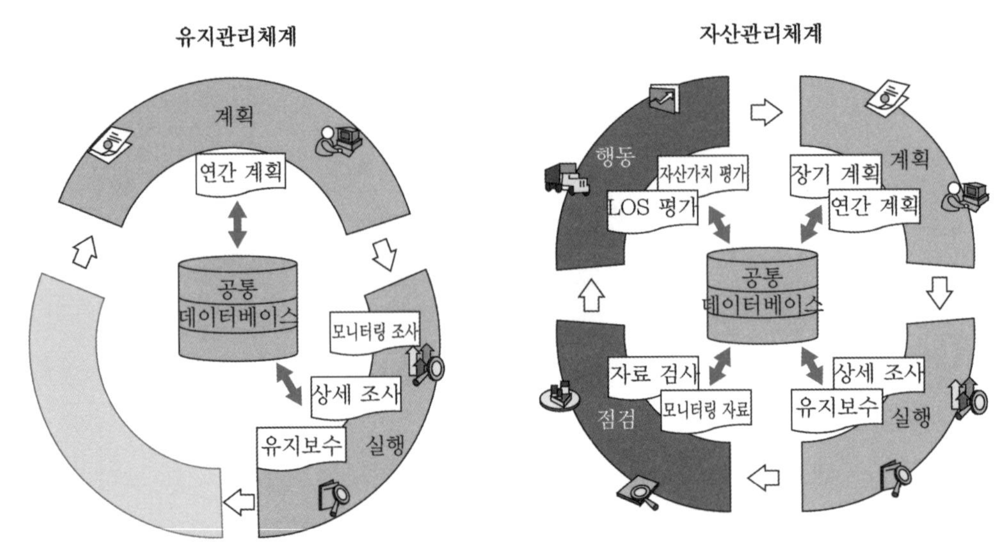

그림 1.2 유지관리 및 자산관리체계의 주기비교

출처 : ISO 5500X(ASSET MANAGEMENT) 세미나 자료 참조(내부 자료)

사후대응형 중심의 시특법에 근거한 유지관리는 보수·보강을 위한 단순한 상태 파악과 데이터의 축적 성격이 강하다. 이러한 체계에서는 자산관리 요구사항을 만족하기 어려우며 데이터 부족으로 인해 체계적인 유지관리 계획과 예산편성에 한계가 있다.

사실 우리나라와 같이 공공관리에 있어서 거버넌스 혹은 비즈니스 개념이 정착되지 않은 상황에서는 ISO 55000 시리즈가 제시하는 관리규격(조항)을 충족하기 매우 어렵다. ISO 55000 시리즈의 내용을 반영하여 자산관리, 자산관리 시스템이 실제로 기능을 발휘하도록 유도하고 그 내용을 지속적으로 개선해가는 것은 국가적 차원에서의 도전이라 할 수 있다.

일반적인 자산관리 시스템은 그림 1.3에서와 같이 다층구조를 가지고 있다. 그림에서 가장 큰 사이클(전략 레벨)에서는 장기적인 시점에서 자산의 보수 시나리오와 이를 수행하기 위한 예산수준을 결정하게 된다. 중간에 있는 보수 사이클(전술 레벨)에서는 획득한 모니터링 결과 등에 기반을 두어 보다 구체적인 중기계획을 세우게 된다. 가장 안쪽에 있는 사이클(실시 레벨)에서는 각 연도의 보수예산하에서 보수대상 구간의 우선순위 선정과 보수사업을 시행하게 된다.

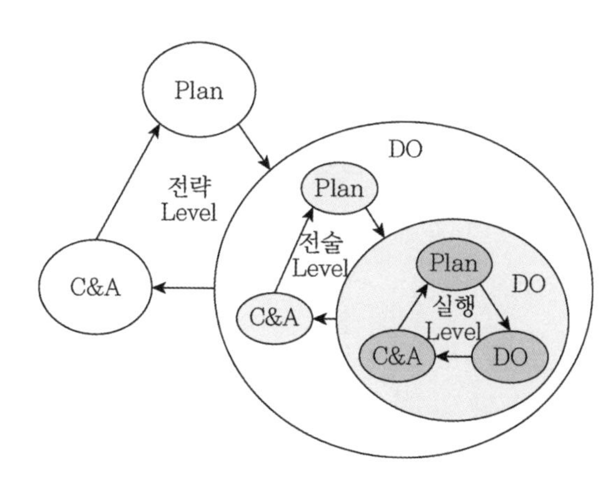

그림 1.3 예산집행관리 사이클의 계층구조

여기서 각 관리수준에서 수행되어야 할 구체적인 업무에 대해 고찰해보자.

전략 레벨의 관리는 자산의 서비스 수준을 설정하고 유지보수의 기본방침 및 장기적인 자산관리계획을 세우고 이를 시행하는 것을 목적으로 한다. 거시적 관점에서 조직이 관리하는 자산 전반에 관한 장기적인 유지보수 방침을 결정하기 위해서는 가능한 한 간략화된 관리 모델을 활용하는 것이 바람직하다. 따라서 대장이나 모니터링 이력, 보수이력 등에 관한 정보에 근거해 자산의 결함과 상태를 파악한 후 자산의 중요도에 따라 핵심자산을 설정하고 자산의 고유특성에 따라 유지보수 전략을 결정하게 된다. 이때 유지보수 전략은 생애주기비용을 최소로 하는 유지보수 대안 혹은 조직이 설정한 목표를 가장 비용·효율적으로 달성할 수 있는 대안을 장기적 자산관리 대안으로 채택한다. 즉, 장기적인 자산관리 계획에는 조직이 설정한 목표 서비스 수준과 이를 실현하기 위해 필요한 예산 수준이 확정되어야 한다.

전술 레벨에서는 정기적인 모니터링에 의해 얻어진 자산의 최신 상태 정보에 근거하여 중기 예산계획을 세우고 구체적인 지출과 보수계획이 확정되어야 한다. 모니터링 데이터와 장기 자산관리 계획에서 결정된 목표 서비스 수준을 충족하지 못하는 자산을 대상으로 1차 보수대상을 선정하고 보수의 우선순위를 부여하여 해당 회계연도에 필요한 예산 금액을 산출하게 된다. 이때 모니터링에 의해 안전이 우려되는 자산의 경우에는 상세 추적 조사를 실시하고 심각한 문제가 발견될 경우 우선 유지보수가 이루어지게 된다.

실시 레벨에서는 실제 유지보수를 시행하는 단계에서의 관리 수준을 의미하며 중기 자산관리 계획에서 선정된 자산을 대상으로 해당 연도에 필요한 계획을 세우게 된다. 이때 보수대상이 되는 자산의 입지 조건이나 보수 규모에 맞게 실제 보수 대상을 선택하게 된다. 단, 예산제약이 있기 때문에 보수가 이월되는 자산이 생기게 되며 보수 기록이 DB에 남게 되며 그 결과는 전략 레벨과 전술 레벨에서 사후평가의 기초자료로 사용된다.

사회기반시설은 생애주기 동안 사회에 편익을 발생시키면서 동시에 계획, 설계, 시공, 운영, 유지관리 및 폐기 단계에서 비용이 발생한다. 자산관리는 자산이 가진 고유의 특성을 파악하여 자산으로부터의 편익을 최대화하면서 리스크를 최소화하여 지속 가능한 서비스를 안정적이고 효율적으로 제공하는 것이 최대의 과제이다.

1.4 ISO 55000의 자산관리 개념

자산관리는 결국 조직의 목표 달성을 위해 조직이 보유한 돈(혹은 자산)을 어떻게 운용할 것인가에 대한 의사결정을 목적으로 한다. 이러한 특징 때문에 자산관리에서는 회계집행관리 시스템이 프로세스의 중심이 된다.

그림 1.3에서 나타낸 예산집행관리 시스템은 예산 계획, 집행, 관리(Plan-Do-Check & Act) 과정으로 구성되어 있으며, 보통 단기 회계연도(1년)를 대상으로 한다. 그러나 장기적 관점에서 자산의 상태와 기능을 관리하기 위해서는 자산의 상태·기능에 대한 예측모형이 필요하며, 나아가 자산의 수요와 결함에 대한 리스크 관리기능이 포함되어야 할 필요가 있다.

예산집행관리 시스템은 수립된 자산관리 계획과 관리 매뉴얼에 따라 운영되고 있다. 그러나 ISO 55000 시리즈 규격에 의한 자산관리 시스템은 그림 1.3의 예산집행관리 시스템 자체를 지속적으로 개선하는 것을 목표로 하고 있다. 따라서 자산관리 시스템의 지속적인 개선에 예산집행관리 시스템을 이용하는 것은 한계가 있다.

그림 1.4의 하단에는 현장에서 이루어지는 예산집행관리 시스템을 보여주고 있다. ISO

55000 시리즈가 상정하고 있는 예산관리 시스템은 예산집행관리 시스템을 포함하면서 이를 관리하는 시스템을 의미한다.

자산관리 시스템은 다양한 의사결정과정과 이를 지원하는 규칙과 규범, 매뉴얼, 정보 시스템, 이용 가능한 자원과 인적자산, 유지보수 기술, 계약방법과 계약관리 시스템으로 구성되어 있다. 자산관리 시스템의 PDCA 사이클은 관리과정에서 발생하는 문제를 인식·개선하고, 리스크를 최소화하기 위해 지속적인 시스템 개선을 추구하는 경영의 도구라 할 수 있다.

ISO 55000 시리즈는 현장에서 작동하고 있는 관리 시스템을 최대한 존중하면서 '어떻게 하면 관리 시스템의 거버넌스를 유지할 수 있을까?' 혹은 '어떻게 하면 관리 시스템의 문제점을 발견하고 이를 개선해 갈 수 있을까?'라는 관점에서 관리 시스템 전체를 재편성하기 위한 관리 시스템 규격이라 할 수 있다.

ISO 55000에 의한 자산관리 시스템은 그림 1.4에서 나타내고 있는 바와 같이 예산집행관리 시스템을 포함하며 조직의 계획과 목표에 따라 관리 시스템 전반을 지속적으로 개선하고자 하는 메타 관리 시스템이라 할 수 있다.

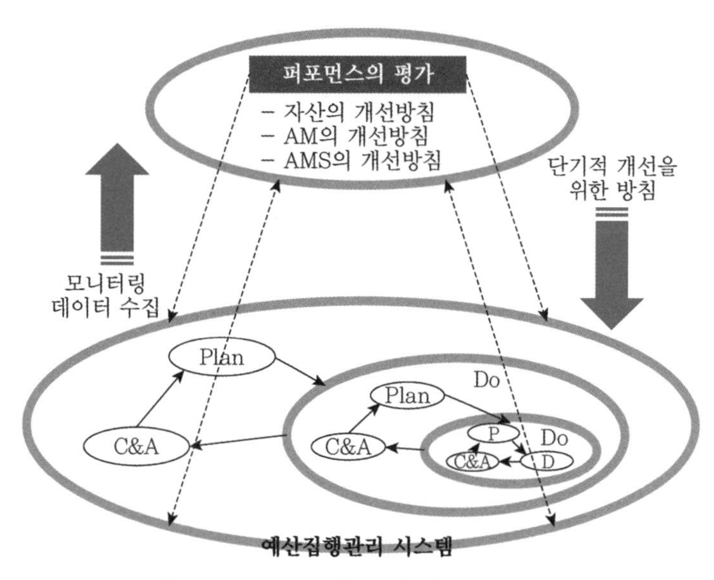

그림 1.4 ISO 규격에 의한 자산관리 시스템

지금까지 대부분의 조직에서 도입한 자산관리 프로세서는 그림 1.5에서 '관련 계획을 지원하기 위한 요소'에 해당한다고 할 수 있다. 그리고 자산관리를 위한 예산집행관리 시스템은 '자산관리 계획'과 '자산관리 계획의 시행'의 부분에 해당한다. 즉, '자산관리 계획'과 '자산관리 계획의 시행' 및 '관련 지원요소'의 부분을 중심으로 경영보다는 공학적 관점에서의 투자와 노력이

지속되어왔다는 것이 특징이라 할 수 있다. 그러나 ISO 55000 시리즈에서도 공학적 자산관리 부분이 핵심 시스템임에는 틀림없다.

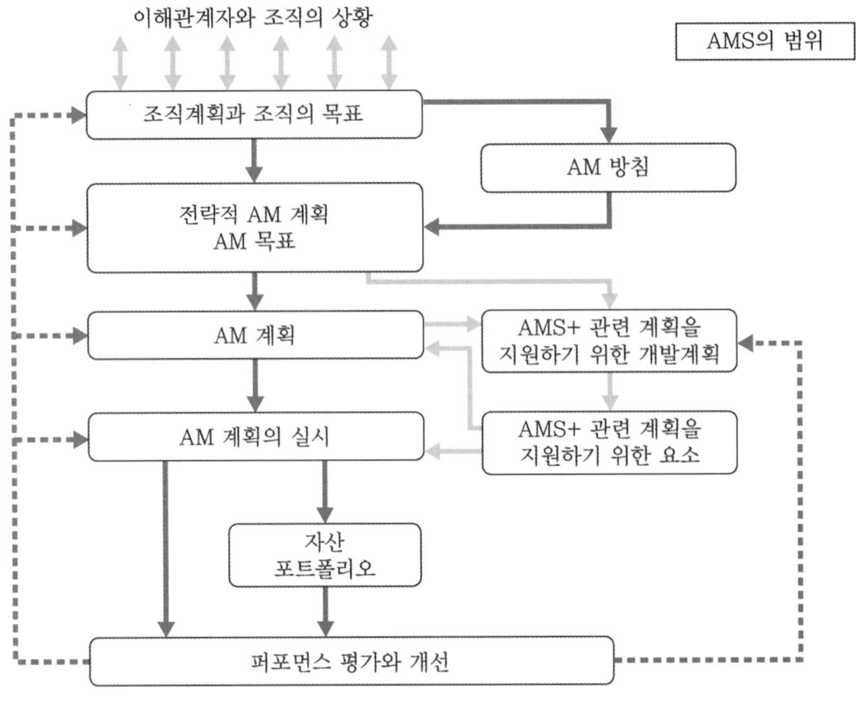

그림 1.5 자산관리 시스템의 주요 요소 간의 관계

그림 1.5를 참조하여 자산관리의 요소들 간의 관계와 프로세스를 파악해보자. 우선 '조직계획과 조직의 목표'부터 '자산관리 방침', '퍼포먼스 평가와 개선'에 이르는 세로방향의 절차에 주목해보기로 한다.

조직의 계획 및 목표는 이해당사자와 조직의 상황을 충분히 반영하여야 하며, 이를 근거로 자산관리 방침을 설정해야 한다. 자산관리 방침은 조직의 목표달성을 위해 자산관리에 적용하고자 하는 원칙으로 자산관리의 큰 틀을 제공한다. 또한 자산관리의 방침과 목표를 연결하기 위해서 전략적 자산관리 계획(SAMP: Strategic Asset Management Plan)을 수립해야 하는데, 여기에서는 자산관리의 목표와 시스템과의 관계, 역할을 명확하게 정의해야 한다.

'지원'은 자원, 역량, 인식, 토론, 정보에 관한 요구사항, 문서화된 정보 등의 요소를 포함하게 되며, 이러한 요소가 자산관리의 계획과 실시에 얼마나 유기적으로 적기적소에 활용되는가에 따라 자산관리의 성패가 좌우된다고 할 수 있다.

마지막으로 그림 1.5의 가장 하단에 있는 '퍼포먼스 평가와 개선'에서의 피드백(feedback)과정에 대해 살펴보면, 성능평가의 결과에 따라 개선계획이 수립되고, 이것이 자산뿐만 아니라 자산관리 계획과 시스템의 개선으로 이어지고 있다. 이것이 체계적이고 지속적 프로세스 개선을 위한 로직 모델(logic model)이다. 좀 더 쉽게 설명하면 로직 모델은 자산관리 시스템의 목표와 수단 체계를 탑다운 방식으로 연동해놓은 조직개선을 위한 툴(tool)로 비유할 수 있다.

그림 1.6에는 로직 모델의 기본 구성을 나타내는 것으로, ISO 55000 시리즈에 근거한 자산관리는 자산관리를 위한 조직의 활동과 성과가 최종 경영목표에 얼마나 기여하고 있는가를 평가·관리한다는 것이 핵심이다. 즉, 자산관리는 목표와 수단과의 관계를 정립하는 것부터 시작된다고 할 수 있다.

이를 위해서는 자산관리를 위한 행동과 지원방법, 의사결정 등에 대한 매뉴얼과 규정, 프로세스 운영에 필요한 시스템들도 로직 모델의 일부로써 구축·정비되어야 한다. 이러한 방법론은 조직을 새로 정비하거나 자산관리를 처음 도입하는 경우에는 매우 효과적이다. 우리나라와 같이 목표-수단 간의 뚜렷한 관계 정립 없이 현장중심의 기술적 관점에서 자산관리를 도입하는 경우 원활한 자산관리 정착을 기대하기 어렵다. 이러한 행정체계가 한번 굳어지면, 기존의 틀을 깨고 역으로 로직 모델을 구축하는 것 또한 매우 어렵다는 것을 반드시 이해해야 할 필요가 있다.

그림 1.6 로직 모델의 구성

'부분적 최적화를 통해 조직 전체의 자산관리체계를 어떻게 개선할까?' 로직 모델은 이러한 관점하에서 지속적 개선을 선도하고, 조직 내 분산되어 있는 자산관리에 대한 권한과 책임소재, 정보공유(자산의 현황, 매뉴얼, 계약관련 양식과 계약체결과 관련된 정보, 악화예측과 평가 등의 기준과 기술 정보 등)에 대해 분명히 한다는 것에 그 핵심이 있다.

CHAPTER 02

자산가치의 평가와 회계처리

제2장에서는 사회기반시설 자산목록과 인식에 대해 먼저 살펴보고 자산가치의 평가방법 및 대체적인 평가방법, 재평가 방법에 대해서 살펴본다. 나아가 감가상각 방안과 감가상각대체 기반시설의 조건과 공시 등 회계학적 특성에 대해서도 알아본다.

CHAPTER 02

자산가치의 평가와 회계처리

2.1 사회기반시설의 의의

사회기반시설은 국가의 기반을 형성하기 위하여 대규모 재원을 투입하여 건설하고 그 경제적 효과가 장기간에 걸쳐 나타나는 자산이다. 구체적으로 「사회기반시설에 대한 민간투자법」 제2조(정의)에서 나열한 시설 및 그 부속 토지 중 국가회계실체가 소유 또는 통제하고 있는 자산을 말한다.

사회기반시설은 국가 또는 지방자치단체가 형성한 공공자본이며 국민에게 무상 또는 일정한 대가를 받고 제공하는 자산이다. 사회기반시설은 국가 또는 지역사회의 기반자산(infrastructure asset)으로 다음과 같은 특성을 갖는다.

- 원칙적으로 양도가 불가능하고 이동에 제약이 있는 자산
- 일반 시설물에 비해 경제적 내용연수가 상당히 장기적인 자산
- 시설을 유지하기 위해 지속적인 관리비용이 발생하는 자산

사회기반시설은 시설의 설치에 관한 법률 등에 따라 구분하는 것이 아니며 그 자산의 실질적인 사용형태에 따라 해당 회계과목으로 구분함을 원칙으로 한다. 사회기반시설의 일부가 다른 용도로 사용되는 경우 주된 용도가 사회기반구축을 위한 것이라면 시설 전체를 사회기반시설

로 본다. 각 사회기반시설은 토지와 건물만을 의미하는 것이 아니며, 토지, 건물, 입목, 구축물, 기계장치, 차량운반구, 집기비품, 임차개량자산 등 해당 사회기반시설을 구성하는 부속자산은 모두 각각의 해당 사회기반시설에 포함하여 표시한다. 국가회계기준에서의 사회기반시설은 도로, 철도, 항만, 댐, 공항, 하천, 상수도, 국가어항, 기타사회기반시설, 건설 중인 사회기반시설로 구분한다. 지방자치단체회계기준에서의 사회기반시설은 도로, 도시철도, 상수도시설, 수질정화시설, 하천부속시설, 폐기물처리시설, 재활용시설, 농수산기반시설, 댐, 어항 및 항만시설, 기타사회기반시설, 건설 중인 사회기반시설을 포함한다. 국가회계에서 사회기반시설의 상세한 분류기준은 다음과 같다.

표 2.1 사회기반시설 자산목록 현황

중분류	회계과목	관리과목	세부관리과목
사회기반시설	도로	국도	토지, 도로감가상각누계액, 도로사용수익권, 철도
		고속도로	토지, 건물, 구축물, 기타
	도로감가상각누계액	국도감가상각누계액	건물감가상각누계액, 구축물감가상각누계액, 기타감가상각누계액
		고속도로감가상각누계액	건물감가상각누계액, 구축물감가상각누계액, 기타감가상각누계액
	도로사용수익권	국도사용수익권	토지사용수익권, 건물사용수익권, 구축물사용수익권, 기타사용수익권
		고속도로사용수익권	토지사용수익권, 건물사용수익권, 구축물사용수익권, 기타사용수익권
	철도	토지, 건물, 구축물, 기타	-
	철도감가상각누계액	건물감가상각누계액,구축물감가상각누계액, 기타감가상각누계액	-
	철도사용수익권	토지사용수익권, 건물사용수익권, 구축물사용수익권, 기타사용수익권	-
	항만	토지, 건물, 구축물, 기타	-
	항만감가상각누계액	건물감가상각누계액, 구축물감가상각누계액, 기타감가상각누계액	-
	항만사용수익권	토지사용수익권, 건물사용수익권, 구축물사용수익권, 기타사용수익권	
	댐	토지, 건물, 구축물, 기타	
	댐감가상각누계액	건물감가상각누계액, 구축물감가상각누계액, 기타감가상각누계액	-
	댐사용수익권	토지사용수익권, 건물사용수익권, 구축물사용수익권, 기타사용수익권	-
	공항	토지, 건물, 구축물, 기타	

표 2.1 사회기반시설 자산목록 현황(계속)

중분류	회계과목	관리과목	세부관리과목
사회기반시설	공항감가상각 누계액	건물감가상각누계액, 구축물감가상각누계액, 기타감가상각누계액	– – – – –
	공항사용 수익권	토지사용수익권, 건물사용수익권, 구축물사용수익권, 기타사용수익권	–
	하천	토지, 건물, 구축물, 기타	–
	하천감가상각 누계액	건물감가상각누계액, 구축물감가상각누계액, 기타감가상각누계액	–
	하천사용 수익권	토지사용수익권, 구축물사용수익권, 건물사용수익권, 기타사용수익권	–
	상수도	토지, 건물, 구축물, 기타	–
	상수도감가상각 누계액	건물감가상각누계액, 구축물감가상각누계액, 기타감가상각누계액	–
	상수도 사용수익권	토지사용수익권, 건물사용수익권, 구축물사용수익권, 기타사용수익권	–
	국가어항	토지, 건물, 구축물, 기타	–
	국가어항 감가상각누계	건물감가상각누계액, 구축물감가상각누계액, 기타감가상각누계액	–
	국가어항 사용수익권	토지사용수익권, 건물사용수익권, 구축물사용수익권, 기타사용수익권	–
	기타사회 기반시설	토지, 건물, 구축물, 기타	–
	기타사회기반시설 감가상각누계액	건물감가상각누계액	–
		구축물감가상각누계액	
		기타감가상각누계액	
	기타사회기반시설 사용수익권	토지사용수익권	–
		건물사용수익권	
		구축물사용수익권	
		기타사용수익권	
	건설 중인 사회기반시설	국도, 고속도로, 철도, 항만, 댐,공항, 하천, 상하수도, 기타사회기반시설	토지, 건물, 구축물, 기타

도로는 「도로법」 제2조에 따라 일반인의 교통을 위하여 제공되는 시설로서 국도 및 고속도로를 말한다. 국도는 중요도시, 지정항만, 비행장, 국가산업단지 또는 관광지 등을 연결하며 고속도로와 함께 국가기간망을 이루는 도로를 말한다. 고속도로는 중요도시를 연결하는 자동

차전용의 고속교통에 사용되는 도로를 말한다. 이러한 국도와 고속도로는 부속 토지, 건물, 구축물, 기타로 나누어 세부 관리된다.

철도는 「철도산업발전기본법」 제3조에 따라 여객 또는 화물을 운송하는 데 필요한 철도시설과 이와 관련된 운영·지원체계로서 일반철도, 광역철도, 고속철도를 말한다. 철도시설은 철도의 선로, 역시설 및 철도운영을 위한 건축물·건축설비, 선로보수기지 및 차량유치시설, 전철전력설비, 정보통신설비, 신호 및 열차제어설비 등을 포함한다.

항만은 「항만법」 제2조에 따라 선박의 출입, 사람의 승선과 하선, 화물의 하역·보관 및 처리 등과 관련된 시설로서 지정항만을 말한다. 댐은 「댐건설 및 주변지역지원등에관한법률」 제2조에 따라 하천의 흐름을 막아 그 저수를 활용하기 위해 설치한 높이 15m 이상의 공작물로서 국토교통부장관이 2개 이상의 특정용도로 이용하기 위하여 건설하는 다목적댐을 말한다.

공항은 「항공법」 제2조에 따라 공항시설을 갖춘 공공용 비행장으로서 국토해양부장관이 그 명칭·위치 및 구역을 지정·고시한 공항시설 및 부속 토지를 말한다. 구체적으로 항공기의 이착륙 및 여객·화물의 운송을 위한 시설과 그 부대시설 및 지원시설 등을 의미한다.

하천은 「하천법」 제2조에 따라 지표면에 내린 빗물 등이 모여 흐르는 물길로서 공공의 이해에 밀접한 관계가 있어 동법 제7조제2항에 따라 국가하천으로 지정된 것을 말하며, 하천구역과 하천시설을 포함한다.

상수도는 「수도법」 제3조에 따라 관로, 그 밖의 공작물을 사용하여 원수나 정수를 공급하는 시설의 전부를 의미하며, 국가·지방자치단체·한국수자원공사 또는 국토교통부장관이 인정하는 자가 둘 이상의 지방자치단체에 원수나 정수를 공급하는 광역상수도를 말한다.

국가어항은 「어촌·어항법」 제2조에 따라 천연 또는 인공의 어항시설을 갖춘 수산업 근거지로서 동법 제17조 에 따라 지정·고시된 어항 중 국가어항을 말한다.

기타사회기반시설은 위 어디에도 속하지 않는 사회기반시설을 의미한다. 건설 중인 사회기반시설은 아직 취득이 완료되지 않은 사회기반시설을 의미한다. 건설 중인 사회기반시설은 검수 또는 국유재산 등에 등재시점에서 해당 사회기반시설로 대체된다.[1]

1 사회기반시설과 관련한 건물은 그 효용이 사회기반시설 본연의 목적과 연관됨을 증명할 수 있어야 하며, 일반적인 관리목적으로 활용되는 건물의 경우에는 일반유형자산으로 분류한다.

2.2 사회기반시설 인식 및 평가

2.2.1 사회기반시설의 인식

사회기반시설을 자산으로 인식하기 위해서는 다음과 같은 인식조건을 모두 충족하여야 한다. ① 자산으로부터 발생하는 미래 경제적 효익(또는 용역잠재력)이 국가 또는 자치단체 회계실체 등에 유입될 가능성이 매우 높으며, ② 자산의 취득원가를 신뢰성 있게 측정할 수 있을 때 인식한다. 일반적으로 사회기반시설은 검수 또는 국유재산 대장 등에 등재되는 시점에서 인식된다.

2.2.2 취득원가

사회기반시설과 관련된 모든 원가는 그 발생시점에 측정하여 평가한다.[2] 사회기반시설의 취득원가는 취득을 위하여 제공한 자산의 공정가액과 취득부대비용을 포함한다. 단, 수증 또는 기부채납 등으로 무상 취득한 자산의 경우에는 취득한 자산의 공정가액과 취득부대비용을 취득원가로 계상한다.

취득원가에 포함되는 취득부대비용은 자산을 본연의 목적으로 활용하기 위해 필요한 장소와 상태에 이르게 하는 데 직접 관련되는 원가를 말한다. 취득부대비용의 예는 다음과 같다.

(1) 설치장소 준비를 위한 지출
(2) 외부 운송 및 취급비
(3) 설치비
(4) 설계와 관련하여 전문가에게 지급하는 수수료
(5) 취득세, 등록세 등 유형자산의 취득과 관련된 제세공과금

1) 건설 중인 사회기반시설

건설 중인 사회기반시설의 경우 결산시점에 일괄적인 기성 평가에 따라 건설 중인 자산으로 처리하는 것이 원칙이나, 신뢰성 있는 기성평가가 불가능할 경우에는 중간대금지급액을 건설 중인 사회기반시설의 장부가액으로 한다.[3]

---

2 다만 2009년 1월 1일 이전 취득한 자산을 최초 인식하는 경우에는 자산 재평가 원칙을 적용하여 평가한다.

3 기성 평가 : 기성이란 공사·제조·구매·용역 등의 계약에 있어서 기간에 따른 공정별로 사업계획서 상의 계약이행진도가

2) 취득 관련 금융비용

사회기반시설의 제작, 매입, 건설을 위하여 사용된 자금을 차입금으로 충당하는 경우 동 차입금에 대한 이자비용 등은 원가에 산입하지 않고 발생시점에 비용으로 처리한다.

민간기업회계의 경우는 유형자산의 제작, 매입, 건설을 위하여 사용된 자금을 차입금으로 충당하는 경우 동 차입금에 대한 이자비용 중 해당 유형자산의 완성 또는 취득시점까지 발생한 이자비용 등에 대해서는 자본적 지출로 인식하여 해당 자산의 취득원가에 포함하도록 규정하고 있다.

3) 관리전환

사회기반시설을 관리(전)환하는 경우 취득가액은 다음과 같다. 무상관리전환의 경우 취득실체의 취득가액은 처분실체의 장부가액으로 하고, 유상관리전환의 경우는 관리전환 대상 자산의 공정가액을 취득가액으로 한다. 용도폐지에 따른 전환 및 조직개편에 따른 자산이전에 대하여는 취득 시 공정가액이 아닌 장부가액으로 승계한다.

4) 취득이후의 지출

사회기반시설의 내용연수를 연장시키거나 당해 사회기반시설의 가치를 실질적으로 증가시키는 지출은 자본적 지출로서 당해 사회기반시설의 장부가액에 가산한다. 이 외의 지출은 수익적 지출로서 당기 비용으로 처리한다.

5) 사회기반시설의 사용수익권 부여

사회기반시설에 대해 일정 기간 정부 이외의 자에게 사용수익권을 부여할 경우에는 해당 사회기반시설의 취득원가에서 차감하여 표시한다.[4] 이때 차감할 사용수익권은 사용자가 평가하는 방식과 동일하게 평가한다.

사회기반시설을 정부 이외의 자에게 기부 받고 동시에 일정 기간 동안 기부자에게 사용수익권을 부여한 경우에, 사용수익권은 수증자가 무형자산으로 인식하는 사용수익권과 동일하게

달성된 부분을 말하며 기성 평가란 공정에 대한 품질확인을 통해 사업계획서상의 계약이행진도가 달성된 것으로 확인하는 절차를 말한다. 국가는 「국가를 당사자로 하는 계약에 관한 법률」 또는 기타 계약에 관한 법령 등에서 정한 바에 따라 계약의 일부 또는 전부의 이행완료에 대한 검사를 수행하며, 이에 따라 대가를 지급하도록 하고 있다.

4 사용수익권 : 국가에게 소유권이 귀속된 사회기반시설 등의 시설을 국가 이외의 자가 일정한 기간 동안 운영하여 그 수익을 얻을 수 있는 권리를 말한다.

평가한다. 사회기반시설의 사용수익권은 권리의 제공기간에 걸쳐서 수증자와 동일한 금액으로 상각하며 이를 '정부외 자산수증'으로 처리한다.

(예) 자산을 기부 받고 일부 사용수익권을 부여하는 경우
xx부처는 공정가액이 200백만 원인 기타사회기반시설을 기부채납 받았다. 동 기타사회기반시설에 대한 사용수익권은 100백만 원으로 평가되었다.

• 기부채납에 따른 자산 등재 시

차변	금액	대변	금액
차)기타사회기반시설(*1)	200,000,000	대)기타사회기반 시설사용수익권(*2)	100,000,000
		정부외자산수증	100,000,000

(*1) 기부채납 자산의 공정가액으로 계상함
(*2) 사용수익권을 평가하여 자산의 차감계정으로 계상함

2.3 수익형과 임대형 민자사업 방식으로 건설한 사회기반시설

2.3.1 수익형 민자사업(BTO)

수익형 민자사업(BTO)은 사회기반시설의 준공과 동시에 당해 시설의 소유권이 국가에 귀속되고 사업시행자에게 일정기간 시설관리운영권을 인정하는 방식의 사업을 말한다.

수익형 민자사업(BTO)의 경우 자산의 취득원가는 공정가액으로 하되 민간투자비 총액을 공정가액으로 볼 수 있다. 취득부대비용이 발생하는 경우에는 이를 포함하여 취득원가로 계상한다.

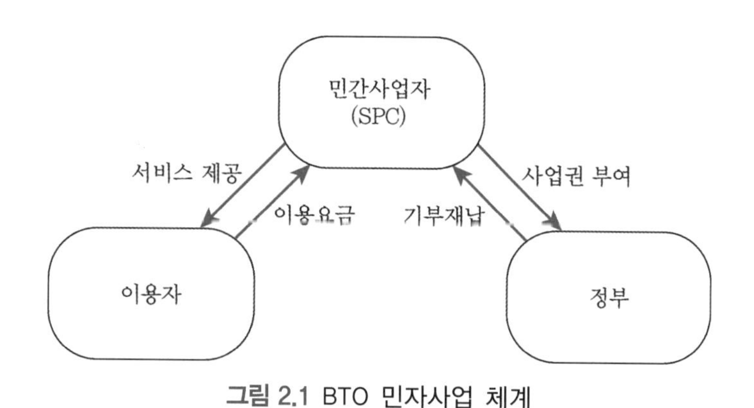

그림 2.1 BTO 민자사업 체계

(BTO 사례) 20x1년 XX부처는 다음과 같이 민간투자사업 방식으로 건물(내용연수 20년)을 취득하였다.
임대기간 : 10년, 기대수익률 : 5.5%, 총 민간투자비 : 100억 원, 부속사업순이익 : 5억 원/년, 부속사업 운영비용 : 3억 원/년, 총 민간투자비 : 100억 원(XX부처는 사업시행자에게 향후 10년간 사용수익권 부여)

• 준공 후 기부 채납 시

차) 건물 100	대) 건물사용수익권 100

• 시설임대료 지급 시

해당사항 없음

• 부속사업수익 및 운영비용 정산 시

해당사항 없음

• 감가상각시

차) 건물감가상각비 5	대) 건물감가상각누계액 5
차) 건물사용수익권 10	대) 정부외자산수증 10

BTO의 경우는 경제적 실질이 자산을 기부 받고 이에 대한 사용수익권을 민간에게 이전하는 것이며 민간이 직접 최종이용자의 사용료 등을 회수하므로 부속사업수익 및 운영비용에 대한 회계처리는 없음
※ 건물 이외의 유형자산(사회기반시설 포함)의 경우에도 위와 동일한 방식으로 회계처리함

2.3.2 임대형 민자사업(BTL)

임대형 민자사업(BTL)은 사회기반시설의 준공과 동시에 해당 시설의 소유권이 국가 또는 지방자치단체에 귀속되며, 사업시행자에게 일정기간의 시설관리운영권을 인정하되, 그 시설을 국가 또는 지방자치단체 등이 협약에서 정한 기간 동안 임차하여 사용·수익하는 방식의 사업을 말한다.

임대형 민자사업(BTL)의 경우 민간투자비를 자산의 취득원가로 계상하고 임대료지급액의 명목가액을 부채로 계상한다. 그리고 임대료지급액(민간투자비 해당)의 현재가치와 명목가액의 차이를 현재가치할인차금으로 계상한다. 이때 정부지급금 중 임대료를 제외한 운영비는 지급시점에 비용으로 처리한다.

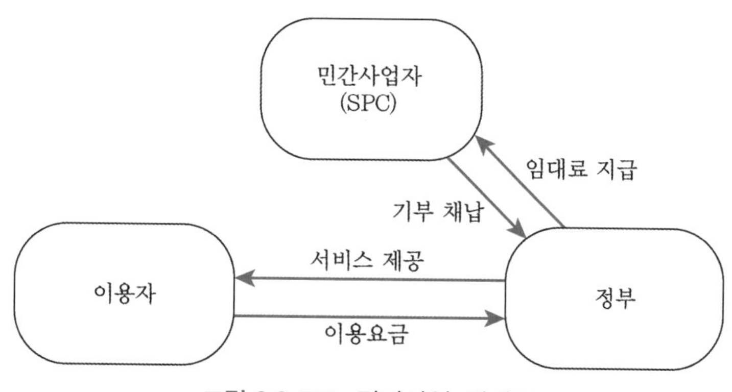

그림 2.2 BTL 민자사업 체계도

(BTL 사례) 20x1년 XX부처는 다음과 같이 민간투자사업 방식으로 건물(내용연수 20년)을 취득하였다.
임대기간 : 10년, 연도별임대료지급방식 : 매년 동일한 금액, 기대수익률 : 5.5%
총 민간투자비 : 100억 원, 부속사업순이익 : 5억 원/년, 부속사업운영비용 : 3억 원/년
사용수익권을 인정하고 동 건물을 다시 임차하였으며, 향후 10년간 지급하여 연간 지급해야 할 시설임대료는 13.27억 원인 경우 BTL 방식의 회계처리는 다음과 같다.

• 준공 후 기부 채납 시

차) 건물(주1) 100	대) 기타의장기미지급금(주2) 132.7
기타의장기미지급금	
현재가치할인차금 32.7	

(주1) 건물사용수익권은 형식적 요건일 뿐 경제적 실질은 임대료 명칭으로 장기연불조건으로 건물을 취득한 거래로 간주함. 건물의 취득가액 100억 원은 총 민간투자비로서 연간 지급해야 할 시설임대료 13.27억 원의 현재가치와 동일함
(주2) 10년 동안 지급해야 할 연간 시설임대료 13.27억 원의 명목가치임

• 시설임대료 지급 시

차) 기타의장기미지급금 13.27	대) 현금및현금성자산 13.27
기타의기타이자비용 5.5	기타의장기미지급금
	현재가치할인차금 5.5
차) 현금및현금성자산 5	대) 사용료수익 5

• 부속사업수익 및 운영비용 정산 시

차) 운영비용 3	대) 현금및현금성자산 3

• 감가상각 시

차) 건물감가상각비 5	대) 건물감가상각누계액 5

2.4 사회기반시설 재평가

사회기반시설은 취득원가로 평가하는 것이 원칙이지만 예외적으로 공정가치에 의해 재평가하는 것을 인정하고 있다. 재평가할 때는 공정가액으로 계상하여야 한다. 다만, 해당 자산의 공정가액에 대한 합리적인 증거가 없는 경우 등에는 재평가일 기준으로 재생산 또는 재취득하는 경우에 필요한 가격에서 경과연수에 따른 감가상각누계액 및 감액손실누계액을 뺀 가액으로 재평가하여 계상할 수 있다. 이러한 재평가의 최초 평가연도, 평가방법 및 요건 등 세부회계처리는 기획재정부장관이 정한다.

2.4.1 재평가 일반원칙(공정가액 평가)

사회기반시설은 다음 중 하나의 사유가 존재하는 경우 재평가한다.

(1) 취득이후 공정가액과 장부금액의 차이가 중요하게 발생한 자산
(2) 국유재산 관리 총괄청이 일정주기를 정하여 재평가하기로 한 자산

재평가 사유 검토는 매 보고기간 말에 수행하며, 공정가액과 장부금액의 중요한 차이에 대한 판단기준은 사회기반시설 자산분류(토지, 건물, 구축물, 기타) 내에서는 동일하게 적용하여야 한다. 재평가하는 자산의 금액은 재평가 기준일의 공정가액으로 한다. 여기서 공정가액은 시장에서 거래되는 시장가격으로 하되, 시장가격이 없는 경우에는 전문성이 있는 평가인이 시장에 근거한 증거를 기초로 수행한 평가에 의해 결정한다. 재평가기준일 전후 1년 이내를 평가시점으로 하는 공정가액이 있는 경우 이를 재평가 기준일의 공정가액으로 적용할 수 있다.

2.4.2 대체적인 평가방법

해당 자산의 공정가액에 대한 합리적인 증거가 없는 경우에는 대체적인 평가방법을 사용하여 재평가금액을 측정할 수 있다. 대체적인 평가방법에는 공신력 있는 기관의 공시가격이나 상각후 대체원가법으로 평가하는 방법 등이 있다. 상각후 대체원가법은 다음과 같은 산식에 의해 사회기반시설의 재평가액을 결정한다.

상각 후 대체원가=재조달 원가 × 잔존내용연수/내용연수

1. 배경정보 – 일반적인 경우

1991년 1월 초에 2억 원에 신축한 철근콘크리트조 건물(내용연수는 50년)로 2011년 1월 1일 기준으로 재평가를 실시하였음. 지방세법에 의한 시가표준액으로 평가하기 곤란하여 상각 후 대체원가법으로 평가함(면적 1,000m^2, 비주거용 철근콘크리트조 건물인 경우 구조지수 100, 용도지수 100, 신축가격기준액 55만 원/m^2, 감가상각누계액은 1억 원임)

<2011년 1월 1일 재평가 시>

차) 건물 130,000,000* 대) 자산재평가이익(순자산조정) 230,000,000

감가상각누계액 100,000,000

* 건물증가액 = 330,000,000원(재평가금액)[주1] – 200,000,000원(취득원가) = 130,000,000원

[주1] 재평가금액 = 550,000,000원[주2] × (50 – 20)/50 = 330,000,000원

[주2] 재조달원가 = 신축가격기준액 × 면적 × (구조지수/100)×(용도지수/100) = 550,000원/m^2 × 1,000m^2 × (100/100) × (100/100) = 550,000,000원

※ 재평가에 따른 재정상태표 비교

<재평가 전 재정상태표>	<재평가 후 재정상태표>
건물 200,000,000	건물 55,000,000
감가상각누계액(100,000,000)	감가상각누계액(0)

2. 배경정보 – 내용연수 경과자산의 상각후대체원가 적용사례

1960년 건설한 철근콘크리트조 건물(내용연수는 50년)로 2011년 1월 1일 기준으로 재평가를 실시하였음. 지방세법에 의한 시가표준액으로 평가하기 곤란하여 상각 후 대체원가법으로 평가하고자하나 내용연수가 모두 경과함. 현재 건물은 향후 5년간 동일한 효익을 제공할 것으로 추정됨(면적 1,000m^2, 구조지수반영 신축가격기준액 55만 원/m^2, 취득원가는 2억 원, 감가상각누계액은 2억 원임)

<2011년 1월 1일 재평가 시>

차) 감가상각누계액 200,000,000 대) 건물 145,000,000

자산재평가이익 55,000,000*

(순자산조정)

* 추정잔존내용연수반영재평가금액 = (550,000원/m^2 × 1,000m^2) × (50 – 50) + 5[주1] = 55,000,000원

[주1] 문단 9에 따라 잔존내용연수를 합리적으로 추정하여 사용함. 이때 해당자산의 내용연수는 변하지 않음

※ 재평가에 따른 재정상태표 비교

<재평가 전 재정상태표>	<재평가 후 재정상태표>
건물 200,000,000	건물 55,000,000
감가상각누계액(200,000,000)	감가상각누계액(0)

2.4.3 재평가로 장부금액이 증가한 경우

자산의 장부금액이 재평가로 인하여 증가된 경우에 그 증가액은 '자산재평가이익(순자산조정)'으로 인식한다. 그러나 동일한 자산에 대하여 이전에 인식한 '자산재평가손실(비배분비용)'이 있다면 그 금액을 한도로 '자산재평가손실환입(비배분수익)'으로 우선 인식한 후 나머지를 '자산재평가이익(순자산조정)'으로 인식한다.

자산의 재평가로 인식한 '자산재평가이익(순자산조정)'은 해당 자산이 감가상각, 폐기·처분될 때 관련손익과 상계처리한다. 감가상각대상 자산의 경우 재평가로 인한 자산증가분에 해당하는 감가상각비는 '자산재평가이익(순자산조정)'과 상계한다. 폐기 또는 처분 시 인식한 처분 및 폐기손익은 이전에 인식한 '자산재평가이익(순자산조정)'과 상계한다.

1-1. 배경정보
2010년 1월 1일 일반회계에서 1,000,000원에 취득한 토지를 2011년 1월 1일에 재평가한 결과 재평가금액이 900,000원인 경우

<2011년 1월 1일 재평가 시>
차) 자산재평가손실(비배분비용) 100,000 대) 토지 100,000

1-2. 배경정보
2010년 1월 1일 일반회계에서 1,000,000원에 취득한 토지를 2011년 1월 1일에 900,000원으로 재평가한 이후, 2015년 12월 31일에 1,200,000원으로 재평가한 경우

<2015년 12월 31일 재평가 시>
차) 토지300,000** 대) 자산재평가손실환입(비배분수익) 100,000*
자산재평가이익(순자산조정) 200,000***

* 2011년도에 인식한 재평가손실을 한도로 재평가이익 인식
** 토지증가액 : 1,200,000원(재평가액) - 900,000원(장부금액) = 300,000원
*** 300,000원(토지증가액) - 100,000원(이전에 인식한 자산재평가손실) = 200,000원

1-3. 배경정보
2015년 12월 31일에 1,200,000원으로 재평가한 토지를 2017년 12월 31일에 700,000원에 처분한 경우
(순자산조정으로 인식한 자산재평가이익은 200,000원임)

<2017년 12월 31일 처분 시>
차) 국고금 700,000 대) 토지 1,200,000
일반유형자산처분손실 500,000
차) 자산재평가이익(순자산조정) 200,000* 대) 일반유형자산처분손실 200,000*

* 기인식한 자산재평가이익과 일반유형자산 처분손실을 상계처리

2-1. 배경정보
2010년 1월 1일 일반회계에서 1,000,000원에 취득한 건물을 2011년 1월 1일에 재평가한 결과 재평가금액이 1,500,000원인 경우 회계처리(2011년 1월 1일의 건물 감가상각누계액은 200,000원임)

<2011년 1월 1일 재평가 시>
차) 건물 500,000 대) 자산재평가이익(순자산조정) 700,000
감가상각누계액 200,000

2-2. 배경정보
2011년 1월 1일에 1,500,000원(잔존내용연수 10년)으로 재평가한 건물을 2012년 1월 1일에 1,000,000원에 처분한 경우(순자산조정으로 인식한 자산재평가이익은 700,000원임)

<2011년 12월 31일 감가상각 시>
차) 감가상각비 150,000 대) 감가상각누계액 150,000*
차) 자산재평가이익(순자산조정)70,000** 대) 감가상각비 70,000

* 1,500,000원(재평가금액)÷10(잔존내용연수)=150,000원
** 감가상각비와 대체한 자산재평가이익=700,000원(순자산조정액)÷10(잔존내용연수)=70,000원

<2012년 1월 1일 처분 시>
차) 국고금 1,000,000 대) 건물 1,500,000
감가상각누계액 150,000*
일반유형자산처분손실 350,000
차) 자산재평가이익(순자산조정) 630,000** 대) 일반유형자산처분손실 350,000
일반유형자산처분이익 280,000

* 처분 시까지 인식한 감가상각누계액
** 700,000원(최초 순자산조정액)−70,000원(감가상각비대체금액)=630,000원(처분 시 순자산조정잔액)

2.4.4 재평가로 장부금액이 감소한 경우

자산의 장부금액이 재평가로 인하여 감소된 경우에 그 감소액은 '자산재평가손실(비배분비용)'로 인식한다. 그러나 동일한 자산에 대하여 이전에 인식한 '자산재평가이익(순자산조정)'이 있다면 그 금액을 한도로 재평가로 인한 자산 감소액을 '자산재평가이익(순자산조정)'에서 우선 차감한 후 나머지를 '자산재평가손실(비배분비용)'로 인식한다.

1-1. 배경정보

2010년 1월 1일 일반회계에서 1,000,000원에 취득한 토지를 2011년 1월 1일에 재평가한 결과 재평가금액이 1,100,000원인 경우

<2011년 1월 1일 재평가 시>

차) 토지 100,000 대) 자산재평가이익(순자산조정) 100,000*

* 토지증가액 : 1,100,000원(재평가액) - 1,000,000원(취득원가) = 100,000원

1-2. 배경정보

2010년 1월 1일 일반회계에서 1,000,000원에 취득한 토지를 2011년 1월 1일에 1,100,000원으로 재평가한 이후, 2015년 12월 31일에 800,000원으로 재평가한 경우

<2015년 12월 31일 재평가 시>

차) 자산재평가이익(순자산조정) 100,000** 대) 토지 300,000*
자산재평가손실(비배분비용) 200,000

* 토지감소액 : 1,100,000원(기존 재평가액) - 800,000원(현재 재평가액) = 300,000원

** 2011년에 인식한 '자산재평가이익(순자산조정)'[주1] 금액

[주1] 자산재평가이익 = 1,100,000원(재평가액) - 1,000,000원(취득가액) = 100,000원

2. 배경정보

2010년 1월 1일 일반회계에서 1,000,000원에 취득한 건물을 2011년 1월 1일에 재평가한 결과 재평가금액이 500,000원인 경우 회계처리(2011년 1월 1일의 건물 감가상각누계액은 200,000원임)

<2011년 1월 1일 재평가 시>

차) 자산재평가손실(비배분비용) 300,000* 대) 건물 500,000**
감가상각누계액 200,000

* 재평가손실 : 800,000원(장부금액)[주1] - 500,000원(재평가액) = 300,000원

** 건물감소액 : 1,000,000원(취득가액) - 500,000원(재평가액) = 500,000원

*** 문단 27에 따라 기존의 감가상각누계액 제거

[주1] 장부금액 : 1,000,000원(취득가액) - 200,000원(감가상각누계액) = 800,000원

2.5 사회기반시설 감가상각

2.5.1 감가상각의 의의

감가상각은 자산평가과정이 아니라 원가배분과정이다. 즉, 감가상각은 해당자산의 경제적 수명기간 동안 자산의 취득원가를 체계적이고 합리적인 방법으로 배분하는 과정이다. 감가상각을 위해서는 취득원가, 내용연수, 감가상각방법, 잔존가액이 결정되어야 한다. 사회기반시설의 감가상각은 정액법을 원칙으로 한다. 다만, 토지는 수명이 무한대이고, 건설 중인 사회기반시설은 아직 취득이 완료되지 않아 감가상각하지 않는다.

한편, 사회기반시설 중 관리·유지 노력에 따라 취득 당시의 용역잠재력을 그대로 유지할 수 있는 경우에는 감가상각하지 않는다. 이러한 자산을 감가상각대체 사회기반시설이라고 한다. 이때에는 해당 사회기반시설의 관리·유지에 투입되는 비용을 감가상각비용으로 대체할 수 있다. 감가상각대체 사회기반시설이 되기 위해서는 효율적인 사회기반시설 관리 시스템으로 사회기반시설의 용역잠재력이 취득 당시와 같은 수준으로 유지된다는 것을 객관적인 입증할 수 있어야 한다.

2.5.2 내용연수의 결정

사회기반시설을 관리하는 중앙관서의 장은 감가상각대상 사회기반시설의 내용연수를 결정해야 한다. 내용연수는 경제적 효익의 감소, 주기적인 대규모 수선, 교체 주기 등을 고려하여 합리적인 기간으로 정한다. 「사회기반시설에 대한 민간투자법」 등에 따른 민간투자사업에 해당되어 사용수익권이 설정된 사회기반시설의 내용연수는 해당 시설의 내용연수와 사용수익기간 중 긴 것으로 한다.

사회기반시설의 내용연수는 자본적 지출 또는 진부화, 용도폐지 등의 사유로 인해 증감될 수 있으므로 해당 사유가 발생하는 경우 각 중앙관서의 장은 잔존내용연수를 수정할 수 있다. 참고로 일반유형자산인 건물·구축물의 내용연수를 합리적으로 정하기 어려운 경우에는 다음의 기준내용연수를 적용할 수 있으며, 중앙관서의 장은 자산별 관리상태 및 특수성을 감안하여 기준내용연수를 일정 범위(±25%) 내에서 조정하여 적용할 수 있도록 하고 있다.

표 2.2 건물의 기준내용연수

구조물 종류	기준내용연수(년)
철근콘크리트조	50
철골조	40
석조	40
PC조	40
연와석조	40
철파이프조	40
시멘트블록조	20
시멘트벽돌조	20
목조	20
흙벽돌조	20
돌담조	20
토담조	20
목골몰탈조	20
기타	20

표 2.3 구축물의 기준내용연수

구조물 종류	기준내용연수(년)
수도, 하수, 지정, 위생, 소화 등	20
축정(정원시설),사장(활터),문	20
포장	20
조명, 통신, 전산장치	10
난방, 냉방, 통풍, 와사장치(가스장치)	10
연통, 저통, 노	10
교량, 전신주, 망루, 승강기 등	20
턴넬, 궤도, 모노레일, 담	20
전신선, 전화선, 전력선 등	20
원동, 변동, 전동, 작업장치	20
기타 잡공작물	10

2.5.3 잔존가액의 결정

사회기반시설의 잔존가액은 '0'으로 하되, 잔존가액을 합리적으로 추정할 수 있는 경우에는 추정한 금액으로 할 수 있다. 사회기반시설의 감가상각이 완료되는 마지막 연도에는 일정금액을 제외한 감가상각비를 인식하고 일정금액을 처분시점까지 사회기반시설의 자산가액으로 한다.

일정금액은 잔존가액을 추정한 경우에는 잔존가액으로 하되, 잔존가액이 '0'인 경우에는 1천원으로 한다.

2.6 감가상각대체 사회기반시설

2.6.1 의 의

감가상각대체 사회기반시설은 국가회계기준 제38조제2항에 따라 감가상각하지 아니하는 자산을 말한다. 구체적으로 감가상각대체 사회기반시설은 관리·유지 노력에 따라 취득 당시의 용역 잠재력을 그대로 유지할 수 있는 시설을 말한다.

2.6.2 분류조건

다음 두 가지 기준을 충족하는 자산의 경우 감가상각대체 사회기반시설로 분류할 수 있다.

(1) 자산의 성능 및 상태를 최소유지등급 이상으로 유지관리하는 사회기반시설

(2) 특정정보 제공이 가능한 사회기반시설 관리 시스템으로 관리하는 사회기반시설

2.6.3 사회기반시설 관리 시스템

사회기반시설 관리 시스템은 사회기반시설의 효율적인 유지·관리를 목적으로 사회기반시설의 자산목록 및 상태평가계획, 상태평가기준, 상태평가 결과 등의 정보를 갖추고, 이를 바탕으로 최적의 수선유지 계획 수립과 수선유지비용의 추정이 가능한 프로그램 등을 말한다. 사회기반시설 관리 시스템은 다음과 같은 특정정보를 제공할 수 있어야 한다.

(1) 사회기반시설 자산목록의 최근정보

(2) 사회기반시설의 상태평가 내용 및 상태평가 결과

(3) 최소유지등급 이상으로 사회기반시설을 유지관리하기 위해 매년 소요될 수선유지비의 추정치

상태평가: 사회기반시설의 현재 상태를 상태평가기준에 따라 평가하기 위하여 수행하는 검사 등을 말한다. 상태평가는 검사자의 주관적 편의가 발생하지 않는 방법으로 설계되어야 하며, 주기적으로 동일한 방법에 의해 사회기반시설을 평가해야 한다.
상태평가 기준: 사회기반시설의 용역 잠재력을 확인하기 위하여 물리적·기능적 상태를 평가하기 위한 기준으로 체계화된 평가등급을 말한다. 도로포장의 경우 도로표면의 평활도 등이 상태평가기준으로 활용될 수 있다.
상태평가 결과: 상태평가 기준을 토대로 상태평가한 사회기반시설의 등급화된 결과를 말한다.
최소유지등급: 감가상각대체 사회기반시설이 되기 위해서 최소한 유지되어야 할 사회기반시설의 물리적·기능적 상태를 말하며 상태평가기준에서 표시한 등급 중 특정등급 이상 등으로 범위를 제시한다.

감가상각대체 사회기반시설을 관리하는 중앙관서의 장은 해당 자산의 용역 잠재력을 측정하기 위한 상태평가, 상태평가기준, 최소유지등급에 대해 전문가의 의견을 반영하여 사전적으로 정책을 수립해야 하며 이는 문서화되어야 한다.

감가상각대체 사회기반시설이 최소유지등급 이상으로 유지 관리되는지 여부를 확인하기 위해 최소 3년마다 동일한 방법으로 상태평가를 수행하여야 한다.

감가상각대체 사회기반시설의 분류기준을 충족하지 못하는 경우 이후의 회계연도부터는 해당 사회기반시설을 감가상각해야 한다.

배경정보
OO부처 특별회계에서 20X1년도 초에 취득원가 11,000원으로 도로 건설을 완성하였으며, 소관부처의 관리·유지 노력에 따라 취득 당시의 용역잠재력을 그대로 유지하고 있다. 동 도로에 대해 20X1년도에 100원의 유지관리비가 발생하였다. 한편, 소관부처는 도로를 관리하는 부속건물(20X1년도 초에 취득원가 11,000원, 내용연수 50년, 잔존가액 1,000원, 정액법 적용)을 소유하고 있다.

요구사항의 적용
• 유지관리비 100 발생 시
차) 유지관리비 100　　　　대) 현금및현금성자산 100
• 20X1년도 기말 결산 시
차) 건물감가상각비 200*　　　　대) 건물감가상각누계액 200*
(11,000 − 1,000)/50 = 200

** 도로와 관련된 감가상각비는 없음

2.7 사회기반시설 처분 및 감액

2.7.1 처 분

처분의 종류에는 매각, 교환, 양여, 관리환, 현물출자, 멸실, 신탁 및 기타 처분이 있으며 사회기반시설의 처분대가는 유입되는 자산의 공정가액으로 한다. 다만, 교환의 경우에는 제공하는 자산의 공정가액을 처분대가로 하되, 교환으로 제공한 자산의 공정가치가 불확실한 경우에는 취득한 자산의 공정가액을 취득원가로 할 수 있다.

보유 자산의 일부멸실, 일부손망실의 경우 재정운영표의 자산감액손실로 처리한다. 한편 자산의 전액멸실, 전액손망실, 폐기의 경우에는 재정운영표의 자산폐기손실로 처리한다.

2.7.2 감 액

사회기반시설의 물리적인 손상 또는 시장가치의 급격한 하락 등으로 해당 자산의 회수가능가액이 장부가액에 미달하고 그 미달액이 중요한 경우에는 장부가액을 회수가능가액으로 조정하고, 장부가액과 회수가능가액의 차액을 그 자산에 대한 감액손실의 과목으로 재정운영순원가에 반영하며 감액명세를 주석으로 표시한다.

감액한 자산의 회수가능가액이 차기 이후에 해당 자산이 감액되지 아니하였을 경우의 장부가액 이상으로 회복되는 경우에는 감액 전 장부가액을 한도로 하여 감액손실환입 과목으로 재정운영순원가에 반영한다.

회수가능가액: 회수가능가액이란 당해 자산의 순실현가능액과 사용가치 중 큰 금액을 말한다.
- 순실현가능액이란 당해 자산의 예상 매각대가에서 매각 시까지 정상적으로 발생하는 추정비용을 차감한 금액을 말한다.
- 사용가치란 당해 자산의 사용으로부터 예상되는 미래현금흐름의 현재가치금액을 말한다.

2.8 사회기반시설 공시실태

2.8.1 최근 5년간 국가의 사회기반시설 현황

중앙정부는 2011년부터 사회기반시설을 국가재무제표에 포함하여 국유자산의 종합적이고 체계적인 관리를 위한 정보를 제공할 수 있게 되었다. 다음은 우리나라 중앙정부가 보고하는 국가재무제표에 제시된 사회기반시설의 연도별 추이를 보여주고 있다.

표 2.4 사회기반시설 재무제표 현황

구분 (단위: 천억 원)	2011		2012		2013		2014		2015	
	총액	구성비	총액	구성비	총액	구성비	총액	구성비	총액	구성비
전체										
도로	1,655	60.3%	1,673	61.0%	1,708	62.2%	1,712	62.4%	1,771	64.5%
철도	259	9.4%	317	11.6%	331	12.1%	323	11.8%	339	12.3%
항만	66	2.4%	94	3.4%	103	3.8%	112	4.1%	143	5.2%
댐	36	1.3%	38	1.4%	33	1.2%	33	1.2%	30	1.1%
공항	51	1.9%	54	2.0%	59	2.1%	60	2.2%	60	2.2%
기타	606	22.1%	610	22.2%	611	22.3%	674	24.5%	673	24.5%
건설 중인 자산	70	2.6%	94	3.4%	99	3.6%	86	3.1%	47	1.7%
합계	2,745	100.0%	2,881	100.0%	2,944	100.0%	3,001	100.0%	3,064	100.0%
토지										
도로	217	7.9%	235	8.2%	241	8.2%	243	8.1%	275	9.0%
철도	154	5.6%	158	5.5%	160	5.4%	161	5.4%	183	6.0%
항만	38	1.4%	63	2.2%	65	2.2%	73	2.4%	98	3.2%
댐	26	1.0%	28	1.0%	20	0.7%	20	0.7%	19	0.6%
공항	49	1.8%	47	1.6%	52	1.8%	53	1.8%	54	1.7%
기타	437	15.9%	443	15.4%	437	14.8%	446	14.9%	454	14.8%
토지합계	922	33.6%	975	33.8%	975	33.1%	997	33.2%	1,083	35.3%
토지 외(* 건설 중인 자산은 모두 토지 외로 구분함)										
도로	1,438	52.4%	1,438	49.9%	1,467	49.8%	1,470	49.0%	1,496	48.8%
철도	105	3.8%	159	5.5%	171	5.8%	162	5.4%	155	5.1%
항만	28	1.0%	31	1.1%	38	1.3%	39	1.3%	45	1.5%
댐	10	0.4%	10	0.3%	13	0.4%	13	0.4%	11	0.4%
공항	3	0.1%	7	0.2%	6	0.2%	7	0.2%	6	0.2%
기타	169	6.2%	168	5.8%	174	5.9%	227	7.6%	220	7.2%
건설 중인 자산	70	2.6%	94	3.3%	99	3.4%	86	2.9%	47	1.5%
토지 외 합계	1,824	66.4%	1,906	66.2%	1,969	66.9%	2,004	66.8%	1,981	64.7%

2.8.2 사회기반시설과 관련된 주석 및 보충적 공시내용

1) 주석공시

일반유형자산과 사회기반시설 회계처리지침 문단 69에 의하면 사회기반시설의 평가 및 종류별 감가상각방법과 내용연수를 주석으로 공시하도록 요구하고 있다. 2015년도 국가재무제표의 주석 1(중요한 회계처리방법)에서는 다음과 같이 사회기반시설 평가 및 감가상각방법에 대해 기술하고 있다.

⑧ 사회기반시설평가 및 감가상각방법

• 사회기반시설의 취득원가는 당해자산의 제작원가 또는 매입원가에 취득부대비용을 가산한 금액을 취득원가로 하고 있습니다. 한편, 기부채납 등의 방법으로 사회기반시설을 취득할 경우 취득당시의 공정가액을 취득원가로 하고 있으며 국가회계실체 간 발생하는 관리전환은 무상거래일 경우 자산의 장부가액을 취득원가로 하고, 유상거래일 경우에는 자산의 공정가액을 취득원가로 하고 있습니다.
• 사회기반시설에 사용수익권이 설정된 경우 이는 해당자산의 차감형식으로 표시하며 사용수익권은 수증자가 무형자산으로 인식하는 금액과 동일하게 평가하고 있습니다.
• 사회기반시설의 내용연수를 연장시키거나 가치를 실질적으로 증가시키는 지출은 당해자산의 원가에 가산하고, 원상을 회복시키거나 능률유지를 위한 지출은 당기비용으로 처리하고 있습니다.
• 토지 및 감가상각대체사회기반시설을 제외한 사회기반시설에 대하여 아래의 내용연수 및 감가상각방법에 따라 감가상각하며, 감가상각누계액에 가산하여 자산의 차감형식으로 표시하고 있습니다.

구분	내용연수	감가상각방법
사회기반시설 건물	20~50년	정액법
사회기반시설 구축물	10~100년	정액법

• 감가상각대체사회기반시설이란 관리·유지노력에 따라 취득당시의 용역잠재력을 그대로 유지할 수 있는 사회기반시설로서 감가상각하지 않고, 지출된 수선유지비를 감가상각비로 대체할 수 있는 자산을 말합니다. 자세한 내용은 필수보충정보를 통해 제공하고 있습니다.

일반유형자산과 사회기반시설 회계처리지침 문단 71에서는 사회기반시설에 대해 재평가를 실시하는 경우 다음과 같은 사항을 주석으로 공시하도록 요구하고 있다.

(1) 재평가기준일
(2) 공정가액으로 측정한 경우 전문성 있는 평가인의 참여 여부
(3) 해당 자산의 재평가금액 추정에 사용한 방법과 유의적인 가정
(4) 재평가된 일반유형자산과 사회기반시설을 취득원가로 평가하였을 경우 장부가액
(5) 재평가에 따라 순자산조정으로 인식한 금액과 손익으로 인식한 금액

2015년도 국가결산서 재무제표에 대한 주석 1(중요한 회계처리방법)에서 다음과 같이 재평가에 관하여 기술하고 있다.

⑪ 자산재평가

- 일반유형자산과 사회기반시설 중 취득 이후 공정가액과 장부금액의 차이가 중요하게 발생한 경우 또는 국유재산 관리 총괄청이 일정주기를 정하여 재평가하기로 한 자산의 경우 해당자산을 재평가하고 있습니다.
- 재평가금액은 재평가기준일의 공정가액으로 하되, 해당자산의 공정가액에 대한 합리적인 증거가 없는 경우에는 대체적인 평가방법을 사용하여 재평가금액을 측정하며 대체적인 평가방법으로 공신력 있는 기관의 공시가격이나 상각후대체원가법 등을 적용하고 있습니다.
- 자산을 재평가할 때 감가상각누계액이 있을 경우에는 기존의 감가상각누계액을 제거하며 장부금액이 재평가로 인하여 증가된 경우 그 증가액은 자산재평가이익(순자산조정)으로 인식하고, 재평가로 인하여 감소된 경우 그 감소액은 자산재평가손실로 인식하여 재정운영순원가에 반영하고 있습니다.

한편, 2015년도 국가재무제표의 주석 8(기타 재무제표에 중대한 영향을 미치는 사항과 재무제표의 이해를 위하여 필요한 사항)에서 사회기반시설의 자산재평가 내역을 다음과 같이 기술하고 있다.

3) 자산재평가

- 국토교통부 외 36개 중앙관서는 일반유형자산 및 사회기반시설에 대하여 당기에 재평가를 실시하였습니다.
- 일반유형자산의 재평가 대상은 토지, 건물, 구축물, 기계장치, 선박, 항공기이며, 사회기반시설의 재평가 대상은 도로, 철도, 항만, 댐, 공항, 기타사회기반시설(하천, 상수도, 어항)입니다. 각 사회기반시설은 토지, 건물, 구축물로 구분되고 있습니다.
- 재평가금액은 재평가기준일의 공정가액으로 하되, 공정가액을 합리적으로 추정하기 어려운 자산의 경우에는 각 자산별로 대체적인 평가방법을 사용하여 재평가금액을 산정하였습니다. 대체적인 평가방법으로 공신력 있는 기관의 공시가격 및 상각후대체원가법 등을 사용하였습니다.
- 재평가에 따라 일반유형자산과 사회기반시설의 평가 증 4,528,347백만 원이 발생하여 순자산변동표상 재평가이익으로 4,237,068만 원을 인식하였고, 일반유형자산 재평가손실환입 162,628백만 원 및 사회기반시설재평가손실환입 622,325백만 원을 재정운영표상 프로그램수익 및 비배분수익으로 인식하였습니다.
- 일반유형자산과 사회기반시설의 평가감 4,609,343백만 원이 발생하여 일반유형자산재평가손실 1,213,594백만 원 및 사회기반시설재평가손실 622,325백만 원을 재정운영표상 비배분비용으로 인식하였고, 전기 인식한 순자산변동표 상 재평가이익 2,773,424백만 원이 당기에 상계되었습니다.

국가재무제표의 주석 8에 의하면 사회기반시설 재평가 추정방법 및 유의적 가정에 대해 토지는 공정가액, 공시지가 등을, 건물은 공정가액, 시가표준액 또는 주택공시가격 등을, 구축물은 공정가액, 상각 후 대체원가법 등을 적용하는 것으로 공시하고 있다.[5]

그러나 국토교통부의 2015년도 결산서의 재무제표 주석에 의하면 사회기반시설의 재평가에서 적용된 재평가 추정방법으로 공시지가, 해당 시군구의 동일지목 개별공시지가 산출평가액을 적용하는 것으로 공시하고 있다.[6] 따라서 사회기반시설에 대한 재평가는 주로 토지에 대하여만 이루어진 것으로 추정할 수 있다.[7]

2) 필수보충정보

일반유형자산 및 사회기반시설 회계처리지침 문단 72에 의하면 감가상각대체 사회기반시설로 분류한 경우, 다음의 사항을 필수보충정보로 공시하도록 요구하고 있다.

(가) 감가상각대체 사회기반시설 분류기준의 충족 여부
(나) 감가상각대체 사회기반시설의 종류 및 규모(또는 수량)
(다) 상태평가, 상태평가기준 및 작성기관, 상태평가기준의 평가등급
(라) 최소유지등급
(마) 최근 3개년치의 상태평가 결과
(바) 최근 5개년의 추정된 수선유지비와 실제 지출된 수선유지비의 비교

이에 따라 2015년 국가재무제표에서는 감가상각대체 사회기반시설인 도로와 하천에 대해 필수보충정보(7. 그 밖에 재무제표에는 반영되지 아니하였으나 중요하다고 판단되는 정보)를 공시하고 있다. 다음은 도로 포장물에 대한 공시내용이다.

---

5 2015년도 국가재무제표 주석 8의 사회기반시설 재평가에 대한 내용 일부 정리.

자산 종류	재평가액 추정방법 및 유의적 가정	단위 : 백만 원			
		재평가금액 (A+B−C)	재평가 전 장부가액(A)	평가 증 (B)	평가 감 (C)
도로	자산유형(토지, 건물, 구축물)별 재평가방법을 적용 ① 토지 : 공정가액, 공시지가 등 ② 건물 : 공정가액, 시가표준액 또는 주택공시가격 등 ③ 구축물 : 공정가액, 상각후대체원가법 등	4,563,038	33,210,023	5,840,243	3,228,868

6 2015년도 국토교통부 재무제표 주석 8의 사회기반시설 재평가에 대한 내용 일부 정리.

자산 종류	재평가액 추정방법 및 유의적 가정	단위 : 백만 원			
		재평가금액 (A+B−C)	재평가 전 장부가액(A)	평가 증 (B)	평가 감 (C)
도로	공시지가	2,310,811	2,616,019	341,272	646,480
	해당 시군구의 동일지목 개별공시지가 산술평균가액	2,236,755	2,442,733	105,532	311,510

7 사회기반시설 증감 명세서에 의하면 일부 건물이나 구축물에도 재평가이익이 존재함을 알 수 있는데, 실제로 매년 재평가가 이루어지는 경우는 거의 없는 것으로 보인다.

8. 그 밖에 재무제표에는 반영되지 아니하였으나 중요하다고 판단되는 정보

가. 감가상각대체 사회기반시설

- 감가상각대체 사회기반시설이란 관리·유지 노력에 따라 취득 당시의 용역잠재력을 그대로 유지할 수 있는 사회기반시설로서 감가상각하지 않고, 관리·유지에 투입되는 비용으로 감가상각비를 대체할 수 있는 자산입니다.

나. 도로포장물

- 국토교통부는 일반국도의 구성물로서 도로포장 일반국도 13,950km 중 관리구간 11,509km에 대하여 감가상각대체방안을 적용하였습니다. 도로포장의 유지보수를 위하여 PMS(Pavement management system)를 활용하고 있어 사회기반시설관리 시스템의 요구 사항을 모두 충족하였습니다.
  도로포장은 유지보수 결정 흐름도에 의하여 포장의 상태를 유지관리하고 있으며, 도로포장관리 시스템을 통하여 관리하고 있으며, 기타 도로구조물에 대하여는 도로관리통합 시스템(HMS)을 통하여 관리하고 있습니다.

■ 감가상각대체 사회기반시설의 종류 및 규모

- 종류 : 관리 중인 도로포장 연장은 11,509km의 구조물

■ 감가상각대체 사회기반시설의 상태등급기준, 상태평가기준, 상태평가 결과

가. 상태등급기준

- 국토교통부는 일반국도의 포장상태를 결정하기 위해 포장결함상태(Visual index, VI) 등급을 사용하고 있다. 포장결함상태(VI) 등급은 1~7등급의 범위에 있습니다.
- 포장결함상태(VI) 등급은 노명의 포장 결함 자료를 바탕으로 500m에 대한 균열, 소성변형 깊이 자료의 파손 수준에 따라 3등급으로 분류하고, 소파보수는 보수 면적을 고려하여 노면 파손의 종류별로 분포면적을 백분율로 계산하여 아래의 흐름도에 따라 포장 파손의 등급을 결정합니다.

포장결함상태 등급(VI) 결정 흐름도

균열률(%) / 소성변형깊이(mm)	Low(<5)	Medium(5~15)	High(>15)
Low(<10)	1	2	3
Medium(10~20)	3	4	5
High(>20)	5	6	7
소파보수, 포트홀 면적이 10% 이상이면 1등급 상향 조정			
최대 VI 등급은 7등급으로 한다.			
VI 등급범위(1~7등급)			

나. 상태평가기준

- 국토교통부는 일반국도의 포장파손 상태에 따라 우선보수가 필요한 구간을 대상으로 보수공법을 결정하고, 잔여구간에 대하여 경제성 분석을 실시하여 우선순위를 결정하여 적정수준의 포장상태를 유지하도록 하고 있습니다. 도로포장의 최종유지보수는 보수공법결정체계 흐름도에 의하여 결정됩니다.

다. 최소유지등급

- 일반국도 포장의 유지보수가 필요한 수준은 포장결함상태 등급(VI) 3등급 이상을 최소등급으로 유지하고 있습니다.

라. 상태평가 결과

- 일반국도의 관리구간(11,509km) 중 매년 약 5,000km(2차로 환산)에 대하여 조사대상구간을 선정하여 포장결함상태 등급을 결정하고, 상세조사구간에 대하여 포장의 지지력, 포장의 두께 등 포장의 구조적·기능적 상태를 조사하고 있습니다.

표 2.5 도로포장물 유지보수 비용

연도	국비(단위 : 백만 원)	
	예산액	지출액
합계	5,550,142	5,060,722
2015	1,388,450	1,257,228
2014	1,125,727	1,041,359
2013	1,163,019	1,010,408
2012	937,752	876,502
2011	935,194	875,225

이러한 감가상각대체 사회기반시설에 대한 필수보충사항의 공시에서 국가회계기준에서 요구하고 있는 최근 3년간의 상태평가 결과가 제시되지 않고 있다. 각 연도별 유지보수비 예산이 도로포장의 등급을 최소 3등급 이상 유지하는 데에 필요한 금액인지 명확하지 않다. 그리고 자본적 지출과 수익적 지출이 구분되어 있지 않다.

3) 부속명세서

'재무제표 표시와 부속서류의 작성에 관한 지침' 문단 38에 의하면 부속명세서는 재무제표에 표시된 회계과목에 대한 세부 명세를 명시할 필요가 있을 때에 추가적인 정보를 제공하기 위한 것으로서 다음의 회계과목에 대해 부속명세서를 작성하도록 하고 있다.

(1) 현금 및 현금성자산, (2) 장·단기 금융상품, (3) 단기투자증권, (4) 장기투자증권, (5) 장·단기 미수채권, (6) 장·단기 대여금, (7) 일반유형자산, (8) 사회기반시설, (9) 무형자산, (10) 국채 및 공채, (11) 차입금, (12) 출연비

이에 따라 국가재무제표의 부속명세서에 사회기반시설 유형별(도로, 철도, 항만, 댐, 공항, 기타사회기반시설, 건설 중인 사회기반시설) 당해연도와 직전연도의 증감명세서를 제시하고 있다.[8]

8 다음은 국가재무제표의 부속명세서에 공시된 사회기반시설의 증감 명세서의 양식 예시이다.

과목	기초	증감내역						기말	기말잔액		
		취득/자본적지출	대체	처분	감가상각	감액/환입	기타증감		감가상각누계	사용수익권	재평가이익
합계											
토지											
건물											
구축물											

CHAPTER 03

사회기반시설의 장기 공용성 모형

제3장에서는 자산관리계획의 신뢰성을 결정하는 인프라의 공용성 모형에 대해 고찰하기로 한다. 파손모형은 인프라의 기대수명과 파손속도의 변화과정, 그리고 그 속에 포함된 불확실성을 정량적으로 모델링하는 것으로 자산관리의 심장으로 비유되곤 한다. 특히 생애주기비용 분석에서 인프라의 상태갱신과 결함에 대한 리스크 분석을 지원하며, 자산가치평가의 감가상각률 결정에도 직접적인 관계가 있다. 본 장에서는 모니터링 자료를 활용한 실증적 관점에서의 파손모형 구축 기법들을 중심으로 소개하기로 하며, 구축을 위한 기초지식부터 실증연구 사례, 결과의 활용방안에 대해 기술하기로 한다. 참고로 본 장에 소개되는 파손모델링 기법들은 도로 포장뿐만 아니라 시간/변수에 따라 상태가 변화하는 객체에 적용 가능하기 때문에 자산관리 이외에도 다양한 분야에 응용이 가능하다.

CHAPTER 03

사회기반시설의 장기 공용성 모형

3.1 개 요

2014년 공표된 자산관리 국제표준 ISO 55000 시리즈에서는 자산관리에 대해 "자산을 통해 가치를 실현하기 위한 조직적인 행위"로 정의하고 있다(ISO, 2014). 여기서 '가치'는 우리가 일반적으로 이야기하는 조직의 목표와 성과로 인식할 수 있으며, 장기적 관점에서 안정적으로 추구되어야만 온전한 가치로 인정될 수 있다. 본 장에서 소개하는 장기 공용성 모형은 자산의 미래를 예측하는 도구로써 '장기적', 그리고 '안정적' 가치추구를 지원하는 자산관리의 핵심도구라 할 수 있다. 본 장에서는 공용성 모형에 대한 기본적인 이해를 도모하고, 관리환경과 정보수요에 따른 파손모형의 전략적 개발/개선 계획, 나아가 도로포장을 중심으로 한 구축 및 활용사례를 살펴보기로 한다.

3.2 파손모형과 자산관리

3.2.1 파손모형의 이해

사회기반시설을 포함한 우리 주변에 있는 대부분의 물체(자산)는 외부조건과 시간에 따라 상태와 성능이 변화한다. 물론 자산의 현재 상태를 파악하는 것만으로도 유지보수의 필요 여부를 판단할 수 있다. 그러나 이 자산들이 가까운 혹은 먼 장래에 어떻게 파손되고 변화할 것인지, 그리고 자산의 상태에 따라 관련된 리스크들이 어떻게 변화할 것인가에 대한 평가와 예측 없이는 적절한 대응계획을 수립하기 어려울 것이다.

본 절에서 강조하고자 하는 것은 자산이 조직이 추구하는 가치를 실현하기 위한 '도구'로써 인식되어야 한다는 점이며, 공학과 경제, 재무, 리스크 그리고 이해관계자의 관점에서 전략적으로 운용되어야 한다는 점이다. 그런 의미에서 자산의 변화특성을 정량적으로 파악하는 것은 자산관리계획 수립의 시작이라고도 할 수 있다.

공용성 모형(Performance model)은 자산의 상태, 성능, 내구성 등이 시간과 외부변수에 따라 어떻게 변화할 것인가를 수치적/통계적으로 모델링하는 작업 혹은 그 결과물을 의미하는 것으로, 학계나 현장에서는 보통 파손모형(Deterioration model) 혹은 열화(劣火)모형과 동일한 의미로도 사용되고 있다. 두 용어 간의 차이가 공식적으로 정의된 바는 없으나, 본 절에서는 파손모형이 유지보수 없이 그대로 방치했을 경우에 대한 상태변화를 대상으로 하는 반면, 공용성 모형은 유지보수 옵션에 따른 상태회복 변수까지 포함하는 개념으로 정의하기로 한다. 이에 따라 본 절의 모든 내용은 '파손모형'으로 인식해도 무방하다. 먼저 파손모형의 개념을 그림 3.1과 함께 이해해보기로 하자.

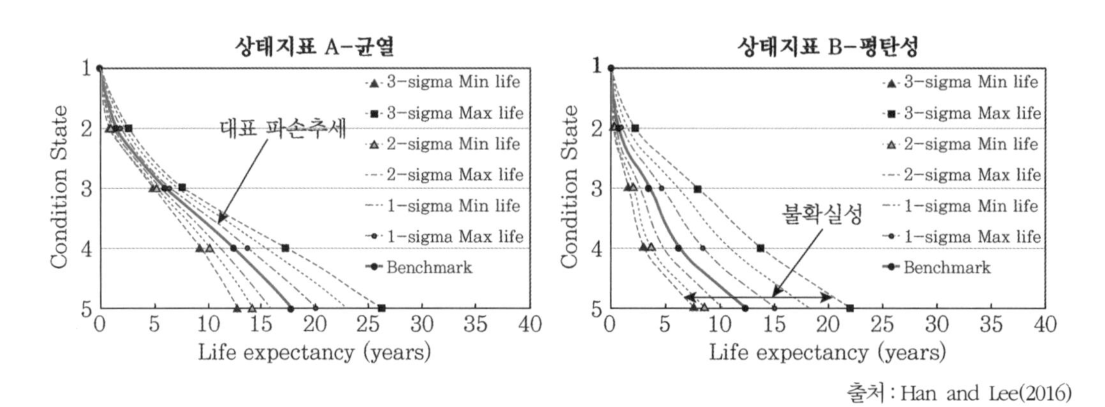

출처 : Han and Lee(2016)

그림 3.1 자산의 파손곡선과 불확실성

그림 3.1의 두 그래프는 도로포장에 대한 사례로서 균열(도로가 갈라지는 현상)과 도로의 평탄성(도로가 울퉁불퉁한 정도) 지표에 대한 변화과정을 보여주고 있다. 두 개의 그래프를 제시한 이유는 한 종류의 자산의 상태 표현에 다수의 상태지표가 적용될 수 있으며, 이 들이 각각 다른 파손특성을 가지고 있음을 나타내기 위함이다.

각 그래프의 x축은 시간, y축은 상태등급으로 시간에 따라 상태가 어떻게 변화하는가를 묘사하고 있다. 그래프의 내부에는 여러 개의 곡선이 도식되어 있는데, 중심의 굵은 실선이 자산을 대표하는 파손곡선이다. 좀 더 쉬운 예로 우리나라 도로 전체의 파손특성을 하나의 추세선으로 표현한 것이다. 그러나 도로의 특성에 따라 어느 도로는 3~4년 만에 파손되는 반면, 20년이 넘도록 건재한 도로도 존재하기 마련이다. 이러한 불확실한 특성을 통계적 범위를 통해 정량적으로 표현한 것이 점선들이다. 여기까지가 순수한 파손모형의 역할이다. 다음은 이 정보들이 생애주기비용 분석(LCCA: Life Cycle Cost Analysis)에 어떻게 활용되는지 살펴보자(그림 3.2 참조).

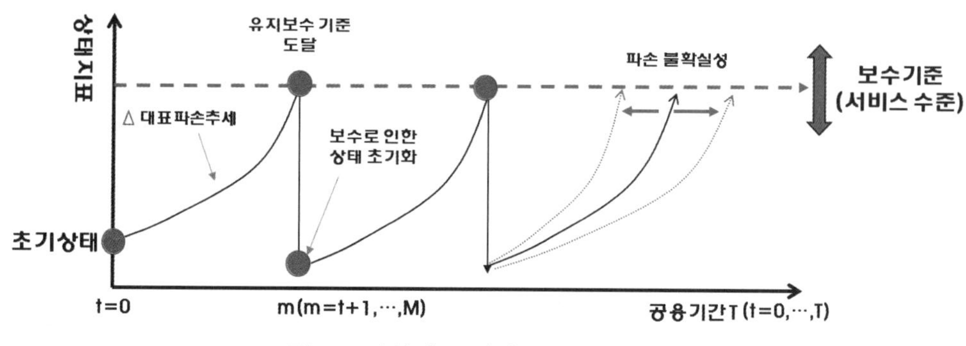

그림 3.2 자산의 중장기 생애주기 개념도

그림 3.2의 물결모양 그래프는 자산의 생애주기개념을 설명하는 데 가장 널리 활용되는 개념도이다. 최초 건설 시에는 최고 상태에서 출발하나 시간의 흐름에 따라 상태가 악화되고, 관리자가 설정한 유지보수 기준에 도달하면 유지보수를 시행하여 상태를 회복한다. 이것을 유지보수 주기(사이클)라고 하며, 분석기간 동안 반복된다.

그림 3.1의 대표파손곡선은 연도별 상태 갱신의 기준으로 활용되는데, 그림 3.2의 굵은 실선에 해당된다. 이 확정된 대표파손곡선만을 이용할 것인가, 불확실성이 포함된 범위와 확률밀도 정보를 상태갱신에 반영할 것인가에 따라 결정론적(Deterministic)과 확률론적(Probabilistic or Stochastic) 생애주기비용 분석기법으로 구분할 수 있다. 확률론적 기법의 장점은 결과의 통계적 범위와 가능성(우도, Likelihood)에 대한 정보를 도출할 수 있다는 것인데, 작은 차이 같지만 대규모 예산과 리스크를 관리해야 하는 관리자의 입장에서는 상당히 중요한 정보로 활용될 수 있다. 결정론적 기법의 경우 하나의 값으로만 결과가 도출되기 때문에 국회나 정부에 예산 요구 시 '올해 예산은 100억 원이 필요하다' 수준에서 설득할 수 있는 반면, 확률론적 기법은 '올해 예산은 95% 신뢰구간에서 최소 A억 원~최대 B억 원이 필요하다. 혹은 파손리스크

를 x% 수준으로 유지하기 위해서는 y억 원 수준의 예산이 요구된다'라고 설득할 수 있다. 당연히 파손의 불확실성이나 결함/붕괴로 인한 피해가 큰 자산일수록 확률론적 접근이 요구된다. 그렇다고 무조건 확률론적 기법이 우세하다는 의미는 아니다. 각 자산들의 파손추세에 대한 분산이 작아 하나의 파손곡선으로도 대표성이 확보된다면 굳이 많은 양의 자료가 요구되고 개발도 복잡한 확률모형을 채택할 필요는 없다.

다음으로 그림 3.2에서 세부요소들을 잘 살펴보자. 대표파손추세와 불확실성 정보는 파손모형을 통해 제공되지만, 이 요소들만으로 물결모형의 그래프가 완성되지 않는다. 관리자가 설정한 유지보수기준(서비스 수준)과 그에 상응하는 보수공법, 그리고 그 보수공법에 따라 상태회복의 수준이 달라질 수 있다. 즉, 자산의 생애주기는 '파손특성+관리전략'에 따라 결정되는 것이다.

파손모형은 관리전략에 따라 변화하는 서비스 수준(LOS: Level of Service)과 서비스 비용(COS: Cost of Service)의 균형, 그리고 장기적 관점에서 조직이 추구하는 목표와 가치를 효율적/안정적으로 추구하기 위한 가장 기본적인 도구임을 인식해야 한다.

3.2.2 자산관리와 파손모형의 관계

파손모형은 단순히 미래를 다루기 위한 예측도구라고 할 수 있다. 여기서 '예측'은 과거의 추세나 경험에 의거하여 그 변화 특성을 일반화하고, 이 패턴이 향후에도 지속적으로 이어질 것이라는 가정에서 출발한다. 본 절에서는 파손모형이 구체적으로 사회기반시설의 자산관리의 어떤 부분에 어떻게 활용되는지, 그리고 그 중요성에 대해 다각적으로 고찰해보기로 한다.

1) 기대수명의 예측

기대수명(혹은 내용연수)은 간단히 '이 자산은 몇 년 동안 쓸 수 있는가?'에 대한 내용이다. 이 질문을 자산관리의 관점에 대입해보면 '이 자산은 몇 년 동안 본래 의도했던 기능을 발휘할 수 있는가?', 좀 더 현실적 측면에서 '몇 년마다 교체(수선)해야 하는가?' 혹은 '몇 년마다 얼마의 유지보수 비용이 발생하는가?'로 해석할 수 있다.

도로는 유지보수 비용이 투자됨에 따라 상태와 기능을 회복하고 그 성과로써 고객(도로이용자, 국민)에게 더 나은 도로서비스를 제공할 수 있게 된다. 즉, 기대수명은 '서비스 수준과 서비스 비용'을 결정하는 핵심 정보이며, 자산의 잔존가치는 물론 도로관리자가 매년 고민하는 차기회계연도의 거시적 예산추정을 가능하게 한다.

기대수명은 그 속성에 따라 모든 도로를 대표하는 네트워크 수준, 파손에 영향을 주는 요소를 등급으로 구분하여 적용하는 매트릭스(Metrics) 수준, 그리고 개별 도로를 대상으로 하는 프로젝트 수준으로 구분할 수 있다. 이 수준들의 근본적인 차이는 모든 도로에 같은 기대수명을 적용할지, 그룹별로 할지, 혹은 각 도로별로 다른 기대수명을 적용할지에 있다. 당연히 후자가 보다 신뢰성 있는 예산추정과 자산관리계획 수립에 유리하다. 다만 다양한 설명변수가 고려된 파손모형 구축이 요구되기 때문에 오랜 기간에 걸쳐 전략적/체계적으로 수집된 데이터가 요구된다. 이는 신뢰성 있는 자산관리계획의 수립이 단기간에 이루어지기 어려운 대표적인 이유이기도 하다.

2) 파손과정(파손커브)의 예측

파손모형은 정의된 기대수명 내에서 파손이 어떻게 진행되는지에 대해서도 설명할 수 있어야 한다. 만약 기대수명을 하나의 숫자(예 : x년)로 표현했다면, 파손과정은 오직 직선으로만 표현이 가능하다. 아마도 독자 중에는 기대수명만 정의되면 예산수요추정이 가능한데 왜 복잡한 파손곡선까지 도출해야 하는가에 대한 의문을 가질 수 있다. 그 이유는 자산의 상태/기능/리스크가 공용기간(신설이나 보수 후의 사용기간)이나 인프라의 활용빈도와 정비례 하지 않을 수 있으며, 그에 따른 대응전략도 달라져야 하기 때문이다.

파손커브에 대한 중요성을 최근 국제적으로 도로관리의 트렌드라고 할 수 있는 '예방적 유지보수(Preventive maintenance)'의 개념에서 찾아보자. 상태등급 C에서 파손속도가 급격하게 증가하는 특성을 가진 자산의 경우 그대로 방치하면 D등급이나 E등급으로 단기간에 악화되며, 이때의 유지보수 규모/형태/단위비용이 C등급에서의 유지보수보다 상대적으로 커질 수 있다. 또한 이 기간 동안 해당 도로를 이용하는 도로이용자의 사회-환경비용과 인프라의 결함(붕괴) 발생확률도 증가한다. 이 경우 상태등급 C에서 선제적으로 보수를 해주면(즉, 좀 더 좋은 상태에서, 소규모 유지보수를 빈번하게 해주면) E등급에서 발생하는 대규모 보수비용을 분산·평활화할 수 있으며, 장기적으로도 예산절감을 기대할 수 있다. 이는 곧 예산의 효율성 증대와 재무리스크의 감소를 의미한다. 또한 A나 B등급의 느린 파손속도를 유지한 채 보다 낮은 리스크에서 양질의 도로서비스를 제공할 수 있게 된다. 이러한 사회-환경적 편익들은 투자 혹은 유지보수 최적화를 통한 성과로써 인식되며 생애주기비용 분석을 통해 정당화·최대화될 수 있다.

실제로 자산의 상태별로 파손속도가 상이한 특성을 갖는 도로그룹에 대한 중장기 생애주기비용 분석을 실시해보면, 최적 유지보수 시점이 상이하게 분석된다(한대석 외 2007). 즉, 기대수명의 역할이 중장기 예산추정에 포커스가 맞추어져 있다면, 파손곡선은 리스크와 경제적 관점, 그리고 이용자 편익의 측면에서 보다 최적화된 유지관리 전략 수립을 지원함에 목적이 있다.

3) 자산가치추정과 감가상각률의 결정

본 절은 한대석 외(2016)의 내용을 일부 발췌하여 기술하기로 한다.

우리나라에서는 2007년 국가회계법이 발생주의·복식부기로 전환됨에 따라 사회기반시설의 자산가치 평가가 의무화되었다. 발생주의·복식부기의 협소적 의미를 살펴보면 장기간에 걸쳐 사용하기 위해 투자된 비용을 지출된 회계연도에 한 번에 처리하지 않고 그 자산의 기능이 발휘되는 기간, 즉 내용연수에 걸쳐 비용을 회계처리 한다고 생각하면 쉽다.

공학적 관점에 익숙한 관리자들은 이것이 왜 자산관리에 중요한가에 대해 인식하기 어렵다. 자산의 감가상각률은 한해에 감해지는 자산가치의 규모, 즉 '재화의 소모율'이 되며, 자산관리의 관점에서 '서비스를 1년 제공하는 데 소요되는 서비스의 원가'로 인식된다. 자산의 가치가 소모되는 만큼 보충(보수)해주어야 지속 가능한 서비스의 제공이 가능하다는 개념에 비추어보면 감가상각액의 총액은 적정 유지보수 예산 규모로도 인식되며, 이 정보들은 도로관리 예산을 확보하기 위한 세금정책의 중요한 근거로도 활용될 수 있다.

보유한 자산의 가치를 인식하고 그 가치를 관리한다는 측면, 그리고 자산이 제공(혹은 이용)하고 있는 서비스의 원가를 이해한다는 측면에서 자산의 감가상각률은 매우 중요한 의미를 갖는다. 파손모형은 이 감가상각률을 결정하는 데 결정적인 근거를 제시한다.

1억 원인 자동차의 기대수명이 10년이라고 가정해보자. 1년은 기대수명의 10%로 해당가치는 1,000만 원에 이른다. 자신의 중고차를 매매하는 데 1,000만 원을 낮게 평가한다면 좋아할 사람이 있겠는가. 얼마 전 기획재정부는 경부고속도로의 자산가치를 약 11조 원(토지제외)으로 평가한 바 있다. 국가회계처리기준에 따라 도로의 내용연수를 20년으로 가정하면 연 감가상각비는 5,500억 원으로 내용연수 −1년의 편차가 발생하면 연 감가상각비는 5,790억 원이 되며, 이 경우 매년 +270억 원이 추가적으로 감가상각 된다(추정 원칙인 재조달원가를 기준으로 하면 그 이상이 된다). 만약 정부가 회계적인 관점에서 자산가치를 유지한다는 전략 하에 예산을 할당한다면 매년 270억 원의 예산이 과잉 투자되며, 반대의 경우 해당금액 만큼의 예산부족에 시달릴 수 있다.

재무계획 측면에서 살펴보면 기대수명의 변화는 생애주기비용 분석에서 관리자 비용의 규모는 물론 첨두가 발생하는 시점까지 이동시킨다. 즉, 신뢰성 있는 파손모형의 구축 없이는 중장기 재무관리계획 수립이 불가능하며, 관리자는 항상 불확실한 미래(예산수요의 폭발적 증가, 인프라 결함 등)에 적절하게 대응하기 어렵게 된다.

4) 리스크(Risk)의 평가

파손모형의 역할 중 하나로 리스크(Risk)의 정량화를 정의한 바 있다. 본래 경영에서의 리스크 관리는 조직의 재무상황, 발생 가능한 이벤트, 사회환경변화나 금융여건 등 조직이 가치를 실현하는 과정에 발생 가능한 사건들과 그 가능성(확률)을 분석하고, 해당 리스크를 최소화 하거나 이에 대응하기 위한 전략을 세우는 것으로 정의할 수 있다. 단, 본 절에서는 파손모형의 관점에서 기술하는 만큼 자산의 상태악화 혹은 기능상실(Failure)에 대한 리스크로 그 범위를 축소하여 다루기로 한다.

자산관리에서 리스크 분석 도입의 가장 큰 목적은 발생 가능한 사건들에 대한 기대비용을 파악하여 리스크 중심의 유지보수전략(RCM: Reliability-Centered Maintenance strategy)을 수립하기 위함이다. 자산관리에서의 리스크는 일반적으로 '파손확률(POF: Probability Of Failure) × 파손 결과(COF: Consequence Of Failure) × 여유도(Redundancy)'로 표현되는데, 상태저하나 파손이 발생했을 때의 피해(손해) 규모에 그 사건이 발생할 확률을 곱하는 특정 사건에 대한 기대비용의 개념이다. 좀 더 쉽게 설명하면 가로등의 고장과 대형교량의 붕괴에 동일한 가중치를 두고 의사결정을 할 수 없다는 의미이다. '여유도'는 파손 발생 시 그 자산을 바로 대체할 수 있는 여력을 의미한다. 예를 들어 집에 차가 2대 있는 경우 한 대가 고장나도 나머지 한 대를 이용하여 출근하면 되기 때문에 해당 리스크는 '0'이 될 수 있다. 그러나 여유 차량이 없으면 관련된 리스크(대중교통 이용, 지각 등)를 그대로 감내해야 한다.

파손모형은 리스크 분석에 있어 미래의 특정시점에 특정사건이 발생할 확률 정보 'POF'를 제공하는 역할을 한다. 리스크의 평가방법은 자산의 상태가 'O-X(정상-고장)'로 표현되는 경우 확률분포에 기반을 둔 전통적인 신뢰성(Reliability)이론, 상태가 복수의 이산적(Discrete) 상태등급으로 표현되는 경우 마르코프 연쇄(Markov chain) 이론이 주로 활용된다. 당연히 리스크 모델링은 데이터의 분산이 클수록, 파손에 미치는 변수가 많을수록 많은 데이터가 요구되기 때문에 다양한 조건에서 장기간에 걸쳐 수집된 충분한 데이터가 필수적이다. 또한 생존기간에 대한 확률분포가 확보되면 몬테카를로 샘플링(Monte-carlo sampling)을 확률적 상태 갱신에도 응용할 수 있다.

3.2.3 자산관리를 지원하기 위한 파손모형의 요건

앞 절에서 기술된 내용을 충분히 이해하였다면 본 절에 어떠한 내용이 파손모형의 요건으로 제시될지 쉽게 예측이 가능할 것이다. 기존에 기술된 내용에 서비스 수준체계의 접목, 모형 구축 시에 발생 가능한 문제까지 고려된 이상적인 파손모형의 조건을 요약하면 다음과 같다

(Han and Lee, 2016).

① 기대수명 추정 : 유지보수 예산수요 추정, 생애주기분석에서의 연간 파손함수 제공
② 파손속도 변화과정 추정 : 예방적 유지보수 기법 등 관리 전략의 최적화
③ 설명변수의 포함 : 프로젝트 수준 분석, 파손요인 파악에 따른 수명연장 전략 분석
④ 파손리스크 분석 : 리스크 관리 전략 수립
⑤ 다단계 이산형 모형 : 서비스등급의 직접적 적용
⑥ 복수의 파손유형 고려 : 상태에 따라 적용되는 다양한 유지관리 공법의 적용

상기 6가지 조건을 대응하기 위해서는 다중회귀분석(Multiple regression)과 같은 결정론적(Deterministic) 모형은 불가능하다. 결국 확률모형이어야 하는데, 연속적인 상태변화를 다루어야 하므로 일반적인 확률을 다루는 'Probabilistic'보다는 확률과정을 다루는 'Stochastic' 모형이 적합하다. 이 두 접근의 차이는 복권당첨확률을 정해진 경우의 수에 따라 계산하는 것(Probabilistic)과 랜덤하게 변화하는 향후 5일간의 주가지수를 확률적으로 예측하는 것(Stochastic)으로 비유할 수 있다. 즉, 전통적인 분포이론이나 신뢰성 이론은 전제 조건을 만족시키기 어렵다.

현재 인프라의 상태변화에 대한 확률과정 모델링에 가장 널리 활용되고 있는 이론으로는 1907년 러시아의 수학자가 고안한 마르코프 연쇄(Markov chain)가 있다(Markov, 1907). 그러나 이 역시도 순수이론만으로는 설명변수의 포함, 상태전이확률의 왜곡, 샘플 부족·편향성 같은 문제에 대응하기 어렵다는 한계가 있다.

상기 6가지 조건 이 외에도 모형의 파라미터 추정법이 있다. 보통 확률을 기반으로 하는 모형의 파라미터 추정에는 뉴튼랩슨법(Newton Raphson)을 활용한 한 최대우도법(MLE: Maximum Likelihood Estimator)이 활용된다. 빠른 수렴을 최대의 장점으로 하는 이 기법은 통계적으로 몇몇 단점을 갖는데, 최대우도가 아닌 지역적으로 발생하는 소규모 첨두(Local maximum)에서 파라미터가 도출될 가능성과 이를 해결하기 위한 초깃값 설정이 종종 문제시 되어왔다(Train, 2009). 또한 설명변수의 수가 늘어나면서 차원이 증가하고, 설명-종속변수 간의 관계가 난해한 경우 종종 파라미터 계산에 Overflow가 발생하기도 한다(Han et al., 2014). 무엇보다 파라미터의 최적해 만을 도출함으로써 리스크 분석에 필요한 파라미터의 분산정보를 알 수 없다는 한계가 있다. 대부분의 연구에서는 이러한 한계에 대해 비모수적(Non-parametric) 추정기법인 MCMC(Markov Chain Monte-Carlo)에서 해답을 찾고 있다.

3.3 파손모형의 개발 전략

앞서 신뢰성 있는 파손모형 구축의 중요성과 개발에 많은 시간과 노력이 필요하다는 점을 강조한 바 있다. 그렇다고 충분한 데이터가 축척될 때까지 기다릴 것인가? 반드시 통계적으로 완벽하고 복잡한 모형을 지향해야 하는가? 혹은 재산적 가치나 목표달성에 중요하지 않은 자산 유형에 대해서도 모형구축에 많은 시간과 노력을 투자해야 하는 것인가? 그렇지 않다. 조직의 관리환경, 정보수요를 고려해 그것을 충족할 수 있는 수준의 파손모형이면 초기모형으로 충분하며, 자산관리 고도화 전략이나 새로운 정보수요 발생에 따라 더 기능이 풍부한 파손모형을 개발하는 것이 적합하다. 본 절에서는 데이터의 확보수준과 정보수요에 따른 파손모형의 단계적 구축방안에 대해 고찰해보기로 한다.

3.3.1 파손모형의 개발/개선 전략

중장기 자산관리계획 수립의 최소 전제조건은 기대수명 정의이다. 여기서 유의할 점은 반드시 충분한 데이터와 복잡한 모형을 통해 추정된 기대수명 만이 그 역할을 할 수 있는 것은 아니라는 것이다. 기대수명 추정을 위해 긴 시간과 예산을 투자하면서 자산관리 도입을 미루는 것보다는 미흡한 자산관리계획이라도 하루 빨리 수립하고 점차적으로 개선해나가는 것이 훨씬 더 나은 선택이기 때문이다.

본 절에서는 파손모형의 구축(진화) 단계를 6단계로 구분하여 기술하기로 한다. 이 단계들은 단계가 진화될수록 '이론적→실증적', '네트워크 수준→프로젝트 수준', '결정론적→확률론적'으로 진화한다는 특징을 갖는다. 각 단계에 대한 구체적인 내용을 살펴보기로 한다.

1) 1단계 : 법적 내용연수, 경험치의 활용

기대수명 추정에 아무런 데이터도 근거도 없는 상황에서 활용 가능한 방법이다. 이 수준에서는 '포장의 기대수명은 x년'이라는 정도의 정보만 확보되지만 거시적인 관점에서 대략적인 예산수요 추정은 가능하다. 자산가치평가는 법에 정해진 내용연수에 의해 수행되는 것이 적합하나, 현실에서의 유지관리 예산수요 추정은 다른 문제일 수 있다. 법적 내용연수가 현실에서의 기대수명과 일치하면 이상적이지만, 실증 데이터 분석을 통해 도출된 기대수명과 일치할 가능성은 경험상 그리 높지 않기 때문이다.

아무런 근거가 없는 경우 법적 내용연수를 그대로 사용하는 것이 객관적 일 수 있으나, 현장 경험이 풍부한 실무자의 경험과 비교하여 그 편차가 심한 경우 실무자의 경험치를 택하는 것이

보다 현실적인 예산추정으로 이어질 수도 있다. 법적 내용연수가 정해져 있지 않을 경우, 우리나라와 유사한 환경조건에서 도출된 연구 결과를 참조하는 것도 차선책이 될 수 있다.

2) 2단계 : 네트워크 수준에서의 평균수명 분석

"x년 만에 유지보수가 시행되었다"라는 아주 간단한 수준의 데이터가 누적된 경우 활용할 수 있다. 이 수준에서는 포장의 평균 기대수명과 각 공용연도별 파손량에 대한 확률분포를 알 수 있다. 샘플이 충분하지 못해 특정연도의 파손확률밀도를 알 수 없는 경우, 샘플의 정규성을 가정하여 이론적 기대수명 분포를 활용할 수도 있다. 이렇게 특정연도에서의 파손에 대한 확률밀도함수(PDF: Probability Density Function)가 도출되면 신뢰성 이론의 접목도 가능하다.

비교적 수집이 간단한 정보를 통해 기대수명 추정과 파손확률정보 도출이 가능하다는 점에서 효용성이 높은 방법론이라고 평가할 수 있으며, 특히 예산이 투자되었기 때문에 관리자가 관련 기록을 관리하고 있을 가능성도 높다. 그러나 방법론의 특성상 상태등급의 변화과정(Stochastic process)을 다루기에는 한계가 있으며, 시간기반 모형이기 때문에 상태에 따라 파손특성이 변화하는 자산에는 부적합할 수 있다. 한편, 어떠한 상태에서 유지보수가 수행되었는지에 대한 정보가 없는 경우 이에 대한 가정이 요구되며, 모형에 설명변수가 포함되지 않아 프로젝트 수준 분석과 주요 파손의 원인도 찾아낼 수 없다는 한계가 있다.

3) 3단계 : 설명변수를 포함한 다중회귀분석

"A라는 상태지표를 기준으로 보았을 때, x년 만에 도로가 유지보수 수준에 도달하였는데, 공용기간 동안의 도로환경(교통량, 하중, 포장설계 등)은 어떠하였다"라는 데이터가 누적된 경우 활용이 가능하다. 이 단계의 자료수집 개념은 '상태변화=f(시간, 설명변수)'로 전 세계 대부분의 포장관리 시스템에서 운영하고 있는 데이터 수준으로 봐도 무방하며, 꼭 파손모형이 아니더라도 일반적인 요인분석에서 요구하는 수준이기도 하다.

통계적 관점에서 설명변수를 포함한다는 것은 파손과정에 영향을 미치는 요소가 무엇이고 그것이 자산의 파손에 얼마만큼의 영향을 미치는가에 대해 정량적으로 인식하는 것이라 할 수 있다. 또한 관리의 관점에서는 도로구간별로 차등화된 기대수명의 도출이 가능하다는 점과 주요 파손요소에 대응하기 위한 전략 수립에 활용할 수 있다는 점에 주목해야 할 필요가 있다. 다중회귀분석은 이 두 가지 관점을 모두 만족하는 가장 간편하면서도 보편적인 분석기법이라 할 수 있다. 단, 사회기반시설과 같이 다양한 외부 요인에 노출됨에 따라 파손추세에 대한 분산이 크고, 설명력이 강한 변수를 찾기 어려운 경우가 많아 실제로는 적용에 부적합한 사례가 많다. 무엇보다 구축된 모형이 도출하는 출력 값의 범위가 표준편차의 수준에서 결정되기 때문에 실측 정보의 특성(분산, 추세)을 제대로 반영하기 어렵고 확률정보를 제공하기 어렵다는 한계도 있다. 다중회귀분석은 가장 일반적인 통계기법 중 하나로 이론적 배경이나 구체적인 추정 방법은 생략하기로 한다.

4) 4단계 : 신뢰성 이론(해저드 함수)을 이용한 평균수명과 리스크 분석

3단계 정보수집 기준을 만족하면 적용이 가능하다. 사실 파손요인에 대한 접근이 필요 없다면 결함이 발생하기까지의 시간정보(즉, 2단계 수준)만 충분히 누적되면 적용이 가능하다. 그럼에도 보다 높은 등급으로 구분한 것은 결정론적 기법에서 확률론적 기법으로 전환됨에 따라 자산관리에 필요한 보다 다양한 정보를 제공할 수 있고, 보다 충분한 자료수집이 요구되기 때문이다.

신뢰성 이론은 기대수명은 물론 시간과 파손확률간의 관계를 다룬다. 전체 네트워크 중 x%가 파손될 때까지의 시간 t에 대한 정보, 혹은 반대로 특정시간 t에서의 파손확률을 도출할 수 있다. 기업에서 상품의 품질보증기간, 무상 A/S 기간, 내구연한과 같은 중대한 사항을 결정할 때 대부분 신뢰성 이론을 활용한다. 신뢰성 이론의 시작은 모집단(혹은 표본)의 확률분포를 결정하는 것인데, 데이터의 분포특성에 가장 근사한 분포를 선택/구성할 수 있고, 분포의 모수 추정에 설명변수를 포함시킴에 따라 프로젝트 수준의 분석도 지원 가능하다는 장점이 있다. 신뢰성 이론의 기본개념은 그림 3.3과 함께 설명한다.

그림 3.3의 개념도는 자산이 파손된 시간대를 히스토그램으로 도식하면 작성할 수 있다. t시점을 기준(중앙 실선을 기준으로)으로 좌측 F(t)는 파손함수, 우측 $\tilde{F}(t)$은 생존함수, 그리고 각 시점 t에서의 파손확률(확률밀도)을 순간파손함수 f(t)라 한다. 해저드 함수(Hazard function)는 '시점 t까지 생존하다가 t시점에 파손될 확률'을 의미하기 때문에 조건부 확률이 되며, $Theta(t)=f(t)/\tilde{F}(t)$가 된다. 이와 같이 일단 확률분포만 구성되면 해저드 함수의 적용은 간단하다.

그러나 기본 신뢰성 이론의 특성상 인프라의 상태를 더미(dummy)변수(O-X 문제)로 인식하기 때문에 연속적인 상태변화과정을 동반하는 인프라의 파손과정을 묘사하는 데 한계가 있고, 또한 시간을 기본변수로 하는 모형이기 때문에 인프라에 특성에 따른 적용 가능성을 검토할 필요가 있다. 참고로 O-X 문제에 대응하기 위해 다단계 해저드모형이 개발된 바 있으며 이에 대한 구체적인 내용은 Lancaster(1991)을 참조한다.

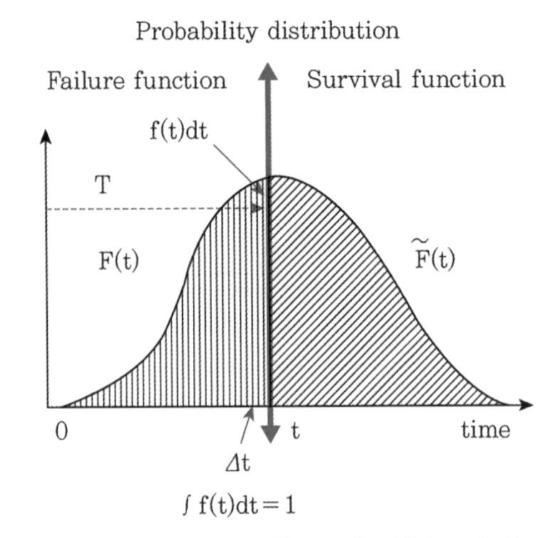

그림 3.3 확률분포를 이용한 파손함수, 생존함수, 해저드 함수의 적용

5) 5단계 : 전통적 마르코프 연쇄이론의 이용

마르코프 연쇄는 러시아의 수학자 A.A. Markov가 고안한 객체의 상태변화를 확률적으로 묘사하는 기법으로 상태변화는 오직 현재의 상태에만 영향을 받아 결정된다는 것을 기본전제로 한다. 간단한 예로 연못에 5개의 연잎이 줄지어 떠 있고, 현재 1번 연잎에 앉아 있는 개구리가 다음 차에 어디로 점프할 것인가를 생각해보자. 아무래도 가장 먼 5번 연잎보다는 가까이에 있는 2번이나 3번 연잎으로 점프할 가능성이 높을 것이다.

도로포장으로 사례를 확대해보자. 보통 10년 이상 사용할 수 있는 포장 상태가 올해 A등급으로 조사되었다면, 다음 연도에는 A나 B등급 수준에 머무를 가능성은 높은 반면, 한 번에 E등급으로 떨어질 가능성은 낮을 것이다. 이러한 불확실한 결과를 반복적으로 관측하여 상태등급 간의 전이확률을 행렬로 구성하면 마르코프 전이행렬(MTP: Markov Transition Probability)이 완성된다. MTP의 구성과 활용에 대한 이해를 돕기 위한 예제로써 그림 3.4~3.6을 참조한다.

자산관리의 관점에서 마르코프 이론의 장점은 현재 상태에 따라 파손속도가 달라지는 특성을 묘사하기에 가장 적합하다는 것이다. 쉽게 설명하면 새 포장에서 균열이 발생하는 속도와 이미 균열이 상당히 진행된 도로에서 균열이 확산되는 속도가 다르다는 것을 상태등급 정의를 통해 쉽게 반영할 수 있다는 것으로, 파손커브 작성에 적합하다는 의미가 된다.

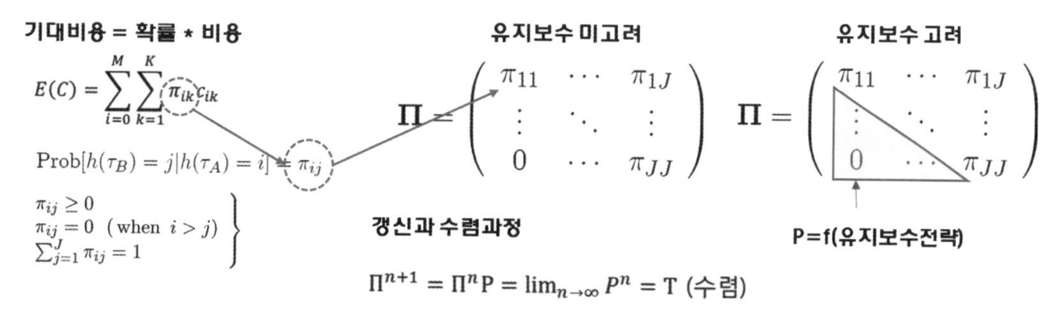

그림 3.4 마르코프 전이확률과 전이확률 행렬의 구성

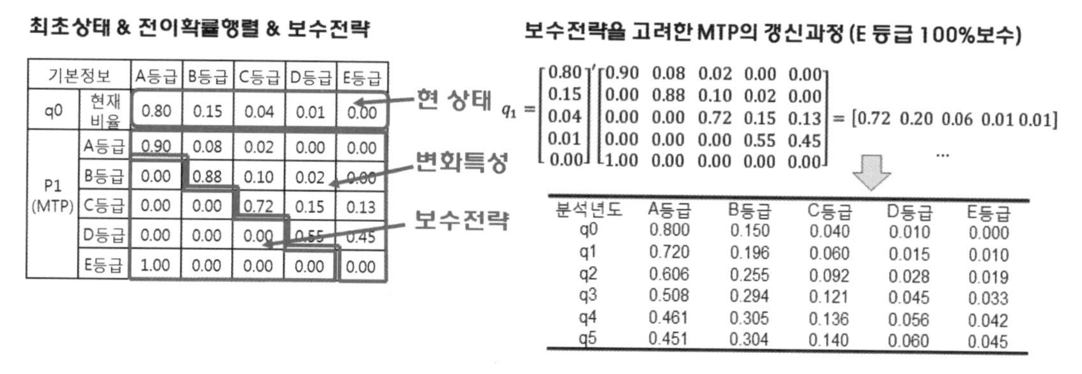

기본정보		A등급	B등급	C등급	D등급	E등급
q0	현재 비율	0.80	0.15	0.04	0.01	0.00
P1 (MTP)	A등급	0.90	0.08	0.02	0.00	0.00
	B등급	0.00	0.88	0.10	0.02	0.00
	C등급	0.00	0.00	0.72	0.15	0.13
	D등급	0.00	0.00	0.00	0.55	0.45
	E등급	1.00	0.00	0.00	0.00	0.00

$$q_1 = \begin{bmatrix} 0.80 \\ 0.15 \\ 0.04 \\ 0.01 \\ 0.00 \end{bmatrix}' \begin{bmatrix} 0.90 & 0.08 & 0.02 & 0.00 & 0.00 \\ 0.00 & 0.88 & 0.10 & 0.02 & 0.00 \\ 0.00 & 0.00 & 0.72 & 0.15 & 0.13 \\ 0.00 & 0.00 & 0.00 & 0.55 & 0.45 \\ 1.00 & 0.00 & 0.00 & 0.00 & 0.00 \end{bmatrix} = [0.72\ 0.20\ 0.06\ 0.01\ 0.01]$$

분석년도	A등급	B등급	C등급	D등급	E등급
q0	0.800	0.150	0.040	0.010	0.000
q1	0.720	0.196	0.060	0.015	0.010
q2	0.606	0.255	0.092	0.028	0.019
q3	0.508	0.294	0.121	0.045	0.033
q4	0.461	0.305	0.136	0.056	0.042
q5	0.451	0.304	0.140	0.060	0.045

그림 3.5 마르코프 전이확률의 갱신과 수렴

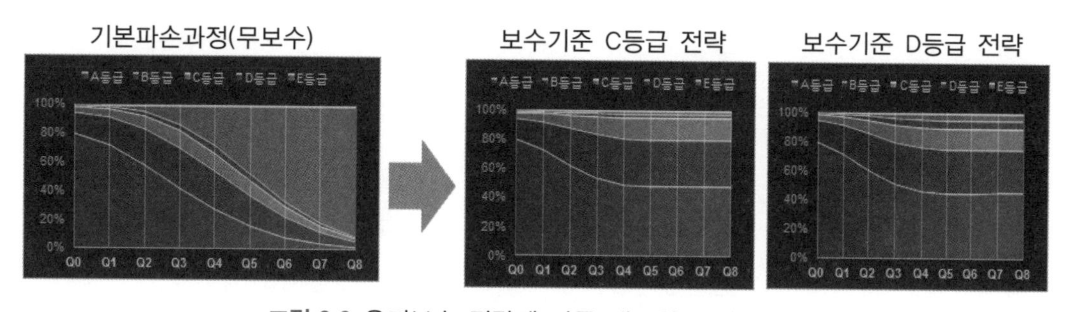

그림 3.6 유지보수 전략에 따른 네트워크 상태변화

6) 6단계 : 완성형 모형(마르코프+다단계 해저드+베이지안 추론) 구축

앞서 제시된 5가지 단계는 모두 자산관리 지원에 부족한 점들을 가지고 있었다. 기술된 요건을 키워드로 요약하면 ① 확률과정 모형, ② 설명변수 포함, ③ 비모수추정기법으로 정의할 수 있다. 그리고 이 조건을 모두 충족하는 모형으로 'Bayesian Markov multi-state exponential hazard model(BMH 모형)'이 개발된 바 있다. 해당 모형은 마르코프 연쇄이론을 기반으로 마르코프 전이행렬을 구성하는 데 다단계 해저드 이론을 접목한 모형으로, 해저드 함수의 파라미터 추정에 비모수 추정기법인 MCMC(Markov Chain Monte-Carlo)을 접목하는 구조를 가지고 있다. 모형의 이론적 배경과 실증분석 사례는 Tsuda et al.(2006), Kaito and Kobayashi (2007), Han and Lee(2016), Train(2009), Koop et al.(2007)을 참조하길 바란다.

7) 적정 파손모형의 선정

본 절에서는 관리자의 공용성 자료 확보상황, 자산의 파손특성 등을 고려해 파손모형을 6단계로 구분하여 제시하였다. 그럼에도 불구하고 가장 적합한 파손모형은 어느 수준인가를 쉽게 판단하기 어려울 수 있다. 그림 3.7을 참조하면 현재 개발/운영 가능한 파손모형이 어느 수준인지 어렵지 않게 판단할 수 있을 것이다.

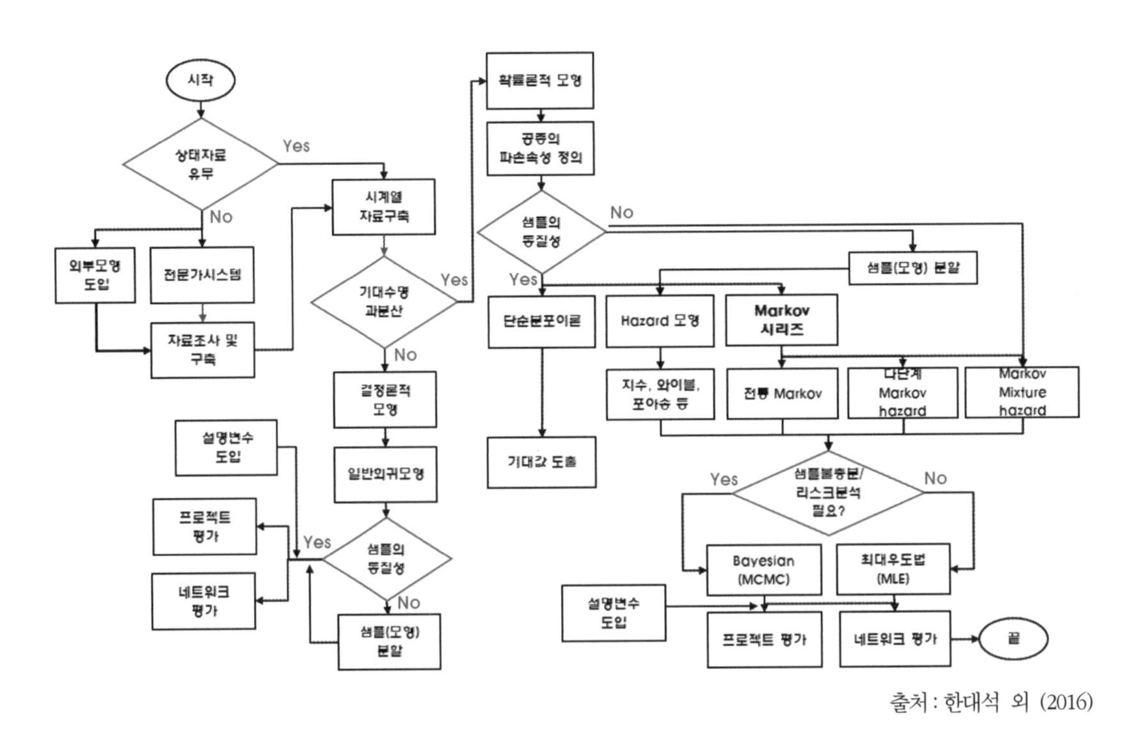

출처 : 한대석 외 (2016)

그림 3.7 적정 파손모형 선정을 위한 로직

앞서 강조한 바와 같이 모든 자산관리자가 이상적 단계인 6단계에 도달할 필요는 없다. 자신이 처한 환경에서 최선/최대의 단계를 초기구축의 기준으로 여기되, 자신이 원하는 정보가 해당 단계에서는 도출되기 어렵다면 목표단계를 설정하고 그에 맞추어 차근차근 정보를 수집해 나가야 한다.

3.4 공용성 데이터의 이해와 가공

3.4.1 분석자료의 구성

파손모형은 시간과 요인에 따른 상태변화를 다룬다. 즉, "상태가 A인 객체가 B라는 조건하에서 C라는 시간 동안 있었을 때, D가 되었다"에 대한 정보가 필요하며, 각 A, B, C, D의 정보가 하나의 셋으로 구성되었을 때 1개의 자료셋으로 인정된다. 물론 파손모형의 유형에 따라 요구되는 자료형태도 달라질 수 있으나, 해당 정보 수준이면 대부분의 파손모형을 지원할 수 있다. 다음 표 3.1을 참조하면 이해가 용이하다.

표 3.1 파손모형 구축을 위한 기본자료 구성

ID	시점 A의 상태	시점 B의 상태	시점 A–B 간의 상태변화량	시점 A–B 간의 경과시간	설명변수 1	설명변수 n
Set 1						
Set 2						
...						
Set n						

표 3.1의 상태정보는 상태지표의 특성에 따라 실수(예: %, 길이, 개수 등)나 상태등급 혹은 서비스 수준(1등급, 2등급 등)으로 표현될 수 있다. 시간정보는 '일, 월, 년' 등으로 자산의 일반적인 수명의 수준에 따라 분석가가 정의할 수 있다. 자산의 상태변화량은 음(−)값을 가질 수 없다는 것인데, 기술한 바와 같이 파손모형은 자산을 그대로 방치했을 경우를 분석대상으로 하기 때문이다. 설명변수는 자산의 상태변화에 영향을 미치는 요소들에 대한 정보로써, 외부요인이 x만큼 변화하면 인프라의 파손특성이 y만큼 변화한다는 것을 정량적으로 파악하기 위함이다.

파손모형의 개발에 있어 또 하나의 이슈는 샘플 규모이다. 적정 샘플 수는 주로 데이터의 분산과 기대수명에 비례하게 되는데, 경우에 따라 수십 개에서 수만 개에 달할 수도 있다. 교량의 파손과정에 대해 마르코프 이론을 접목한 연구사례(Tsuda et al., 2006)를 살펴보면 최초 이용한 샘플은 총 32,902개를 이용하였으나, 대략 2,000개의 샘플 규모(랜덤추출)에서 95% 수준의 안정성이 확보되는 것으로 분석되었다. 단, 모든 파손모형의 구축에 반드시 2,000개 수준의 샘플이 필요하다거나, 혹은 그 이상의 자료는 의미가 없다는 뜻은 아니다. 우선 확보된 데이터는 최대한 활용하되 오류나 비정상적인 데이터를 인식/제거하여 자료의 신뢰성을 확보하는 것이 더욱 중요하다.

참고로 통계학의 일부인 표본론에서는 모집단의 크기가 10,000 이상일 경우 일반적으로 무한 모집단으로 간주한다. 95% 신뢰수준에서 표본오차가 최대가 되는 경우(P=0.5)를 대입하면 적정 표본수는 약 384개로 약 4%에 해당한다(도명식 외 2007). 그러나 이 통계적 접근방법은 어디까지나 'Probabilistic'의 개념에 입각한 것이므로 참고하는 수준에서 알아두도록 하자.

3.4.2 분석자료 구축에서의 일반적인 문제

파손모형 구축의 첫 번째 걸림돌은 시계열 자료 구축에서부터 시작된다. 과거 파손모형에 대한 필요성을 인식하기 이전에는 대부분의 자료들이 연도별로 구축되고, 그저 한번 사용하고 보관하는 수준에 그쳤다. 상태자료의 연계성을 고려하지 않고 연도별로 체계가 다른 조사 ID를 부여하는 사례가 빈번했고, 이로 인해 장기간 조사된 귀중한 자료를 시계열로 매칭이 불가능한 경우가 많았다. 매칭이 불가능하다는 이야기는 파손모형의 구축에 사용될 수 없음을 의미한다.

두 번째는 설명변수의 설정이다. 파손에 영향을 주는 요소로써 모형구축에 주로 활용되는 변수로는 포장의 원료, 두께 등 하드웨어에 관한 요소와 해당 도로를 통행하는 교통류 특성이 있다. 이 외에도 기후, 배수조건 등도 설명변수로 포함될 수 있다. 이러한 자료들이 상태정보와 함께 동시에 구축되지 않는다면 변수의 영향력을 분석할 수 없게 된다. 포장관리 시스템의 개발 초기부터 전략적 모니터링 계획수립이 반드시 필요함을 의미한다.

다음으로는 서비스 수준의 도입이다. 포장의 상태를 대표하는 지표인 균열, 소성변형, 종단평탄성은 모두 소수점을 포함하는 연속수로 표현된다. 적용하고자 하는 통계기법에 따라 그대로 사용할 수도 있으나 마르코프 연쇄 이론을 적용하기 위해서는 상태등급을 도입해야 한다. 서비스 수준의 상태등급은 보통 5등급으로 지정하는 것이 일반적이며, A등급은 시공직후 포장이나 유지보수 직후의 최고상태, E등급은 유지보수가 필요한 상태로 지정된다. 각 등급의 임계값이 결정되면 각 지표의 값을 등급으로 변환하여 분석에 적용된다.

마지막으로 이상치 제거 과정이 필요하다. 경험적으로 크게 두 가지가 요인이 있는데, 첫 번째는 유지보수를 수행한 구간의 자료를 배제해야 한다. 앞서 기술한 바와 같이 파손모형은 유지보수 없이 그대로 두었을 경우를 대상으로 하기 때문이다. 두 번째는 '공용역전현상'으로 유지보수 행위가 없었음에도 상태가 개선된 것으로 조사되는 현상이다. 전년도 조사 결과가 C등급이었는데, 다음 연도에 A등급으로 조사되는 경우 상태변화량은 음(−)의 값을 갖게 되는데 이는 측정오차(Measurement error)로 간주하고 모형구축에서 배제해야 한다.

3.4.3 샘플의 동질성 문제

불확실성이 큰 인프라의 파손과정을 정량화하기 위해서는 샘플의 규모도 중요하지만 샘플의 동질성(Homogeneity)을 확인할 필요가 있다. 다소 복잡한 이야기 같지만, 미래의 상태예측에 어떠한 샘플이 가장 적합한가를 고민하는 과정으로 이해하면 쉽다.

그 예로 고등학생의 수능점수를 예측하는 모형을 개발한다고 가정하자. 우선 개인교습을 받는 학생들을 그룹 A, 그리고 아무런 사교육도 받지 않는 학생들을 그룹 B로 구분하자. 그리고 A그룹은 점수가 높고 B그룹은 상대적으로 낮은 점수 군을 형성했다고 가정해보자. 만약 모든 학생들의 점수를 활용하여 구축된 모형을 예측에 적용한다면 A그룹도 B그룹도 높은 추정력을 기대하기 어려울 것이다. 이 경우 A군과 B군을 대표하는 별도의 모형을 구축하는 것이 통계적으로 더 유익할 것이다. 이것이 샘플의 동질성에 대한 기본 개념이다. 그림 3.8과 함께 구체적인 사례를 살펴보기로 한다.

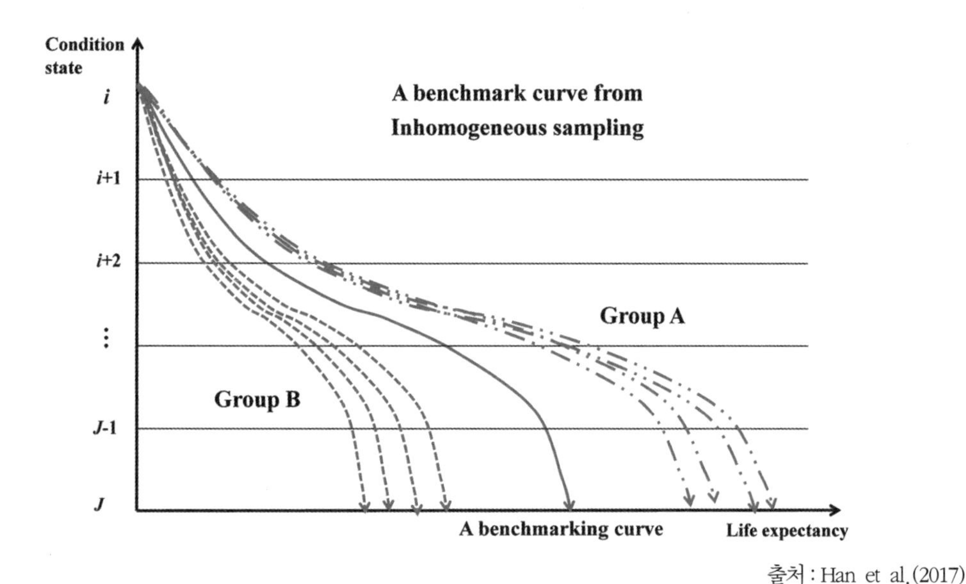

출처 : Han et al.(2017)

그림 3.8 샘플의 동질성 문제

그림 3.8의 A그룹은 내구력이 강한 특수포장, B그룹은 일반포장을 적용한 구간들의 파손곡선들이라 가정하자. 이 경우 기대수명의 분포를 도식하면 쌍봉분포 형태로 나타나게 되는데, 분포의 기댓값(즉, 대표파손곡선)은 우도(Likelihood)가 전혀 없는 두 분포의 중앙에서 도출된다. 통계적으로 분포(정규분포)의 기댓값은 최대우도가 형성된 지점의 값을 참조한다는 점을 감안하면 이는 일종의 편향이라 할 수 있다.

물론 네트워크의 대푯값을 도출한다는 관점에서의 평균은 분명히 의미가 있다. 그러나 이 값을 그대로 적용하면 자산관리 측면에서 어떤 문제가 발생하는지에 대해 생각해볼 필요가 있다. 가장 대표적인 예가 생애주기비용 분석이다. A그룹은 특수포장으로 단가가 매우 비싸며, B그룹은 상대적으로 싸다. 따라서 같은 기대수명을 적용하게 되면 A그룹의 관리자 비용은 과다추정, B그룹은 과소 추정된다. 도로서비스의 관점에서 살펴보면 특수포장 구간은 높은 서비스 수준을 제공하고 있음에도 보수가 수행되며, 일반포장 구간들은 완전히 파손된 상태로 상당기간 동안 방치되는 것으로 시뮬레이션이 이루어지게 된다. 또한 해당 도로구간들 간의 구간연장과 교통량도 상이하기 때문에 사회-환경비용의 왜곡이 발생하며, 유지관리 우선순위도 충분히 바뀔 수 있다.

샘플의 동질성 문제는 자산의 유형뿐만 아니라 시간적인 관점에서도 검토해야 할 필요가 있다. 예를 들어 포장상태변화 시계열 자료가 2000년~2017년까지 확보되어 있다고 가정해보자. 그러나 2010년부터 유지보수와 관련된 설계기준이 대폭 강화되었고 앞으로도 해당 기준이 지속된다고 가정한다면, 향후 예측에는 이 국면변화를 감안하여 2010년 이후의 자료를 이용하는 것이 적합하다.

이와 같이 샘플의 동질성 문제는 향후 예측의 정확도/신뢰도를 높이기 위해 어떠한 샘플을 활용할까에 대한 고민으로써, 기술된 사례 이외에도 다각적인 검토가 필요하다.

3.4.4 샘플의 분포 문제

기대수명은 '특정상태 A에서 상태 E까지 도달하는 데 소요되는 시간'으로 정의할 수 있다. 그러나 분석가가 A~E까지의 상태변화 특성을 알고 싶은데, A~C까지의 정보만 확보하고 있다면 어떻게 되는가? 사실상 통계적 근거에 의한 이론적 가정 없이는 D와 E단계에 대한 설명이 불가능하다.

이러한 상황은 현실에서도 종종 나타난다. 보통 완전한 파손이 발생해도 큰 문제가 발생하지 않거나 혹은 파손이 발생해야 유지보수가 수행되는 시설물들의 경우(예 : 포장, 가드레일, 가로등, 교통신호기 등) 낮은 등급의 자료가 풍부하다. 그러나 교량, 터널 등 이용자의 안전과 관련된 시설물들은 E등급까지 방치하지 않는다. 우리나라의 경우 1,2종에 해당하는 대형 사회기반시설물은 「시설물의 안전 및 유지관리에 관한 특별법」에 의거하여 시설물의 상태를 A~E 등급으로 구분하고, B등급 이상을 유지하도록 권장하고 있다. 즉, C~E등급에서의 자료는 거의 없는 것이 당연하다. 이런 경우 상태 구분 없이 모든 샘플을 통합한 모형으로 구축하거나 시간기반 모형을 채택하는 방법, 혹은 A~C까지의 모형을 구축하고 D~E는 필요에 따라 가정하는 방법을 적용할 수 있다.

3.4.5 기초통계치의 확인

자료가 확보되면 가장 먼저 자료들의 기초 통계치를 살펴보아야 한다. 기초 통계치로는 샘플 수, 평균, 표준편차, 최소-최댓값, 분산도, 상관계수, 확률분포, 누적분포 등을 파악하는 것이 일반적이다. 이 값들만 잘 해석해보아도 대략의 파손추세를 파악할 수 있으며, 보다 신뢰성 있는 파손모형 구축이 가능하다.

평균과 표준편차는 가장 간단한 통계치로 간주되지만, 분포의 기댓값과 불확실성을 대표한다는 점에서 매우 중요한 지표이다. 특히 두 모수만으로 이론적인 확률분포를 도식할 수 있기 때문에 전반적인 특성파악은 물론, 3-sigma 규칙에 의거한 통계적 이상치 제거의 기준으로도 활용될 수 있다. 경험적으로 복잡한 확률통계 모형을 적용하여 얻어진 결과가 단순 평균값과 일치하는 경우가 많다.

최소-최댓값은 해당 지표가 경험적으로 나타나는 범위를 알 수 있어 서비스 수준 체계에서 최고등급과 최저등급의 임계값 설정에 참조할 수 있다. 단, 활용된 샘플집단이 모집단의 특성을 대표할 수 있다는 전제가 필요하다.

분산도의 경우 설명변수(독립변수)와 종속변수 간의 관계를 한눈에 쉽게 파악할 수 있도록 도와준다. 간단한 엑셀작업을 통해 변수간의 상관계수와 설명변수로써의 적합도를 파악할 수 있으며, 전반적인 추세와 이질적인(혹은 오류가 의심되는)샘플이 어느 것인지도 쉽게 파악할 수 있다. 이러한 샘플들에 대해서는 정상성을 검토할 필요가 있다.

확률분포는 자료의 이해에 가장 중요한 정보 중에 하나로 확률밀도의 피크(Peak)와 분포 영역을 파악하는 것이 핵심이라 할 수 있다. 평균을 활용한다는 것은 샘플의 정규성을 가정한다는 의미로, 분포의 평균과 피크는 일치하지 않을 가능성이 있다. 최우추정법과 최소제곱법의 차이를 이해하고 있다면 의미를 쉽게 이해할 수 있다. 한편, 분석에 어떤 분포를 활용할지에 대한 사전분석 작업으로서도 의미가 있다. 전 영역에 확률밀도가 고르게 분포되어 있다면 균등분포(Uniform distribution), 종(Bell) 모양이라면 정규분포를 근사분포로 선택하는 것이 적합하다. 어느 분포와 근사하는지 객관적으로 판단하기 어려운 형상이라면 분포구성이 유연한 와이블(Weibull) 분포를 적용하는 방안도 있다. 보다 객관적 근거에 의거한 분포선택을 위해서는 정규성 검정기법(예 : Anderson-Daring 테스트, Chi-square 검정)과 같은 추가적인 통계기법을 적용하거나, @Risk와 같은 전문 통계 소프트웨어의 도움을 받는 것도 좋다.

3.5 파손모형의 구축 및 활용사례

본 절에서는 도로포장을 대상으로 파손모형의 구축과 활용사례를 소개하기로 한다. 파손모형은 유지관리 예산추정, 유지관리기준 분석, 경험적 성능평가, 설계 최적화, 유지보수 우선순위 선정 등 다양한 분야에 활용 가능하나, 본 절에서는 가장 일반적으로 활용되는 포장체의 성능평가와 최적 도로관리기준 분석사례를 소개하고자 한다.

본 절의 내용은 한국의 일반국도 포장관리를 중심으로 한 사례로써 Han et al.(2016), Han and Do(2016)의 내용을 기반으로 하였다.

3.5.1 파손모형 구축과 활용사례 - 도로포장 유형별 성능평가

1) 개요

일반인의 눈에 도로포장은 모두 동일한 것으로 느껴질 것이다. 그러나 현장에서는 내구성과 기능성이 강화된 다양한 특수포장들을 도입하여 사용하고 있다. 관리자의 입장에서는 새로운 포장기술이 도입하고자 할 때, 이 포장이 기존의 일반포장대비 얼마나 더 튼튼한지부터 생각하기 마련이다. 상식적으로 가격이 비싸다면 그 이상의 성능이 입증되어야 예산지출의 근거가 마련되기 때문이다. 본 절에서는 Han et al.(2016)의 내용을 기반으로 다양한 포장유형에 대한 성능평가 사례를 소개하기로 한다.

2) Markov mixture hazard model 모형

분석에 적용된 파손모형은 Tsuda et al.,(2006)이 최초 제안한 Markov hazard model의 개선형 모형으로 파라미터 추정에 이질성 파라미터를 도입하여 샘플들의 동질성 문제를 해결한 모형이다. 모형의 개념을 간단히 살펴보자(그림 3.9 참조).

해당 모형은 샘플 전체를 대표하는 벤치마킹 파손 추세를 결정한 후, 각 샘플그룹 별로 벤치마킹 파손추세와의 상대적 편차를 표현하는 이질성 파라미터를 계산하는 방식이다.

참고로 Markov mixture hazard 모형은 파라미터의 모수 추정에 비모수적 통계기법인 MCMC(Markov Chain Monte-Carlo)기법을 적용하고 있어 파라미터의 분산추정, 즉 기대수명에 대한 분산을 추정할 수 있다는 강력한 장점을 가지고 있다.

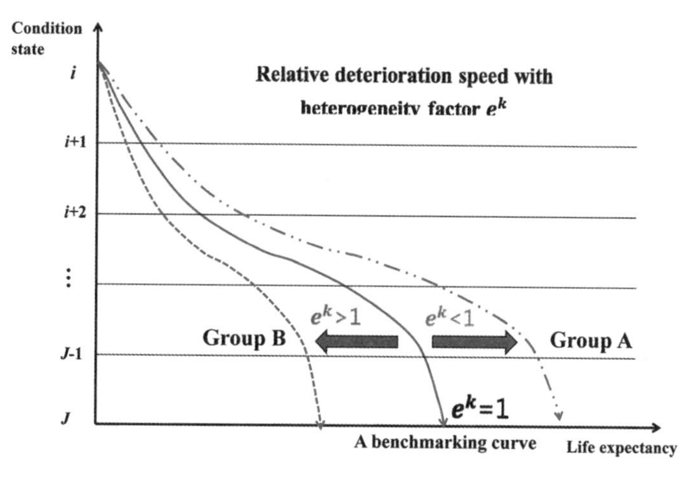

출처 : Han et al.(2017)

그림 3.9 이질성 파라미터를 도입한 샘플의 동질성 해석

3) 데이터의 가공

본 사례에서는 5가지 포장유형 HMA(Hot Mix Asphalt, 가장 일반적인 도로포장 원료), SMA(Stone Mastic Asphalt), PMA(Polymer Modified Asphalt), RRA(Rut-Resistant Asphalt), PA(Porous Asphalt)에 대한 공용성 비교를 대상으로 하였다.

분석 자료는 일반국도에 특수포장이 시공된 150여 개 구간에서 5년간 모니터링한 자료를 활용하였으며, 상태지표는 균열(Crack)로 한정하였다. 한편 파손모형 구축에 적용된 모형이 마르코프 연쇄를 기반으로 하기 때문에 상태등급체계를 도입하였다. 상태등급 구축사례는 표 3.2를 참조한다.

표 3.2 마르코프 연쇄 적용을 위한 상태등급 개발 사례

State	Crack(%)	Description
1	0.0~0.5	After construction or overlay : Difficult to see by visual inspection
2	0.5~5.0	Moderate A : The most usual condition of road pavement
3	5.0~10.0	Moderate B : Drivers can sometimes feel or see deterioration
4	10.0~15.0	Moderate C : Drivers can easily feel or see deterioration
5	Over 15.0	Maintenance criteria : Need for rehabilitation level of maintenance

4) 파손모형의 구축 결과 및 해석

도로관리자의 입장에서 가장 궁금한 정보, 객관적 근거확보를 위해 가장 필요한 정보는 포장유형별 기대수명과 파손의 불확실성일 것이다. Markov mixture hazard 모형을 이용하여

도출된 결과를 해석해보자(그림 3.10 참조).

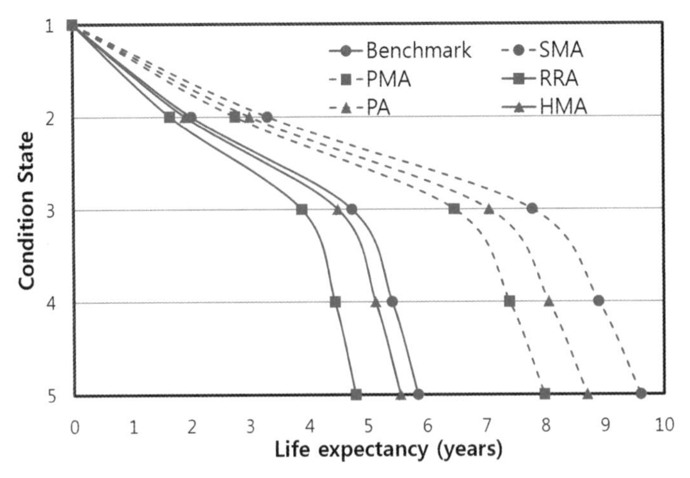

출처 : Han et al.(2016)

그림 3.10 포장유형별 기대수명의 비교

그림 3.10은 각 포장유형의 파손커브를 비교하고 있다. 표 3.2의 상태등급 표를 살펴보면 5등급은 균열 15%에 해당하므로, 각 커브들은 균열률이 0%에서 15%까지 증가하기까지의 파손과정을 표현하고 있다. 중간에 실선(Benchmark)이 샘플 전체를 대표하는 커브이므로, 일반포장(HMA)과 RRA포장은 평균대비 낮은 성능을 보이고 있으며, 그 외 포장들은 기대수명 측면에서 상대적으로 우수한 성능을 보여주고 있다. 포장체의 순위를 매겨보면 'SMA>PA>PMA>HMA>RRA'로 평가된다.

두 번째로는 그림 3.10의 기대수명의 이면에 숨어 있는 불확실성을 확인할 필요가 있다. 관리자의 입장에서는 기대수명에 대한 성능이 평균적인 관점에서 입증되더라도 그 성능을 얼마나 안정적으로 얻을 수 있는지 또한 중요한 관심사가 된다. 전구 100개를 샀는데, 50개는 월등한 성능을 보여주는 반면 나머지 50개가 몇 일만에 고장 난다면 온전한 성능으로 인정받기 어렵기 때문이다.

그림 3.11은 이질성 파라미터의 분산정보를 활용하여 도식된 각 포장유형별 기대수명의 통계적 범위를 비교하고 있다.

그림 3.11은 각 포장이 90% 신뢰수준에서 보장 가능한 성능의 영역을 비교하고 있다. 각 포장의 5% 최소수명이 대략 5년으로 유사한 반면, 95% 최대수명은 상당한 편차가 있다. 관리자의 입장에서는 포장체의 우수성을 통계적으로 증명했다는 것도 중요하지만 리스크 관리의 입장에서는 최소-최대수명의 편차, 즉 두 선의 간격이 얼마나 떨어져 있는가가 중요한 포인트가

된다. 이 간격이 멀어질수록 자신이 포장한 구간의 수명이 어디에 위치할지 불분명해지기 때문이다.

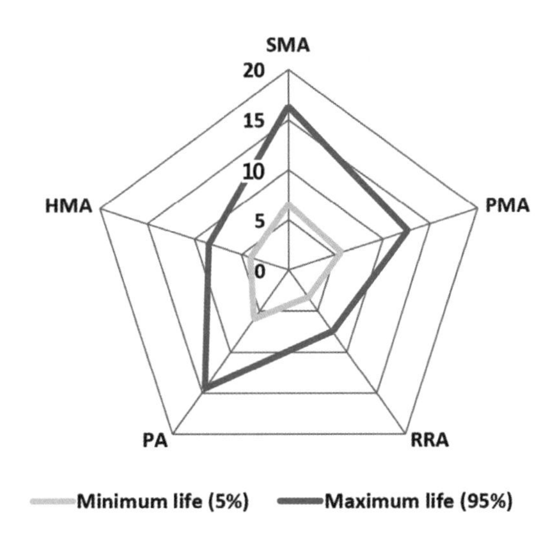

출처 : Han et al.(2016)

그림 3.11 신뢰 수준 90%에서의 포장유형별 기대수명 범위 비교

마지막으로 물리적 성능이 통계적으로 증명됨에도 불구하고, 아직 어느 포장이 더 좋은가에 대한 판단은 이르다. 경제적 우위에 대한 평가가 수행되지 않았기 때문이다. 단순히 관리자 비용의 관점에서만 생각해보아도 특수포장의 단가가 일반포장 대비 2배라면, 기대수명은 그 이상이 되어야 한다. 생애주기비용 분석이 필요한 이유이다.

3.5.2 파손모형 구축과 활용사례–최적유지보수 기준 분석

본 절에서는 파손모형의 가장 일반적인 활용사례로써 생애주기비용 분석을 통한 최적유지보수기준 도출과정에 대해 소개하기로 한다.

1) 개요

포장관리 시스템의 가장 기초적인 기능은 '상태정보의 수집, 유지보수에 대한 의사결정, 결정된 사항에 대한 유지보수'로 정의될 수 있다. 여기서 어느 수준에서 어떤 유지보수를 행하는 것이 예산 효율성과 도로이용자 편익의 측면에서 유익할 것인가를 객관적으로 분석하는 것은 포장관리 시스템의 중요한 기능이라 할 수 있다.

분석의 기본 전제는 도로의 서비스 비용에 따라 서비스 수준이 변화하고, 이 투자를 통해 도로이용자의 사회/환경비용이 변화한다는 것이다. 생애주기비용 분석모형은 이 메커니즘을 시뮬레이션을 통해 구현하고, 파손모형은 시뮬레이션 내에서 자산의 상태변화를 제어하는 역할을 하게 된다. 즉, 포장의 파손과정은 생애주기비용 분석의 근간으로써, 대부분의 분석로직에 직·간접적으로 관여하면서 결과에 중대한 영향을 미친다.

본 절에서는 Han and Do (2016)에서 한국의 일반국도를 대상으로 수행한 연구내용을 기반으로 최적관리수준에 대한 내용을 간단히 소개하기로 한다.

2) 서비스 수준의 설정

서비스 수준은 포장상태를 표현하는 수단이자, 어느 수준에서 어느 유지보수를 수행할 것인가에 대한 기준으로 활용된다. 당연히 서비스등급별로 요구되는 보수의 형태도 상이하다. 표 3.3은 시뮬레이션을 위해 적용된 서비스 수준과 그에 해당하는 유지보수 작업/단가를 정의한 사례를 보여주고 있다.

표 3.3 서비스 수준과 그에 해당하는 유지보수 작업의 정의 사례

LOS	Threshold of ratings			Required maintenance works	Unit cost($) (1$=1,073KRW)
	Crack(%)	Rutting(mm)	IRI(m/km)		
A	0.0~0.5	0.0~2.0	0.0~2.0	No need	-
B	0.5~5.0	2.0~5.0	2.0~3.0	Crack seal & patching	$16/m^2$
C	5.0~15.0	5.0~7.0	3.0~4.0	Overlay(50mm)	$53,452/7,000m^2$
D	15.0~30.0	7.0~10.0	4.0~5.0	Cutting & overlay (50mm cut & 50mm overlay)	$85,405/7,000m^2$
E	Over 30.0	Over 10.0	Over 5.0	Base layer cut & overlay(70mm cut & 50mm overlay)	$122,711/7,000m^2$

Source : Han and Do(2016)

3) 생애주기비용 항목과 추정방법의 정의

생애주기비용은 유지관리 행위를 통해 변화하는 비용으로 정의된다. 해당 연구에서는 가장 일반적인 관리자 비용부터 이용자 비용과 관련된 차량운행비(연료, 타이어, 엔진오일, 차량감가상각, 차량수리), 통행시간비, 대기오염 비용을 포함하였다. 먼저 Han and Do(2016)에서 적용한 생애주기비용 분석모형의 로직을 살펴보자(그림 3.12 참조).

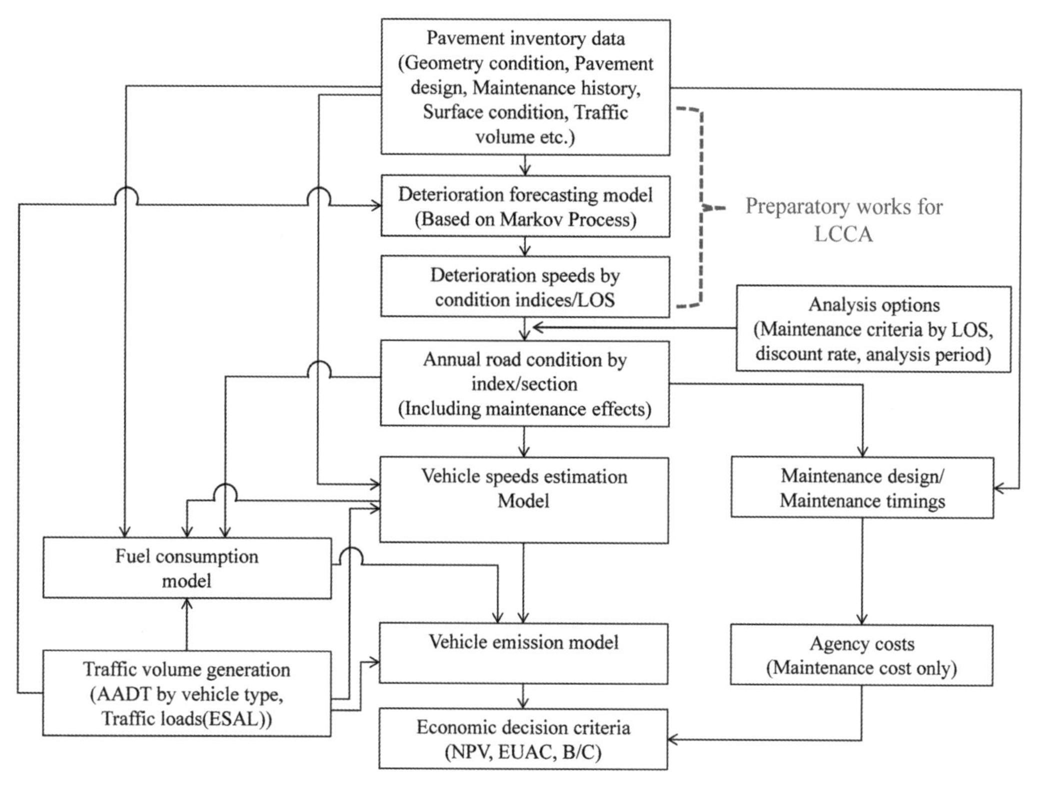

출처 : Han and Do(2016)

그림 3.12 서비스 수준 기반 생애주기비용 추정 로직

그림 3.12의 분석로직을 살펴보면 파손모형은 마르코프 연쇄를 기반으로 하고 있으며, 기본적인 파손속도에 도로의 교통량(하중), 포장강도가 영향을 미치도록 모델링 되었다. 교통량 발생모형을 통해 연도별로 추정된 교통하중이 파손모형의 입력변수로 적용되어 각 구간의 파손속도가 결정되면, 교통류 특성과 포장상태를 변수로 구간의 통행속도가 결정된다. 그리고 이 통행속도가 다양한 이용자 비용에 영향을 미치도록 설계되어 있다. 최종적으로는 연도별로 관리자 비용과 이용자 비용이 계산되며, 대안별 상대적 편차를 비용과 편익으로 계산하여 대안의 경제성 지표를 산출하는 방식이다.

4) 분석 결과 및 해석

분석에 적용한 대안은 서비스 수준 B, C, D, E등급으로 운영하는 경우로써, 대안별 네트워크 포장상태와 서비스등급 및 점수, 서비스 비용과 서비스 수준의 관계, 대안별 경제성 지표 비교를 통한 최적 유지관리 수준에 대한 결과를 소개한다. 먼저 대안에 따른 포장상태 변화를 살펴보자(그림 3.13 참조).

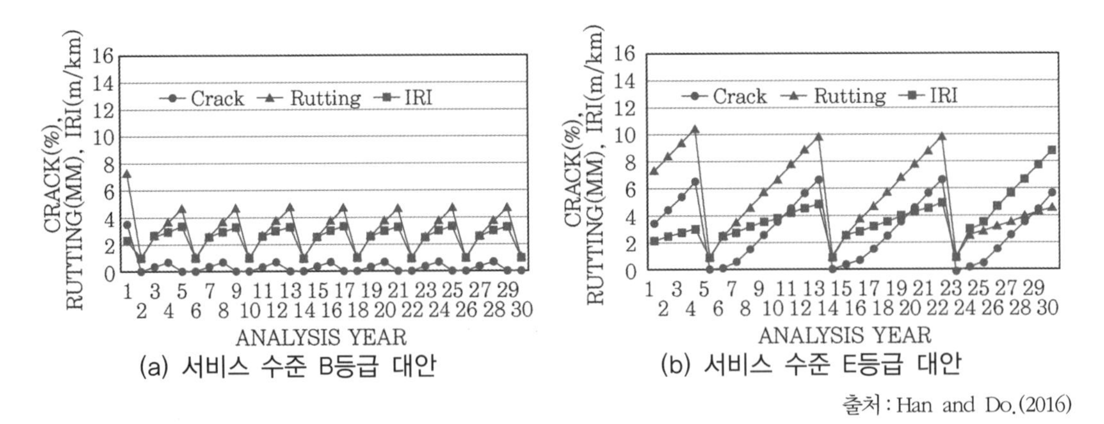

(a) 서비스 수준 B등급 대안

(b) 서비스 수준 E등급 대안

출처 : Han and Do.(2016)

그림 3.13 유지보수 대안에 따른 포장상태 변화과정

그림 3.13은 대안 중 최고수준과 최저수준인 B등급 대안과 E등급 대안 하에서의 포장상태 변화과정을 비교하고 있다. 허용되는 수준의 편차로 인해 유지보수 횟수와 분석기간 내내 유지되고 있는 서비스 수준 영역이 차이가 있음을 알 수 있다. 또한 마르코프 연쇄를 이용한 파손모형을 적용함에 따라 상태등급별 파손속도가 상이하게 적용되고 있음을 확인할 수 있다. 유지보수 대안별 네트워크의 평균 서비스 수준, 서비스점수 등을 비교하면 그림 3.14와 표 3.4와 같다.

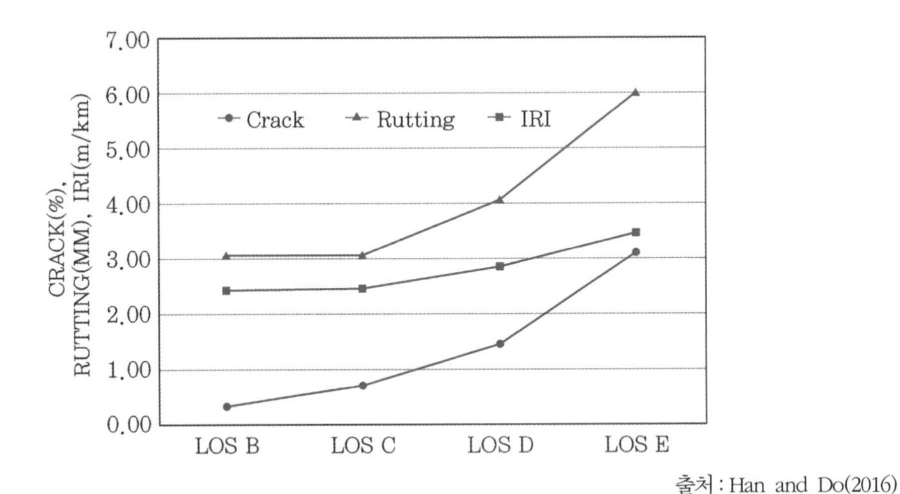

출처 : Han and Do(2016)

그림 3.14 유지보수 대안에 따른 평균 네트워크 포장상태

표 3.4 포장상태 지표별 네트워크 서비스등급 및 점수

Target LOS	Generalized LOS score				Average LOSs for 30 years			
	Crack	Rut	IRI	Total	Crack	Rut	IRI	Total
A	–	–	–	–	–	–	–	–
B	93.00	86.43	87.65	89.03	A−	B+	B+	B+
C	89.49	84.65	87.65	87.26	B+	B+	B+	B+
D	87.21	83.20	81.20	83.87	B+	B0	B−	B0
E	84.18	76.70	75.40	78.76	B0	C+	C0	C+

출처: Han and Do(2016)

현재까지 설명된 내용이 물리적 상태에 대한 시뮬레이션 결과이다. 이 결과만 주어졌다면 당연히 B등급 대안이 최적의 대안으로 인식될 것이다. 그러나 관리자나 의사결정자의 입장에서의 최적대안/선택대안은 다를 수 있다. 관리자는 객관적/이론적 관점에서 총생애주기비용의 규모, 투자예산의 비용-효율성을 우선적으로 검토해야 하며, 최종적으로는 수요/공급의 관점, 즉 최적대안이라고 결정된 유지보수 기준을 적용하는 데 필요한 예산 수요와 실제로 조달 가능한 예산 수준과의 편차를 확인해야 하기 때문이다. 이와 관련된 그래프 들을 살펴보자(그림 3.15~3.16 참조).

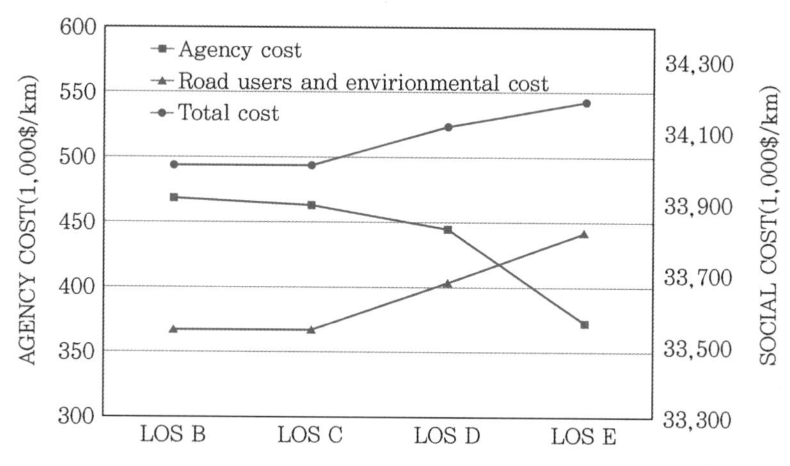

출처: Han and Do(2016)

그림 3.15 도로관리수준에 따른 관리자 비용과 이용자 비용의 변화

그림 3.15를 살펴보면 도로 서비스 수준을 낮출수록 관리자 비용은 감소하고 이용자 비용은 증가하는 추세를 보여주고 있다. 한편 총 생애주기비용의 관점에서는 서비스 수준 C등급 대안이 가장 최적의 결과를 보여주고 있다.

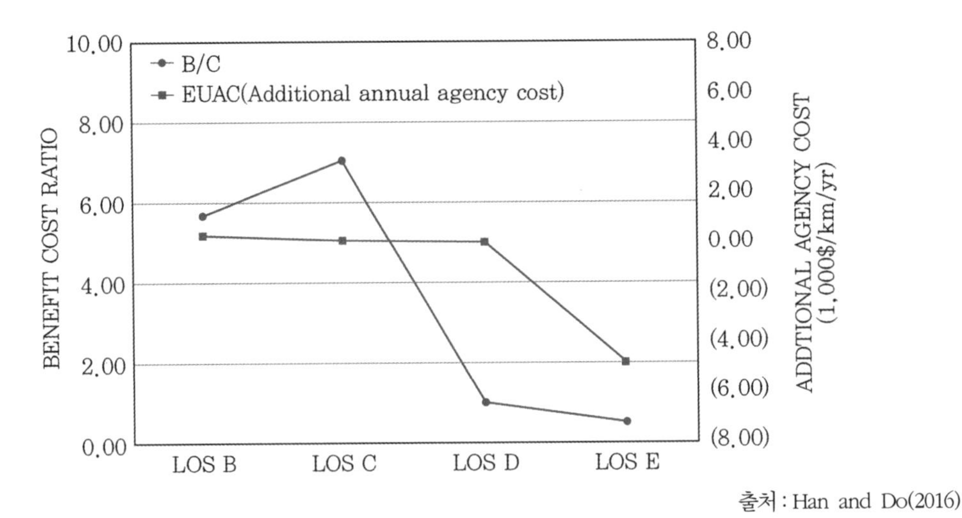

출처 : Han and Do(2016)

그림 3.16 도로관리수준에 따른 추가적인 예산투자 수준과 비용효율성 분석

그림 3.16은 생애주기비용 분석의 가장 핵심이 되는 그래프로써 각 대안별 연등가비용(EUAC: Equivalent Uniform Annual Cost)의 편차와 해당비용의 비용효율성을 비교하고 있다. 연등가비용의 측면에서 서비스 수준 B, C, D등급은 현행의 유지관리비용과 유사한 수준으로도 운영 가능하며, E수준의 적용 시 예산감축 효과를 기대할 수 있다. 그러나 비용효율성을 살펴보면 서비스 수준 C등급의 비용효율성이 가장 높은 반면, 예산감축 효과가 기대되는 E등급의 경우 가장 낮은 비용효율성을 보여주고 있다. 여기서 중요한 것은 파손속도의 정의에 따라 이러한 결과들이 달라질 수 있다는 것이다.

그림 3.16에서 보는 바와 같이 객관적 근거에 의하면 C등급이 최적대안으로 간주될 수 있지만, 이러한 분석 결과는 의사결정을 지원하기 위한 하나의 근거에 지나지 않다. 의사결정자가 추구하는 가치나 의지, 사회적 요구, 재무 리스크, 다른 예산수요들과의 경쟁관계 등 다양한 변수에 따라 최종 선택은 달라질 수 있다. 이것이 객관적/공학적 의사결정을 추구하는 시설물관리 시스템과 비즈니스의 개념을 기반으로 한 자산관리의 차이이다.

본 장에서는 사회기반시설 자산관리의 핵심인 파손모형에 대해 개론적인 관점에서 다루었다. 기대수명과 파손확률 같은 단순한 숫자 몇 개를 도출하는 이 작업은 세계 대부분의 인프라 관리 시스템에서 가장 난해하고 골치 아픈 작업으로 여겨지고 있다. 또한 실질적인 개발을 위해서는 상당한 수준의 통계지식과 프로그래밍, 현장경험, 구축상의 노하우를 요구한다. 아직 기반지식이 부족한 독자의 경우 쉽게 이해되지 않는 내용이 많고 추가적으로 학습해야 될 내용도 상당할 것으로 예상된다. 자산관리와 파손모형에 관심 있는 독자들은 본 장에 소개된 참고문헌과 기본서를 중심으로 학습할 것을 권장한다.

본 서의 특성상 개론의 관점에서 몇 가지 강조되어야 할 사항이 있다. 먼저 자신이 소유하고 있는 자산이 무엇이며, 이것이 어떻게 변화하는지에 대해 알아야 관리할 수 있다는 것이다. 두 번째로 현재 수준에서 도출 가능한 파손모형의 신뢰도를 확신할 수 없어도 지속적인 개선을 통해 그 완성도를 높여 나가야 한다는 점이다. 완성도가 낮은 자산관리라도 안 하는 것보다는 훨씬 나은 선택이기 때문이다.

마지막으로 파손모형의 구축에 남의 경험에 너무 의존하지 말아야 한다는 것이다. 그런 의미에서 전략적이고 지속적인 정보수집의 중요성은 아무리 강조해도 지나치지 않다.

CHAPTER 04

사회기반시설의 경제성 분석

제4장에서는 사회기반시설의 도입 및 유지관리를 위한 경제성 분석에 대해서 소개한다. 구체적으로 경제성 분석의 정의, 경제성 분석의 개요, 경제성 분석 방법에 대하여 설명하고 경제성 분석 방법으로 사회기반시설의 생애주기 동안 발생하는 비용과 편익을 산정하여 비교·분석하는 생애주기비용 분석(Life Cycle Cost Analysis)을 소개한다. 그리고 산정된 비용과 편익을 비교하는 방법과 경제성 분석을 위한 Software Tool도 소개한다.

CHAPTER 04

사회기반시설의 경제성 분석

4.1 사회기반시설의 경제성 분석이란?

4.1.1 경제성 분석의 필요성

사회기반시설(SOC: Social Overhead Capital)은 국가경쟁력과 경제개발을 위하여 중·장기적인 투자계획을 수립하여 시설을 건설하고 유지보수를 시행하여야 하는 중요한 시설로 대규모 투자비 및 운영비가 소요되는 것이 특징이다. 하지만 2000년대 중반부터 시작된 세계적인 경기침체와 국가재정의 한계로 인해 사회기반시설에 대한 신규투자가 지양되고 있으며, 기존 건설되어 운영 중인 사회기반시설에 대한 유지보수 요구가 급격하게 증가하고 있다. 이러한 사회기반시설에 대한 요구 증가(increasing demands)와 사회기반시설에 대한 예산 감소(budget restrictions)는 경제성 분석을 기반으로 한 자산관리기법 도입을 통해 적정 예산을 필요한 사회기반시설에 투자하게 하는 체계를 구축할 수 있도록 하였다. 사회기반시설에 대한 경제성 분석의 목적은 사회기반시설의 투자 시 비용과 편익에 대한 상관관계를 규명하고 가장 비용효율적인 투자대상시설을 선정하여 한정된 예산으로 필요한 사회기반시설을 효과적으로 투자하게 하는 것이다.

이러한 사회기반시설의 신규 투자와 유지관리를 위해 우리나라의 경우 포장관리체계(PMS), 교량관리체계(BMS), 도로관리통합 시스템(HMS) 등을 개발·운영하여 예산투자를 위한 경제성 분석 및 투자우선순위선정 등을 통해 예산을 집행하고 있으며, 미국의 경우 각 주의 사회기반시설 관련 기관에서는 교통개선프로그램(Statewide Transportation Improvement Program)을 통해 시설관리체계를 개발하여 시설투자에 대한 의사결정을 지원하는 분석도구로 활용하고 있다.

4.1.2 사회기반시설 자산관리를 위한 경제성 분석

사회기반시설에 대한 자산관리는 사회기반시설의 계획단계부터 건설, 운영, 유지보수와 관련된 전반적인 사항을 관리하여 사회기반시설의 수명을 다하는 동안 효율적으로 이용할 수 있게 하는 공학적·경제학적 방법이다. 특히 도로와 교량과 같은 사회기반시설의 경우 건설요구가 많아지고 있지만 예산의 한계로 인해 필요한 시설을 전부 건설하지 못하므로 건설의 우선순위를 결정하기 위한 평가(project evaluations)가 필요하게 된다.

이러한 사회기반시설 평가는 시설의 생애주기(life cycle) 동안 발생할 수 있는 비용(costs)과 편익(benefits)을 고려한 경제성 분석을 통해 시행할 수 있으며, 이러한 경제성 분석을 통해 사회기반시설의 투자 우선순위를 정하게 되면 한정된 예산범위에서 최대한의 효율을 얻을 수 있는 사회기반시설 투자를 결정할 수 있다.

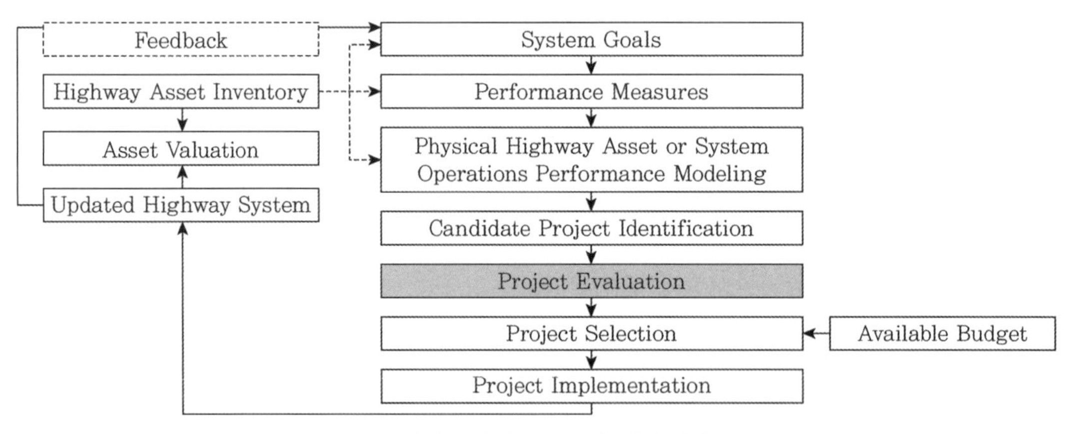

그림 4.1 사회기반시설 투자 및 자산관리 흐름도

사회기반시설의 투자와 자산관리를 위한 의사결정은 여러 단계의 절차를 통해 최종 결정하게 된다. 사회기반시설 투자 및 자산관리 절차는 ① 사회기반시설의 개발 목표 및 관리지표 개발(establishing system goals and performance measures), ② 사회기반시설의 상태·공용수명 조사 및 예측(monitoring and predicting system conditions and service levels),

③ 사회기반시설 투자 대상 선정(recommending candidate system), ④ 사회기반시설의 생애주기비용·편익평가(evaluating system benefits and costs in life cycle), ⑤ 사회기반시설 투자우선순위 선정(conducting system selection), ⑥ 사회기반시설에 대한 사후평가 및 피드백(providing feedbacks) 순서로 시행할 수 있으며 경제성 분석은 사회기반시설의 생애주기비용·편익평가 단계에서 시행한다.

4.2 사회기반시설의 경제성 분석 개요

4.2.1 경제성 분석의 범위

사회기반시설에 대한 경제성 분석은 건설 및 운영하고자 하는 사회기반시설과 그 기반시설의 대체가 가능한 다른 사회기반시설에 대한 비교를 통해 투자의 적절성 검토 및 투자우선순위를 결정하는 정량적 근거를 제공하기 위하여 시행하는 방법이다.

경제성 분석범위는 분석의 정확도(accuracy)와 편의성(simplicity) 사이에서 어느 부분에 가중치를 줄 것인가에 따라 다르게 적용될 수 있다. 또한 사회기반시설의 종류와 분석 비용·시간에 따라 달라질 수 있다.

일반적으로 경제성 분석의 범위는 ① 프로젝트 수준의 비용·편익 분석(project-level cost benefit analysis)과 ② 네트워크 수준의 비용·편익 분석(net work-level cost benefit analysis)으로 구분할 수 있다(그림 4.2). 프로젝트 수준의 비용·편익 분석은 사회기반시설로 인해 발생할 수 있는 직접적인 편익과 간접적인 편익을 산정하여 시행할 수 있으며, 네트워크 수준의 비용·편익 분석은 사회기반시설로 인한 구역(district) 또는 지역(region)단위의 편익을 산정하여 시행할 수 있다.

경제성 분석의 난이도는 프로젝트 수준과 네트워크 수준의 비용편익 분석을 선택하는 데 매우 중요한 요소이다. 프로젝트 수준의 분석과 비교하면, 네트워크 수준의 분석에서는 많은 분석 시간과 노력, 데이터 및 가정(assumptions)이 필요하며 더 나가 교통수요추정모형인 4단계모형(four-step model)과 같은 수요예측모형을 사용하여야 하므로 네트워크 수준의 분석이 프로젝트 수준의 분석보다 더 많은 비용이 필요하다.

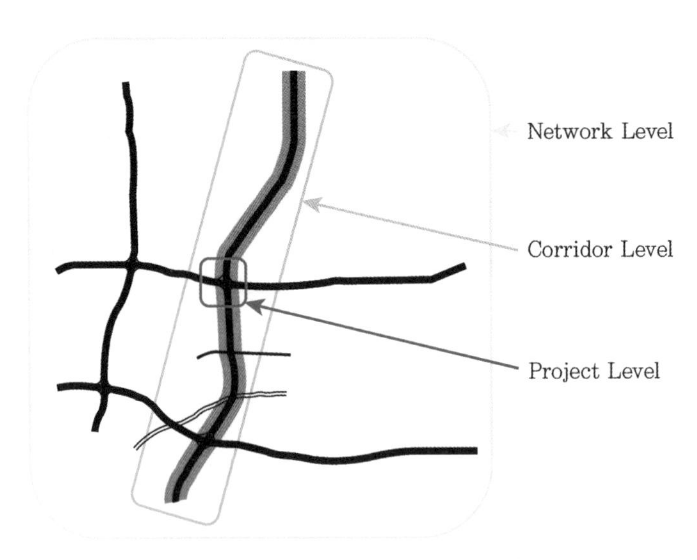

그림 4.2 경제성 분석의 범위 콘셉트

출처 : California Life-Cycle Benefit/Cost Analysis Model; User's Guide

프로젝트 수준과 네트워크 수준의 비용편익 분석에 적합한 사회기반시설의 프로젝트 유형과 적합한 시설 및 지역은 표 4.1과 같다.

표 4.1 사회기반시설 유형별 경제성 분석의 범위

비용편익 분석	프로젝트 유형	시설 및 지역
프로젝트 수준	재포장, 시설복구, 시설재건 안전향상을 위한 도로구조개선, 차선, 접근로 및 도로노변 개선 도로용량개선을 위한 차선추가 및 트럭 오르막차로 추가	교량 및 터널 등 대체 경로가 없는 사회기반시설 저용량 사회기반시설 상대적으로 도로 네트워크 규모가 작은 도시외곽지역
네트워크 수준	ITS 관련 시설 대중교통시설 신설 및 개선 인터체인지 신설 및 개선 도로 신규건설 및 차선확장 교통신호체계 시설	대안 경로가 있는 사회기반시설 고용량 사회기반시설 도로 네트워크 규모가 크고 복잡한 도시지역

4.2.2 생애주기비용 분석의 개념

사회기반시설은 시설종류, 시공방법, 시공재료, 설계수명 등에 따라 초기공사비용과 유지관리비용 등의 차이가 발생하게 된다. 어떤 사회기반시설은 초기공사비용이 높은 대신 유지관리비용이 저렴할 수 있으며, 또 다른 사회기반시설은 초기공사비용이 낮은 대신 유지관리비용이 높을 수 있다. 또한 어떠한 사회기반시설은 설계 시 설계수명을 20년으로 산정하여 시공할 수 있으며, 다른 사회기반시설은 설계수명을 30년으로 산정하여 시공할 수 있다. 이러한 설계 및 시공 조건이 상이한 사회기반시설에 대한 경제성 분석은 합리적인 기준에 의거하여 일반화하고 이를 비교·분석할 필요가 있다.

사회기반시설의 경제성 분석은 사회기반시설의 계획단계에서부터 건설, 운영단계에서의 유지관리 및 유지보수, 재시공까지 사회기반시설의 수명이 다하는 모든 기간 동안 발생하는 총비용(costs)과 편익(benefits)을 산정하여 비용과 편익에 대한 상호비교분석을 통해 경제성을 평가하는 방법이 일반적이다.

사회기반시설의 계획단계부터 재시공까지의 기간을 전주기(whole life) 또는 생애주기(life cycle)라고 하며, 이러한 생애주기 동안 발생하는 모든 비용과 편익을 산정하여 비교하는 방법을 생애주기비용 분석(life cycle cost analysis)라고 한다.

우리나라에서는 2008년 국토해양부에서 '생애주기비용 분석 및 평가요령'을 마련하여 사회기반시설에 대한 관리를 시행하고 있으며, 해외사례의 경우, 미국은 1999년 FHWA(Federal Highway Administration)에서 'Asset Management Primer'를 마련하여 사회기반시설의 자산관리를 시행하고 있다.

그림 4.3은 도로포장의 생애주기 동안 발생하는 유지보수전략을 도식화한 그림이다.

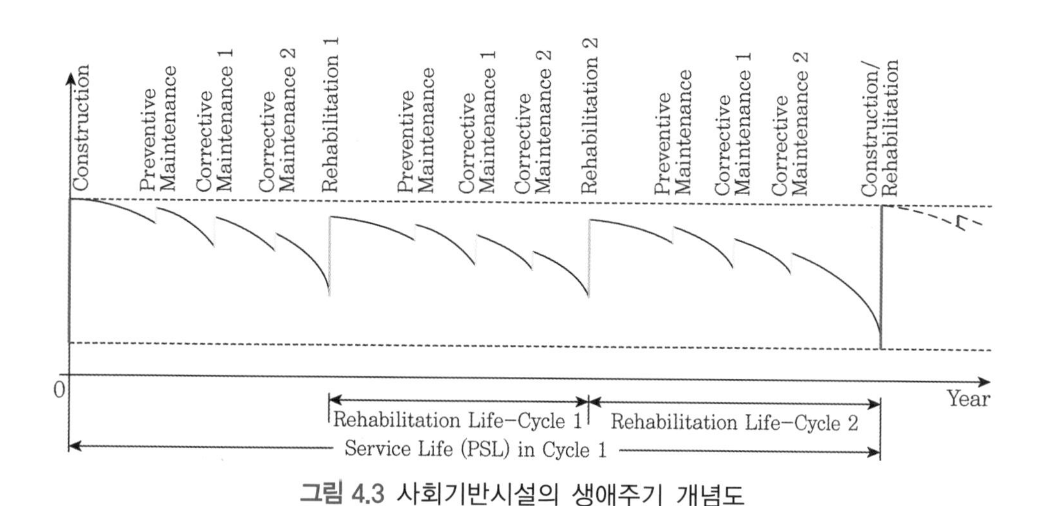

그림 4.3 사회기반시설의 생애주기 개념도

4.2.3 경제성 분석의 절차 및 기대효과

사회기반시설의 효율적인 계획, 건설, 운영을 위하여 해당 사회기반시설에 대한 경제적 분석을 통해 건설비용 및 운영 및 유지관리비용을 분석하고, 시설도입에 따른 편익을 관리자와 이용자 관점에서 산정하여 도입 타당성을 판단하게 된다.

사회기반시설의 대안이 여러 개일 경우 각 대안이 되는 사회기반시설에 대한 경제성 분석을 통해 비용효율 및 편익효율이 높은 대안을 선정하여 도입할 수 있다. 또한 사회기반시설의 도입 및 유지관리가 필요한 사회기반시설이 다수이고 소요예산이 한정적일 경우 각 사회기반시설에 대한 경제성 분석을 통해 비용효율 또는 편익효율을 기준으로 우선순위를 선정하여 예산을 효율적으로 활용할 수 있는 도구로 활용할 수 있다.

이러한 사회기반시설의 경제성 분석은 일정한 절차와 방법을 통해 시행할 수 있다. 사회기반시설의 경제성 분석 절차는 다음과 같다.

- 사회기반시설 및 대안시설 등 분석대상시설을 선정
- 사회기반시설의 경제성 분석 범위 설정
- 사회기반시설을 위한 관리자 및 이용자 비용 항목 및 생애주기 동안 비용처리 시기 설정
- 생애주기비용 편익분석을 위한 장기적 경제특성 반영을 위한 경제지표 선정
- 사회기반시설 도입을 통한 수요변동 반영을 위한 수요 예측
- 생애주기비용 편익분석을 위한 관리자 및 이용자 비용 산정
- 생애주기비용 편익분석을 위한 관리자 및 이용자 편익 산정
- 생애주기비용 편익분석 결과에 의한 대안 및 우선순위 선정

또한 경제성 분석은 사회기반시설 도입에 따른 비용대비 편익이 높은 시설 또는 대안을 선택할 수 있는 과학적인 근거를 마련해줄 수 있다. 이에 도입이 예상되는 사회기반시설과 시설의 대안에 대한 경제성 분석을 통해 장기적 관점의 비용분석을 시행하여 경제성이 높은 대안사업을 선택할 수 있으며, 한정된 예산범위 내 투자우선순위를 선정할 수 있는 효과를 기대할 수 있다.

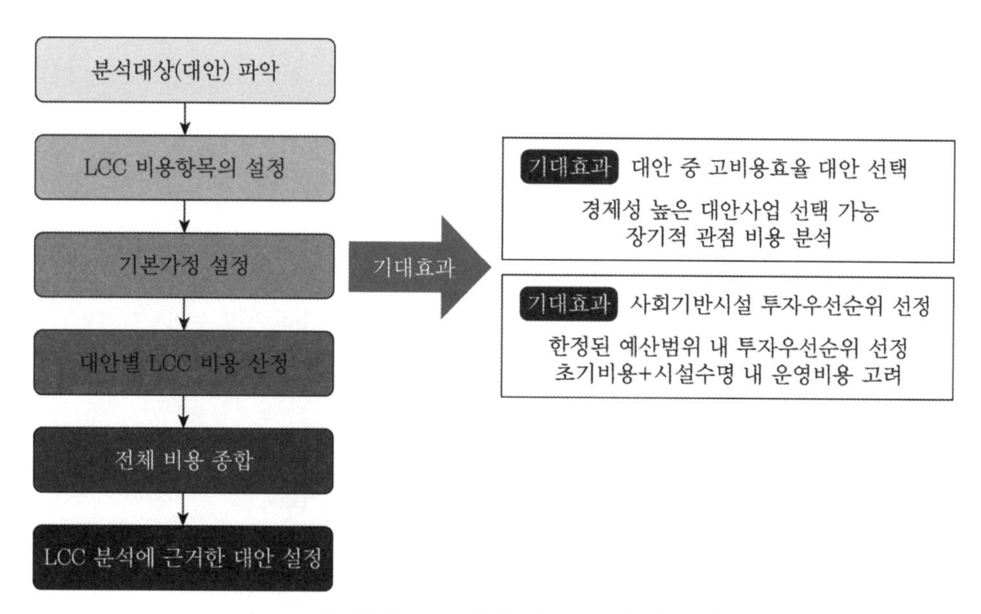

그림 4.4 생애주기비용 편익분석의 절차 및 기대효과

표 4.2에는 경제성 분석 단계별 필요한 정보에 대한 상세내용이 포함되어 있다.

표 4.2 사회기반시설의 경제성 분석 단계 및 필요한 정보

	경제성 분석 단계	필요한 정보
1	사회기반시설 및 대안시설 선정	사회기반시설 건설로 영향을 받는 네트워크 요소 사회기반시설의 공학적 특성 사회기반시설 건설일정 사회기반시설 관리자 비용집행 일정 사회기반시설 이용자 비용집행 일정
2	경제성 분석 범위 정의	비용과 편익 정의 프로젝트 수준 vs. 네트워트 수준 시설이용 차종구분 시간별, 일별, 계절별 세부사항
3	관리자 비용 항목 선정	사회기반시설 공용성 모형 유지관리계획의 빈도, 시기, 규모
4	이용자 비용 항목 선정	차량유지 단위비용 차량 점유율 통행시간 가치 교통사고율 및 교통사고 단위비용 차량으로 인한 대기오염 및 오염의 단위비용
5	경제지표 선정	이자율 및 물가 상승률 분석기간 사회기반시설의 생애주기 추정 사회기반시설 수명 종료 시 잔존가치

표 4.2 사회기반시설의 경제성 분석 단계 및 필요한 정보(계속)

	경제성 분석 단계	필요한 정보
6	교통량 데이터 수집	통행수요와 교통수단선택 모형 사회기반시설 건설 전·후 시간대별, 일별, 계절별 교통량, 통행속도, 승차인원 교통량 증가율
7	관리자 비용 산정	사회기반시설 건설을 위한 관리자 직접비용 할인율이 적용된 생애주기 동안의 유지관리비용
8	이용자 비용 산정	사회기반시설 건설 중 차량운영비, 지체비용, 교통사고비용, 대기환경비용 생애주기 동안 차량운영비 생애주기 동안 통행시간비용 생애주기 동안 교통사고비용 생애주기 동안 대기환경비용
9	관리자 및 이용자 편익 산정	7과 8단계의 데이터 생애주기 관리자 편익 산정방안 생애주기 이용자 편익 산정방안

4.3 사회기반시설의 경제성 분석 방법

4.3.1 비용산정

생애주기비용을 분석하기 위하여 필요한 가장 기본적인 요소는 사회기반시설의 관리자와 이용자 비용과 편익을 산정하기 위한 비용 및 편익항목을 결정하는 것이다. 기본적으로 생애주기 비용 분석에서 이용되는 비용은 크게 사회기반시설의 직접비용과 간접비용으로 구분할 수 있다.

사회기반시설을 위한 직접비용은 사회기반시설을 건설하기 위해 직접적으로 투입되는 비용과 건설공사(work-zones)로 인해 추가적으로 발생하는 이용자 비용으로 정의할 수 있다. 또한 사회기반시설에 의해 발생하는 간접비용은 사회기반시설 건설 및 운영으로 인한 인구집중, 도시 확장, 대기 및 수질오염, 교통사고, 소음 등으로 인한 삶의 질 저하와 같은 사회·경제·환경적 비용으로 정의할 수 있다.

표 4.3 사회기반시설 중 교통시설에 대한 경제성 분석 비용항목 및 특성

	분석 비용항목	총 가변비용	사회적 비용	가격
관리자 비용	건설비(construction costs)	√	√	
	유지관리비(maintenance costs)	√	√	
	운영비(operation costs)	√	√	
이용자 비용	차량운영비(vehicle operating costs)	√	√	√
	통행시간(travel time)	√	√	√
	교통사고(vehicle crashes)	√	√	√
환경비용	대기오염(vehicle air emissions)	√	√	
	도로소음(vehicle noise pollution)	√	√	
이용자 요금	유류세(fuel tax)	√		√
	통행료(tolls)	√		√

또한 생애주기비용 분석 시 경제성 평가를 위한 비용 항목은 관리자 비용과 이용자 비용으로 구분할 수 있다. 사회기반시설 중 교통시설의 경우, 관리자 비용은 사회기반시설을 위한 토지구입(land acquisition), 설계(design), 기술지원(engineering support) 그리고 건설(construction) 등의 초기 건설비용과 사회기반시설이 생애주기 동안 운영되면서 발생하는 모든 유지관리(maintenance and rehabilitation)비용을 포함하고 있다.

이용자 비용은 차량운행(vehicle operation costs), 통행시간(travel time), 교통사고(crashes) 그리고 대기오염(air emission) 등의 이용자가 지출할 수 있는 모든 비용을 포함한다.

이용자 비용항목의 대한 상세한 설명은 다음과 같다.

1) 차량운행비용

차량운행비용은 유류비(fuel consumption), 엔진오일비(engine oil), 타이어 마모비(tire wearing), 차량유지관리비(maintenance and repair), 차량감가삼각(mileage dependent vehicle depreciation)로 구분할 수 있다. 사회기반시설 도입 전후 통행속도와 차량운행비용을 원단위로 환산하여 비용에 반영할 수 있다.

교통시설 투자평가지침의 차량운행비용 계산식은 다음과 같다.

$$VOCS = VOC_{사업\ 미시행} - VOC_{사업\ 시행}$$

여기서, $VOC = \sum_{l} \sum_{k=1}^{3} (D_{kl} \times VT_k \times 365)$

D_{kl} : 링크 l의 차종별 대·km

VT_k : 해당속도에 따른 차종별 차량운행비용

k : 차종(1 : 승용차, 2 : 버스, 3 : 화물차)

출처 : 교통시설 투자평가지침, 국토교통부

2) 통행시간비용

교통 관련 사회기반시설이 도입되면 통행속도와 통행시간에 영향을 미친다. 통행시간비용은 통행량, 통행시간, 통행시간가치의 곱으로 산정된다. 사회기반시설로 인한 통행시간 감소는 이용자 비용 중 가장 큰 부분을 차지한다. 교통시설 투자평가지침의 통행시간비용 계산식은 다음과 같다.

$$VOTS = VOT_{사업\ 미시행} - VOT_{사업\ 시행}$$

여기서, $VOT = \left\{ \sum_{l} \sum_{k=1}^{3} (T_{kl} \times P_k \times Q_{kl} \right\} \times 365$

T_{kl} : 링크 l의 차종별 통행시간

P_k : 차종별 시간가치

Q_{kl} : 링크 l의 차종별 통행량

k : 차종(1 : 승용차, 2 : 버스, 3 : 화물차)

출처 : 교통시설 투자평가지침, 국토교통부

3) 교통사고비용

교통사고비용은 교통사고발생으로 인한 사회적, 경제적 손실을 원단위로 환산하여 비용에 반영한다. 교통사고발생은 사회기반시설 도입에 따라 교통량 증가 또는 분산으로 인해 감소하거나 증가할 수 있다. 또한 도로의 선형개량이나 확장 등으로 인해 교통사고발생정도가 달라질 수 있다.

교통사고비용은 교통사고심각도와 교통사고와 관련된 이용자 수에 따라서도 달라질 수 있다. 교통사고 심각도는 사망사고, 부상사고, 대물사고로 구분할 수 있다. 교통시설 투자평가지침의 통행시간비용 계산식은 다음과 같다.

$$VICS = VIC_{사업\ 미시행} - VIC_{사업\ 시행}$$

여기서, $VIC = \sum_{t=1}^{3}\left[\sum_{s=1}^{2}(A_{ts}\times P_s \times VL_t) + \sum_{a=1}^{2}(M_{ta}\times P_a \times VL_t)\right]$

A_{ts} : 도로 유형별·사고 유형별 1억 대·km당 교통사고 사상자 수

M_{ta} : 도로 유형별·사고 유형별 1억 대·km당 교통사고 물적 피해 건수

P_s : 인적 사고 유형별 사고비용

P_a : 물적 사고 유형별 사고비용

VL_t : 연간 도로 유형별 억 대·km

s : 인적 사고 유형(1 : 사망, 2 : 부상)

a : 물적 사고 유형(1 : 차량 피해, 2 : 대물 피해)

t : 도로 유형(1 : 고도속도, 2 : 국도, 3 : 지방도)

출처 : 교통시설 투자평가지침, 국토교통부

4) 대기오염비용

대기오염은 사람의 건강, 건물외관 손상, 농지손상 등을 야기할 수 있다. 대기오염비용은 일반적으로 대기오염으로 인한 손상비용과 대기오염을 제어하는 제어비용으로 산정할 수 있다. 손상비용은 대기오염에 의한 위해성을 실제 화폐가지로 추정하여 산정하고, 제어비용은 대기오염을 제어하기 위해 필요한 조치를 위한 비용을 추정하여 산정한다.

교통시설 투자평가지침의 대기오염비용 계산식은 다음과 같다.

$$VOPCS = VOPC_{사업\ 미시행} - VOPC_{사업\ 시행}$$

여기서, $VOPC = \sum_{l}\sum_{k=1}^{3}(D_{lk}\times VT_k \times 365)$

D_{lk} : 링크별(l), 차종별(k) 대·km

VT_k : 차종별(k) 해당 링크 주행속도의 km당 대기오염 및 온실가스비용

k : 차종(1 : 승용차, 2 : 버스, 3 : 화물차)

출처 : 교통시설 투자평가지침, 국토교통부

이용자 비용은 기본적으로 사회기반시설이 도입되었을 경우 영향을 미치는 링크(link) 또는

지역의 차량통행거리(VMT: vehicle miles of travel)를 기준으로 차량운행비용, 통행시간비용, 교통사고비용, 대기오염비용 등을 계산하여 각 비용의 총합을 통해 산정할 수 있다. 이용자 비용은 각 이용자 비용 항목을 금전화하고 이를 연간 총 이용자 비용으로 계산하여 경제성 분석에 활용할 수 있다. 아래 표 4.4는 이용자 비용 산정 단계와 각 단계별 방법을 설명한 자료이다.

표 4.4 이용자 비용 산정 단계 및 방법

단계	이용자 비용 산정 단계	산정방법
0	경제성 분석 인자 결정	사회기반시설 도입 영향권역 설정 사회기반시설에 대한 수요(AADT, 시간대별·방향별 수요, 차종비 등) 사회기반시설 운영특성(도로용량, 속도 등)
1	차량통행거리 산정	사회기반시설 차량통행거리(VMT) 산정 $VMT_i = 365 \times$ (초기연도 AADT) $\times$ (차종 i 비율 %) $\times$ (경제성 분석 대상 시설 길이)
2	차량운행비용 산정	차량운행비용(VOC) 산정 $VOC = \sum_{l} \sum_{k=1}^{3} (D_{kl} \times VT_k \times 365)$
3	통행시간비용 산정	통행시간비용(VOT) 산정 $VOT = \left\{ \sum_{l} \sum_{k=1}^{3} (T_{kl} \times P_k \times Q_{kl}) \right\} \times 365$
4	교통사고비용 산정	교통사고비용(VIC) 산정 $VIC = \sum_{t=1}^{3} \left[\sum_{s=1}^{2} (A_{ts} \times P_s \times VL_t) + \sum_{a=1}^{2} (M_{ta} \times P_a \times VL_t) \right]$
5	대기오염비용 산정	대기오염비용(VOPC) 산정 $VOPC = \sum_{l} \sum_{k=1}^{3} (D_{lk} \times VT_k \times 365)$
6	총 이용자 비용 산정	총 이용자 비용 산정 $UC = VOC + VOT + VIC + VOPC$

4.3.2 편익산정

생애주기비용 분석에서 편익은 관리자뿐만 아니라 이용자 측면 모두를 고려하여 산정할 수 있으며 이를 경제성 분석에 이용할 수 있다. 편익산정은 사회기반시설의 건설과 유지관리부분에 대한 관리자 비용의 절감과 사회기반시설로 인한 이용자 비용의 절감을 편익으로 환산하여 산정할 수 있다. 사회기반시설의 생애주기에 대한 관리자 비용의 변동을 예측하기 위하여 도로포장, 교량과 같은 사회기반시설의 건설, 예방정비, 유지보수 등의 빈도, 시기, 규모 등에 대한 정보가 포함되어 있는 유지관리계획(activity profiles)의 수립이 필요하다.

예를 들어, 도로포장의 경우 아스팔트와 같은 연성포장(flexible pavement), 시멘트콘크리트와 같은 강성포장(rigid pavement) 그리고 두 가지 재료를 같이 쓰는 복합포장(composite pavement)에 따라 시설수명, 건설방식 그리고 유지관리방법 등이 다르게 적용되므로 건설 및 유지관리계획이 다르게 수립되어야 한다.

또한 유지관리계획에 따라 이용자 비용이 매년 변화하기 때문에 이용자 비용에 대한 지출계획을 수립하여야 한다. 아래 그림 4.5는 도로포장재료별 유지관리계획 및 이용자 비용 지출계획의 예이다.

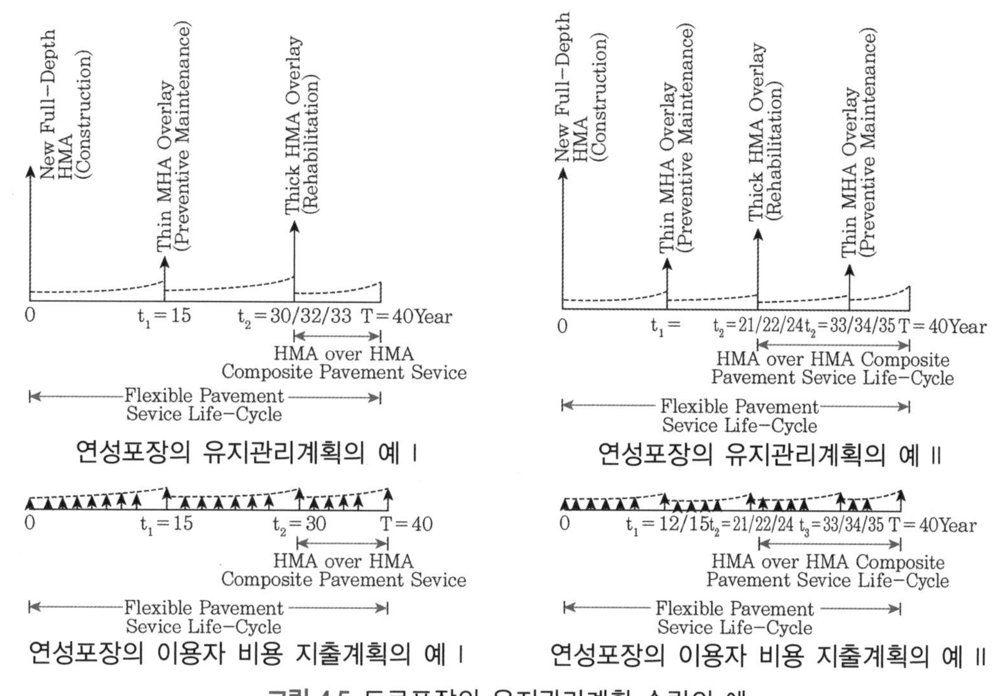

그림 4.5 도로포장의 유지관리계획 수립의 예

사회기반시설 건설 및 운영 시 어떠한 재료와 공법을 선택하느냐에 따라 관리자 비용의 차이가 발생하게 되고, 또한 같은 재료와 공법을 선택하더라도 건설 및 유지관리 빈도, 시기, 규모를 다르게 적용하게 되면 관리자 비용이 차이가 발생하게 된다. 이러한 관리자 비용의 차이를 관리자 편익으로 산정하여 경제성 분석에 활용할 수 있다.

사회기반시설의 도입 또는 개선을 통해 이용자 비용을 절감할 수 있다. 이용자편익은 사회기반시설의 도입 전과 후의 이용자 비용을 산정하고 산정된 비용의 차이를 사회기반시설 도입으로 인한 이용자의 유형 또는 무형의 이익으로 정의할 수 있다.

경제학적 개념에서 이용자 편익은 보통 소비자 잉여(consumer surplus)로 설명할 수 있다.

소비자 잉여는 소비자가 필요한 물건이나 서비스를 구입하기 위해 지불할 의사(willingness to pay)가 있는 가격과 소비자가 실제로 지불해야 하는 가격간의 차이를 의미한다. 예를 들어, 지점 A에서 지점 B로 이용할 때 이용자가 20,000원 정도라면 자동차를 가지고 이동할 가치가 있다고 판단하였을 경우 실제 이동비용이 통행시간비용, 유류비용 등을 감안하여 10,000원이 든다고 가정한다면 소비자 잉여는 10,000원으로 산정할 수 있다. 소비자 잉여의 이론에서 소비자는 항상 낮은 가격으로 물건이나 서비스를 구입하고 싶어 하기 때문에 가격이 낮아질수록 소비자의 잉여는 증가하게 된다. 즉, 사회기반시설의 도입으로 인해 이용자 비용이 낮아지고 사회기반시설로 인한 서비스 용량을 증대하게 되므로 이용자의 편익이 증가하게 되는 원리로 이용자 편익을 산정할 수 있다.

실제 경제성 분석을 위하여 이용자 편익은 사회기반시설의 도입 및 운영을 통해 차량운영비용, 통행시간비용, 교통사고비용, 그리고 대기오염비용 등을 절감할 수 있으며 각 비용항목의 절감분으로 산정할 수 있다.

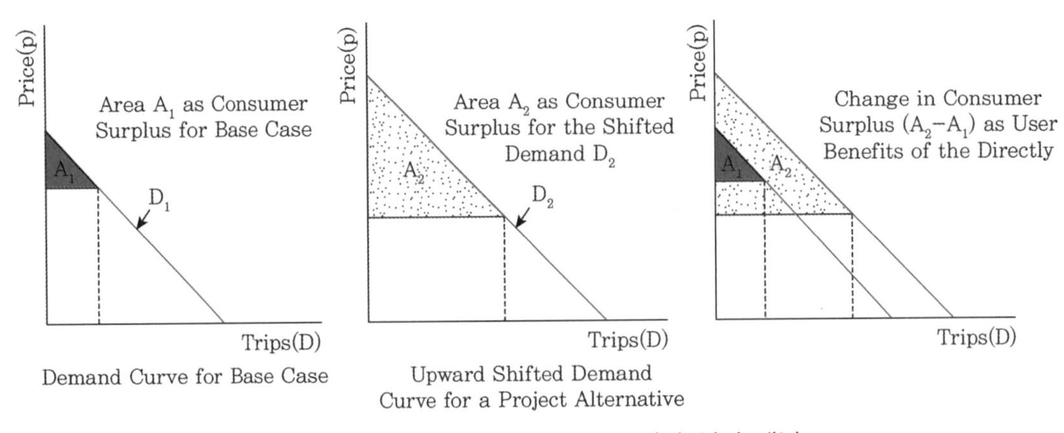

그림 4.6 이용자 편익산정을 위한 소비자 잉여 개념도

4.3.3 비용편익 분석방법

생애주기비용 분석에서 비용과 편익을 산정한 후 산정된 비용과 편익을 이용하여 경제성 분석을 시행할 수 있다. 비용 및 편익에 대한 경제성 분석은 다양한 방법을 통해 시행할 수 있는데, 보통 많이 쓰는 방법은 순현재가치법(net present value method, NPV), 비용편익비법(B/C ratio: benefit-to-cost ratio method), 연등가균일비용법(EUAC: equivalent uniform annual cost method), 내부수익률법(IRR: internal rate of return) 등이 있다. 각 경제성 분석방법은 다음과 같다.

1) 순현재가치법(NPV: Net Present Value)

순현재가치법은 선택된 할인율(discount rate 또는 interest rate)을 이용하여 사회기반시설의 생애주기 동안 발생하는 모든 비용과 편익을 현재가치로 환산하고, 편익의 현재가치에서 비용의 현재가치를 뺀 금액이다. 이러한 순현재가치를 이용한 경제성 분석방법을 순현재가치법이라 한다.

순현재가치가 0보다 크면 투자가치가 있는 것으로 판단할 수 있으며, 0보다 작으면 투자가치가 없는 것으로 평가한다.

$$BPV_n = \sum_{t_0}^{T_{30}} \frac{B_{nt}}{(1+r_a)^{(T_i+t_0)}} + \sum_{T_{31}}^{T_{40}} \frac{B_{nt}}{(1+r_a)^{(T_{30}-t_0)}(1+r_b)^{(T_i-T_{31})}}$$

여기서, BPV_n : n항목 편익의 현재가치

T_i : 개통연도를 0으로 하는 연수(i = 연차)

t_i : 분석 기준연도를 0으로 하는 연수(i = 연차)

B_{nt} : 분석 기준연도로부터 t년째의 n항목의 편익

r_i : 사회적 할인율($i = a$: 개통 후 30년까지의 할인율, b : 개통 후 31~40년까지의 할인율)

n : 편익의 종류

$$CPV_n = \sum_{t_0}^{T_{30}} \frac{C_{nt}}{(1+r_a)^{(T_i-t_0)}} + \sum_{T_{31}}^{T_{40}} \frac{C_{nt}}{(1+r_a)^{(T_{30}-t_0)}(1+r_b)^{(T_i-T_{31})}}$$

여기서, CPV_n : n항목의 비용의 현재가치

T_i : 개통연도를 0으로 하는 연수(i = 연차)

t_i : 분석 기준연도를 0으로 하는 연수(i = 연차)

C_{nt} : 분석 기준연도부터 t년째의 n항목의 비용

r_i : 사회적 할인율($i = a$: 개통 후 30년까지의 할인율, b : 개통 후 31~40년까지의 할인율)

n : 비용의 종류

출처 : 교통시설 투자평가지침, 국토교통부

2) 비용편익비법(B/C ratio: Benefit-Cost Ratio)

비용편익비법은 비용의 현재가치에 대한 편익의 현재가치의 비율을 통해 경제성 분석을 시행하는 방법이다. 순현재가치법은 항상 규모가 큰 사회기반시설에 유리하다는 단점이 있는 반면, 비용·편익비는 편익이 비용의 몇 배인지 산정하여 비율이 높은 사회기반시설이 경제성 분

석에 타당한 결과를 얻을 수 있다.

비용·편익비가 1보다 크면 투자가치가 있는 것으로 판단할 수 있으며, 1보다 작으면 투자가치가 없는 것으로 평가한다.

$$\text{비용·편익비(B/C 비율)} = \sum_{n}^{N} BPV_n / \sum_{m}^{M} CPV_m = TBPV / TCPV$$

여기서, BPV_n : n항목 편익의 현재가치
CPV_m : m항목 비용의 현재가치
n, N : 편익 항목의 종류
m, M : 비용 항목의 종류

$$BPV_N = \sum_{t=0}^{T} \frac{B_{nt}}{(1+r)^t}$$

여기서, BPV_n : n항목 편익의 현재가치
T : 기준 연차로부터 평가대상기간 최종 연차까지의 연수
t : 기준 연차를 0으로 하는 연차
B_{nt} : 기준 연차로부터 t년째의 n항목의 편익
r : 사회적 할인율
n : 편익의 종류

$$CPV_n = \sum_{t=0}^{T} \frac{C_{nt}}{(1+r)^t}$$

여기서, CPV_n : n항목의 비용의 현재가치
T : 기준 연차로부터 평가대상기간 최종 연차까지의 연수
t : 기준 연차를 0으로 하는 연차
C_{nt} : 기준 연차로부터 t년째의 n항목의 비용
r : 사회적 할인율
n : 비용의 종류

출처 : 교통시설 투자평가지침, 국토교통부

3) 연등가균일비용법(EUAC: Equivalent Uniform Annual Cost)

연등가균일비용법은 불균일한 사회기반시설에 대한 비용 및 편익을 균일한 연간 편익과 비용으로 환산하여 비교하는 방법이다. 즉, 등가의 일정한 금액이 사회기반시설의 생애주기에

걸쳐 매년 일정하게 발생된 것처럼 환산하여 연간 비용을 산출하는 방법이다.

$$EUAC = P \times \frac{i \times (1+i)^t}{(1+i)^t - 1}$$

여기서, i : 할인율

t : 비용발생 총기간(공용 연수)

4) 내부수익률법(IRR: Internal Rate of Return)

내부수익률은 사회기반시설에 대한 생애주기 동안의 편익을 현재가치로 환산하여 합한 값이 비용의 현재가치의 합과 같아지는 할인율을 의미한다. 경제적 내부수익률이 할인율(최소수익률)보다 사회기반시설의 도입효과가 있다는 것을 의미한다.

할인율이 일정할 경우에 내부수익률이 높을수록 사회기반시설은 경제성이 높은 것으로 판단할 수 있다.

$$\text{내부수익률(IRR)} = \sum_{t=0}^{T} \frac{\sum_{i=n}^{N} B_{it} - \sum_{j=m}^{M} C_{jt}}{(1+ir)^t} = 0$$

여기서, B_{it} : i항목의 t연도 편익

C_{jt} : j항목의 t연도 비용

n, N: 편익 항목의 종류

m, M: 비용 항목의 종류

T: 기준연차로부터 평가대상기간 최종 연차까지의 연수

t : 기준연차를 0으로 하는 연차

ir : 내부수익률

출처 : 교통시설 투자평가지침, 국토교통부

4.3.4 생애주기비용 분석

경제성 분석을 위한 생애주기비용 분석은 건설비와 유지관리비와 같은 관리자 비용과 사회기반시설 도입으로 인해 발생하는 이용자 비용 이외에도 이자율과 경제 성장률 등 다양한 경제지표를 고려하여 비용과 편익을 산정한다. 이러한 생애주기비용 분석은 사회기반시설의 도입 또는 많은 사회기반시설 중 투자우선순위를 선정하는 데 유용하다.

본 장에서는 경제성 분석을 위한 생애주기비용 분석을 연성포장인 아스팔트포장을 예로 하여 관리자 비용과 이용자 비용을 산정하는 방법에 대하여 설명한다. 비용·편익분석방법은 순현재가치법과 연등가균일비용법을 적용한다.

아스팔트 포장의 생애주기비용 분석은 그림 4.5의 유지관리계획을 기반으로 한다. 각 아스팔트포장의 유지관리비용은 시간의 경과에 따라 포장상태악화를 대응하기 위하여 매년 약간씩 증가하고 연간 경제성장률은 비용 산정 시 반영하는 것으로 가정한다.

경제성 분석을 위한 생애주기비용 분석의 관리자 비용 산정방법은 표 4.5와 같다.

생애주기비용 분석의 관리자 비용 산정을 위한 용어정의는 다음과 같다.

PV_{LCAC} =생애주기 동안 관리자 비용의 현재가치

$EUAAC$ =관리자 비용의 연등가균일비용

C_{CON} =건설비용

C_{REH} =대수선비용

C_{PM1} =첫 번째 예방적 유지관리비용

C_{PM2} =두 번째 예방적 유지관리비용

C_{PM3} =세 번째 예방적 유지관리비용

C_{PM4} =네 번째 예방적 유지관리비용

C_{MAIN1} =초기시공 후부터 첫 번째 주요 유지관리 시행 전까지 연간 유지관리비용

C_{MAIN2} =첫 번째 주요 유지관리 시행부터 두 번째 주요 유지관리 시행 전까지 연간 유지관리비용

C_{MAIN3} =두 번째 주요 유지관리 시행부터 세 번째 주요 유지관리 시행 전까지 연간 유지관리비용

C_{MAIN4} =세 번째 주요 유지관리 시행부터 네 번째 주요 유지관리 시행 전까지 연간 유지관리비용

C_{MAIN5} =네 번째 주요 유지관리 시행부터 다섯 번째 주요 유지관리 시행 전까지 연간 유지관리비용

C_{MAIN6} =다섯 번째 주요 유지관리 시행부터 여섯 번째 주요 유지관리 시행 전까지 연간 유지관리비용

g_{M1} =초기시공 후부터 첫 번째 주요 유지관리 시행 전까지 연간 경제성장률

g_{M2} =첫 번째 주요 유지관리 시행부터 두 번째 주요 유지관리 시행 전까지 연간 경제성

장률

g_{M3} =두 번째 주요 유지관리 시행부터 세 번째 주요 유지관리 시행 전까지 연간 경제성 장률

g_{M4} =세 번째 주요 유지관리 시행부터 네 번째 주요 유지관리 시행 전까지 연간 경제성 장률

g_{M5} =네 번째 주요 유지관리 시행부터 다섯 번째 주요 유지관리 시행 전까지 연간 경제성장률

g_{M6} =다섯 번째 주요 유지관리 시행부터 여섯 번째 주요 유지관리 시행 전까지 연간 경제성장률

i =이자율

t =주요 유지관리가 시행되는 시간

T =공용연수

표 4.5 아스팔트포장의 생애주기비용 분석 관리자 비용 산정의 예

	산정방법	
대안 I	유지관리를 위한 관리자 비용 집행계획	C_{CON}, C_{PM1}, C_{REH} 0, $t_1 = 15$, $t_2 = 30/32/33$, T = 40Year HMA over Composite Pavement Flexible Pavement Service Life-Cycle
	PVLCAC	$= C_{CON} + C_{PM1}/(1+i)^{t_1} + C_{REH}/(1+i)^{t_2}$ $+ \left(C_{MAIN1}\left(1-(1+g_{M1})^{t_1}(1+i)^{-t_1}\right)\right)/(i-g_{M1})$ $+ \left(\left(C_{MAIN2}\left(1-(1+g_{M2})^{(t_2-t_1)}(1+i)^{-(t_2-t_1)}\right)\right)/(i-g_{M2})\right)/(1+i)^{t_1}$ $+ \left(\left(C_{MAIN3}\left(1-(1+g_{M3})^{(T-t_2)}(1+i)^{-(T-t_2)}\right)\right)/(i-g_{M3})\right)/(1+i)^{t_2}$
	EUAAC	$= PV_{LCAC} \times \left((i(1+i)^T)/((1+i)^T-1)\right)$

표 4.5 아스팔트포장의 생애주기비용 분석 관리자 비용 산정의 예(계속)

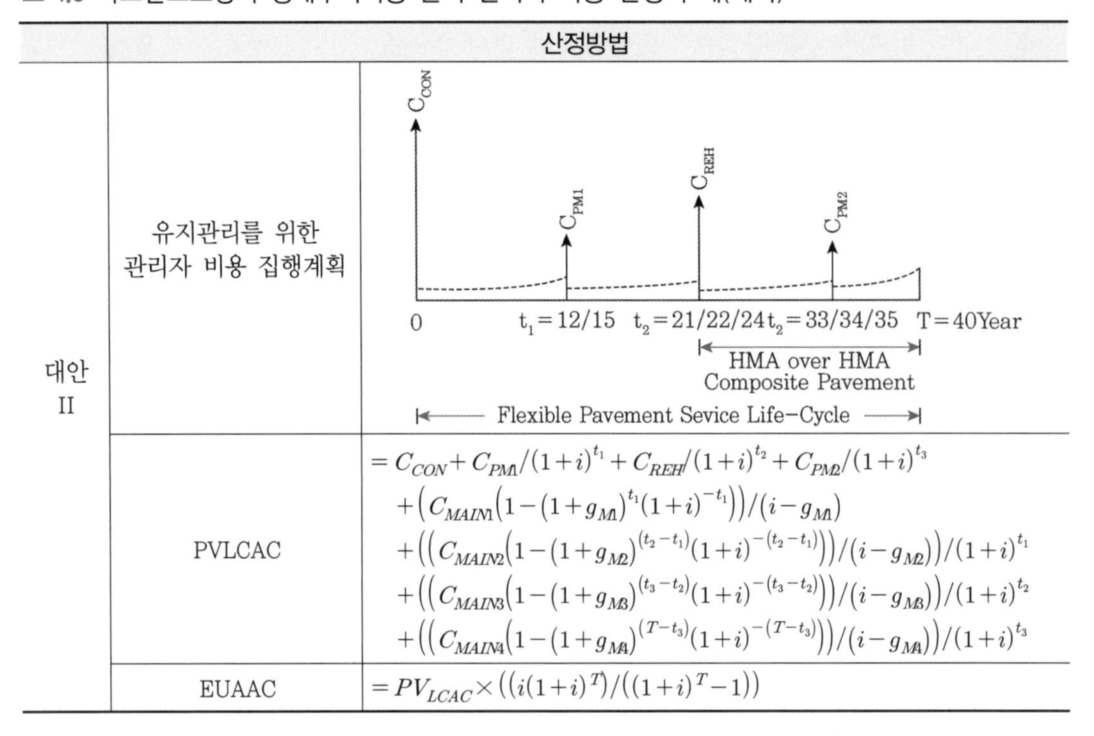

	산정방법	
대안 II	유지관리를 위한 관리자 비용 집행계획	C_{CON}, C_{PM1}, C_{REH}, C_{PM2} 0 t_1=12/15 t_2=21/22/24 t_2=33/34/35 T=40Year HMA over HMA Composite Pavement Flexible Pavement Sevice Life-Cycle
	PVLCAC	$= C_{CON} + C_{PM1}/(1+i)^{t_1} + C_{REH}/(1+i)^{t_2} + C_{PM2}/(1+i)^{t_3}$ $+\left(C_{MAIN1}\left(1-(1+g_{M1})^{t_1}(1+i)^{-t_1}\right)\right)/(i-g_{M1})$ $+\left(\left(C_{MAIN2}\left(1-(1+g_{M2})^{(t_2-t_1)}(1+i)^{-(t_2-t_1)}\right)\right)/(i-g_{M2})\right)/(1+i)^{t_1}$ $+\left(\left(C_{MAIN3}\left(1-(1+g_{M3})^{(t_3-t_2)}(1+i)^{-(t_3-t_2)}\right)\right)/(i-g_{M3})\right)/(1+i)^{t_2}$ $+\left(\left(C_{MAIN4}\left(1-(1+g_{M4})^{(T-t_3)}(1+i)^{-(T-t_3)}\right)\right)/(i-g_{M4})\right)/(1+i)^{t_3}$
	EUAAC	$= PV_{LCAC} \times \left((i(1+i)^{T})/((1+i)^{T}-1)\right)$

또한 이용자 비용 산정에서 교통수요는 매년 약간씩 증가하고, 연간 경제성장률은 비용 산정 시 반영하는 것으로 가정하였다. 경제성 분석을 위한 생애주기비용 분석의 이용자 비용 산정방법은 표 4.6과 같다.

생애주기비용 분석의 이용자 비용 산정을 위한 용어정의는 다음과 같다.

PV_{LCUC} =생애주기동안 이용자 비용의 현재가치

EUAUC =이용자 비용의 연등가균일비용

C_{AUC1} =초기시공 후부터 첫 번째 주요 유지관리 시행 전까지 연간 이용자 비용

C_{AUC2} =첫 번째 주요 유지관리 시행부터 두 번째 주요 유지관리 시행 전까지 연간 이용자 비용

C_{AUC3} =두 번째 주요 유지관리 시행부터 세 번째 주요 유지관리 시행 전까지 연간 이용자 비용

C_{AUC4} =세 번째 주요 유지관리 시행부터 네 번째 주요 유지관리 시행 전까지 연간 이용자 비용

C_{AUC5} =네 번째 주요 유지관리 시행부터 다섯 번째 주요 유지관리 시행 전까지 연간 이용

자 비용

C_{AUC6} =다섯 번째 주요 유지관리 시행부터 여섯 번째 주요 유지관리 시행 전까지 연간 이용자 비용

g_{AUC1} =초기시공 후부터 첫 번째 주요 유지관리 시행 전까지 연간 경제성장률

g_{AUC2} =첫 번째 주요 유지관리 시행부터 두 번째 주요 유지관리 시행 전까지 연간 경제성장률

g_{AUC3} =두 번째 주요 유지관리 시행부터 세 번째 주요 유지관리 시행 전까지 연간 경제성장률

g_{AUC4} =세 번째 주요 유지관리 시행부터 네 번째 주요 유지관리 시행 전까지 연간 경제성장률

g_{AUC5} =네 번째 주요 유지관리 시행부터 다섯 번째 주요 유지관리 시행 전까지 연간 경제성장률

g_{AUC6} =다섯 번째 주요 유지관리 시행부터 여섯 번째 주요 유지관리 시행 전까지 연간 경제성장률

i =이자율

t =주요 유지관리가 시행되는 시간

T =공용연수

표 4.6 아스팔트포장의 생애주기비용 분석 이용자 비용 산정의 예

	산정방법	
대안 I	유지관리를 위한 관리자 비용 집행계획	0 $t_1=15$ $t_2=30/32/33$ T=40Year HMA over HMA Composite Pavement Sevice Flexible Pavement Sevice Life-Cycle
	PVLCUC	$=\left(C_{AUC1}\left(1-(1+g_{AUC1})^{t_1}(1+i)^{-t_1}\right)\right)/(i-g_{AUC3})$ $+\left(\left(C_{AUC2}\left(1-(1+g_{AUC2})^{(t_2-t_1)}(1+i)^{-(t_2-t_1)}\right)\right)/(i-g_{AUC2})\right)/(1+i)^{t_1}$ $+\left(\left(C_{AUC3}\left(1-(1+g_{AUC3})^{(T-t_2)}(1+i)^{-(T-t_2)}\right)\right)/(i-g_{AUC3})\right)/(1+i)^{t_2}$
	EUAUC	$=PV_{LCUC}\times\left((i(1+i)^T)/((1+i)^T-1)\right)$
대안 II	유지관리를 위한 관리자 비용 집행계획	0 $t_1=12/15$ $t_2=21/22/24$ $t_3=33/34/35$ T=40Year HMA over HMA Composite Pavement Sevice Life-Cycle Flexible Pavement Sevice Life-Cycle

표 4.6 아스팔트포장의 생애주기비용 분석 이용자 비용 산정의 예(계속)

		산정방법
대안 II	PVLCAC	$=\left(C_{AUC1}\left(1-(1+g_{AUC1})^{t_1}(1+i)^{-t_1}\right)\right)/(i-g_{AUC1})$ $+\left(\left(C_{AUC2}\left(1-(1+g_{AUC2})^{(t_2-t_1)}(1+i)^{-(t_2-t_1)}\right)\right)/(i-g_{AUC2})\right)/(1+i)^{t_1}$ $+\left(\left(C_{AUC3}\left(1-(1+g_{AUC3})^{(t_3-t_2)}(1+i)^{-(t_3-t_2)}\right)\right)/(i-g_{AUC3})\right)/(1+i)^{t_2}$ $+\left(\left(C_{AUC4}\left(1-(1+g_{AUC4})^{(T-t_3)}(1+i)^{-(T-t_3)}\right)\right)/(i-g_{AUC4})\right)/(1+i)^{t_3}$
	EUAAC	$=PV_{LCUC}\times\left((i(1+i)^{T})/((1+i)^{T}-1)\right)$

4.3.5 생애주기비용 분석을 위한 Software Tool 소개

사회기반시설의 도입 또는 개선을 위한 경제성 분석으로 생애주기비용 분석은 일반적으로 이미 개발되어 있는 Software Tool을 이용한다. Software는 사회기반시설의 종류, 특성 등을 고려하여 선택하게 되며, 주요 Software Tool은 아래 표 4.7과 같다.

표 4.7 아스팔트포장의 생애주기비용 분석 Software 예

Software	개발사	분석대상	분석수준	주요기능 및 특징
2003 AASHTO Red Book	AASHTO	도로기능 개선 안전 관련 시설	프로젝트 수준	차선 추가, 신규도로, ITS 개선, 교통시설 및 신호체계, 요금 및 법규개선으로 인한 통행시간, VOC, 교통사고 개선 기하구조, 차선 및 도로변 안전시설 개선
Cal-B/C	CALTRANS	도로 대중교통	네트워크 수준	도로개선, ITS 및 대중교통 개선으로 인한 통행시간, VOC, 교통사고, 대기환경 관련 편익 산정
HDM4	World Bank	도로개선	네트워크 수준	다양한 차량종류를 고려한 분석 도로 공용성 모형 적용 대기오염 및 에너지 소비 고려
IDAS	Cambridge ITS Systematic	ITS 개선	프로젝트 수준	교통신호, 램프미터링, 도로유고관리, 무인요금소, 운전자정보, 주행차량 계측, 교통감시의 비용편익 산정
Mirco BENCOST	TTI	도로개선 안전 관련 시설	프로젝트 수준	교차로 및 인터체인지 지체, 교량, 철도 건널목, 다인승 차량 그리고 교통안전 개선 대기오염 및 공사지체 분석 도로상태로 인한 안정감을 비용으로 산정
Roadside	AASHTO	도로변 개선	프로젝트 수준	설계 Tool과 통합

표 4.7 아스팔트포장의 생애주기비용 분석 Software 예(계속)

Software	개발사	분석대상	분석수준	주요기능 및 특징
STEAM	FHWA	도로 대중교통 요금소 복합교통수단	네트워크 수준	교통수요예측 4단계 활용 통행목적 및 수단, 첨두 및 비첨두시간에 대한 별도 분석 대기오염분석 유류소모량 분석 관련 예산 분석
Strat BENCOST	HLB	도로개선	네트워크 수준	네트워크 또는 프로젝트 수준의 리스크 및 환경영향 분석 공사 지체 포함

CHAPTER 05

자산관리계획 수립과 의사결정

제5장에서는 자산관리 계획수립과 의사결정을 위한 기준이 되는 서비스 수준(LOS)과 성능 지표의 사례를 살펴보고 이를 토대로 이용자 및 정책 결정자에게 현재의 상태 및 재정 조달 관련 정보를 제공하는 Report Card의 내용에 대해 소개한다. 또한 의사결정을 위해 비용과 편익산정 방안, Risk 고려 방안, 장래 유지보수 비용 추정 방법론 등에 대해 소개한다.

CHAPTER 05 자산관리계획 수립과 의사결정

5.1 서비스 수준과 평가

5.1.1 서비스 수준의 개념

자산관리에서의 서비스 수준(LOS: Level Of Service)은 계량될 수 있는 서비스 성능에 대응하는 특정한 활동 또는 서비스 영역에 대해 정의된 서비스의 질을 의미한다. 서비스 수준에 따른 관리 목표의 설정을 통해, 서비스 수준과 시설물의 중요도 및 위험도 등을 기준으로 최적의 투자우선순위를 결정하는 역할을 하며 또한 서비스 프로젝트 실행의 효율성을 검증하고, 시설물의 상태평가 및 계측을 위한 시설물 유지관리의 기초자료 역할을 한다.

한국건설기술연구원(2009)의 '자산관리 통합프레임워크 및 정책개발' 연구에서는 서비스 수준(LOS)을 다음과 같이 정의하고 있다.

> 자산관리에 있어서의 LOS는 프레임워크를 구성하는 근간이 되며, 공공 자산의 생애주기 동안에 수반되는 모든 의사결정을 위한 플랫폼을 제공한다. 서비스 수준에 포함되는 것들은 관련된 법률적 제한, 사용자에 대한 배려, 재무적 관점에서의 고려 요소들이며, 시설물이 제공하는 특정 서비스 분야에 대해서 정의된 품질을 의미한다.

IIMM(2015)에서는 사회기반시설의 자산관리를 수행함에 있어 서비스 수준(LOS)에 대해 다음과 같이 정의하고 있다(채명진·윤원건, 2014).

서비스 수준은 핵심 업무 인자이며 모든 자산관리(AM) 의사결정에 영향을 미친다. 세부 서술(statements)은 다음과 같다.

- 고객에서 전달하려고 하는 조직의 결과물(outputs)을 서술
- 일반적으로 품질(quality), 신뢰도(reliability), 대응성(responsiveness), 지속 가능성(sustainability), 시의적절성(timeliness), 접근성(accessibility)과 비용 등과 같은 서비스속성들과 관계가 있음
- 사용자가 이해할 수 있는 관점에서 작성되어야 함
- 성능 측정(performance measures)의 선택이 가능해야 함

나아가 IIMM에서는 사회기반시설물의 서비스 수준이 갖추어야 할 필수 요소로 SMARTER 지표를 제안하고 있다. SMARTER 지표는 명확성(Specific), 측정 여부(Measurable), 달성 가능성(Achievable), 연계성(Relevant), 달성 시기의 정의(Time bound), 평가(Evaluation), 재평가(Reassess)의 7가지 항목으로 이를 서비스 수준이 갖추어야 할 필수 요소로서 제안하고 있다(그림 5.1 참조).

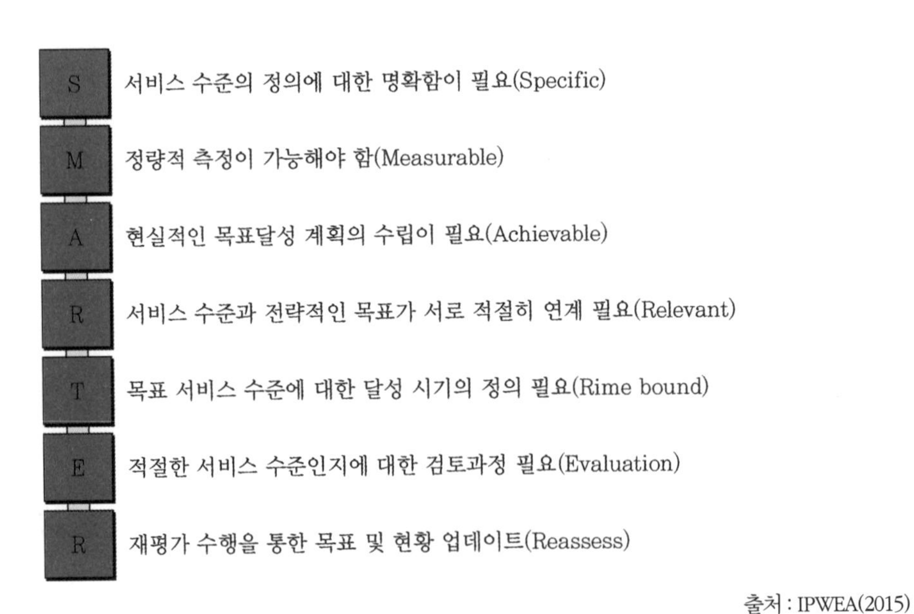

출처 : IPWEA(2015)

그림 5.1 서비스 수준의 개념

또한 서비스 수준은 서비스를 제공하는 입장에서의 관리자 관점 서비스 수준과 서비스를 제

공받는 입장에서의 이용자 관점 서비스 수준의 두 가지로 구분할 수 있다.

기존의 시설물 유지관리체계에서는 관리자 관점에서의 서비스 수준만을 고려하여 의사결정을 수행하여 왔지만, 자산관리 체계에서는 이용자 관점의 서비스 수준을 포함한 의사결정이 이루어진다는 점이 자산관리 체계만의 특징이라고 할 수 있다.

하지만 모든 이용자 관점의 서비스 수준을 현재의 예산 상황이나 자원으로는 완전하게 대응할 수는 없다. 따라서 해당 시설물의 의사결정권자는 서비스 비용(COS: Cost of Service)에 대한 계획을 통해 적정 서비스 수준을 결정해야 하며 이러한 서비스 비용(COS)과 서비스 수준(LOS)의 균형을 맞추는 것이 자산관리의 최종 목표라 할 수 있다(채명진·윤원건, 2014).

성능측정 또는 척도(Performance Measure)는 주로 함축적인 의미로 정의되는 서비스 수준(LOS)에 대해 만족 여부를 직접 측정할 수 있는 수치나 객관적·정량적 지표를 의미한다.

표 5.1 서비스 수준과 성능 척도의 비교 사례

구분	서비스 수준(LOS)	성능 척도(PM)
실제성	• 포장 결함 • 표지판 체계의 명확성 • 조명 수준의 적합성	• 포장결함 민원 횟수 • 사용자의 도로 표지판 만족도(%) • 사용자들의 조명 만족도(%)
신뢰성	• 혼잡 정도 • 보수 공사로 인한 차선 통제 횟수	• A에서 B로 혼잡기간운영 평균기간 • 차선통제에 대한 민원 수
대응성	• 고장 수리 기간 • 민원 대음	• 주요 결함을 복구하는 시간 • 민원 해소에 대한 만족도(%)
보증	• 서비스 요구에 대한 친절한 응대	• 서비스 요구에 대한 만족도(%)
공감	• 고객들이 필요로 하는 이해	• 교량 사용자의 전반적 만족도(%)

출처 : 채명진·윤원건(2014), p.72

이와 같이 성능 척도는 서비스 수준을 정량적으로 평가하기 위한 수단으로 정의할 수 있지만, 서비스 수준을 나타내기 위한 지표로서의 기능을 수행할 뿐 서비스 수준 전체를 대표하지는 못하므로 이에 따른 주의가 필요하다(채명진·윤원건, 2014).

5.1.2 국내외 서비스 수준 개발사례

국내의 경우, 2007년 도로 포장관리 시스템 연구과제에서 일반국도 포장평가지수인 NHPCI(National Highway Pavement Condition Index)를 개발한 바 있다. 이 지표는 정책결정자, 도로관리자, 도로이용자가 전체 일반국도의 포장상태를 파악하기 위한 수단으로 개발되었으며, 포장의 대표적인 상태지표인 균열률(CR), 소성변형 깊이(RD), 국제종단평탄성지표(IRI)를 산정변수로 활용한다. 산정식은 아래와 같다.

$$NHPCI = \frac{1}{(0.33 + 0.003 * X_{CR} + 0.004 * X_{RD} + 0.0183 * X_{IRI})^2}$$

여기서, X_{CR} = 균열률(%), X_{RD} = 소성변형(%), X_{IRI} = 평탄성(%)

표 5.2 NHPCI에 의한 상태등급

Rate	0~2	2~4	4~6	6~8	8~10
포장상태	매우 나쁨	나쁨	보통	좋음	매우 좋음

출처 : 한국건설기술연구원(2008b)

한편 시단위 도로관리를 위해 개발된 평가지수인 MPCI(Municipal Pavement Condition Index)는 표면결함율(Cr, %), 소성변형(Rd, mm), 종단평탄성(IRI, m/km)을 기준으로 평가한다.

MPCI = 10 − [(10 − PCICr)5 + (10 − PCIRD)5 + (10 − PCIIRI)5] × 1/5
균열지수 : PCIcr = 10 − 1.67 × Cr × 0.47 (R2 = 0.74)
소성변형지수 : PCIRD = 10 − 0.40 × Rd × 0.85 (R2 = 0.79)
평탄성 지수 : PCIIRI = 10 − 0.87 × IRI (R2 = 0.88)

미국 미네소타주에서는 PQI(Pavement Quality Index)를 통해 도로의 상태를 평가하고 있다. PQI는 PSR(Pavement Serviceability Rating)과 SR(Surfacing Rating) 지표를 고려하여 만든 복합지수이다.

PSR(or RQI)은 미네소타주 포장의 평탄성(승차감)을 나타내는 지표로 산정식은 다음과 같다.

$$PSR = 5.6972 - 2.104\sqrt{IRI}$$

SR은 미네소타주 포장의 균열과 표면상태를 나타내는 복합지표이며 산정방법은 다음과 같다.

① 포장상태지표별 포장파손정도를 비율로 변환
② 각 파손지표별 가중치를 변환된 비율에 곱해 총 파손 가중치(TWD : Total Weighted

Distress)를 산정

③ 다음 수식에 산정된 TWD를 입력하여 SR을 산정

$$SR = e^{(1.386 - 0.045 \times TWD)}$$

PQI는 미네소타주의 포장상태를 나타내는 종합지표로 산정식은 다음과 같다.

$$PQI = \sqrt{(PSR) \times (SR)}$$

미국 메인 주에서는 CSL(CSL: Customer Service Level) 지표를 통해 고속도로의 서비스 수준을 산정하고 있다.

CSL은 5단계 등급(A, B, C, D, F)으로 구분되며 안전성(safety), 품질(condition), 서비스(service)의 세 가지 지표를 통해 산정하고 있다.

표 5.3 CSL 측정 지표 및 측정방법

지표		측정지표	측정방법
CSL	안전성	사고이력	차선이탈사고 비율/주전체의 평균 사고율
		포장 소성변형	최대 소성변형 깊이
		포장도로 폭	차로와 길어깨를 포함한 폭
		교량 신뢰성	NBI 등급
	품질	승차감(평탄성)	in/mile
		포장상태	IRI, 소성변형, 균열률을 동등한 가중치로 PCR 지표로 변환
		포장강도	FWD에 의한 표면처짐량
		교량상태	최소 NBI 상태 등급
	서비스	화물전용도로 (Posted Road)	화물전용차선 여부(또는 가능 여부)
		화물전용교량 (Posted Bridge)	화물전용차선 여부, 화물중량 수준
		혼잡도	여름 AADT / Capacity

출처: Kenneth L(2011), 재정리

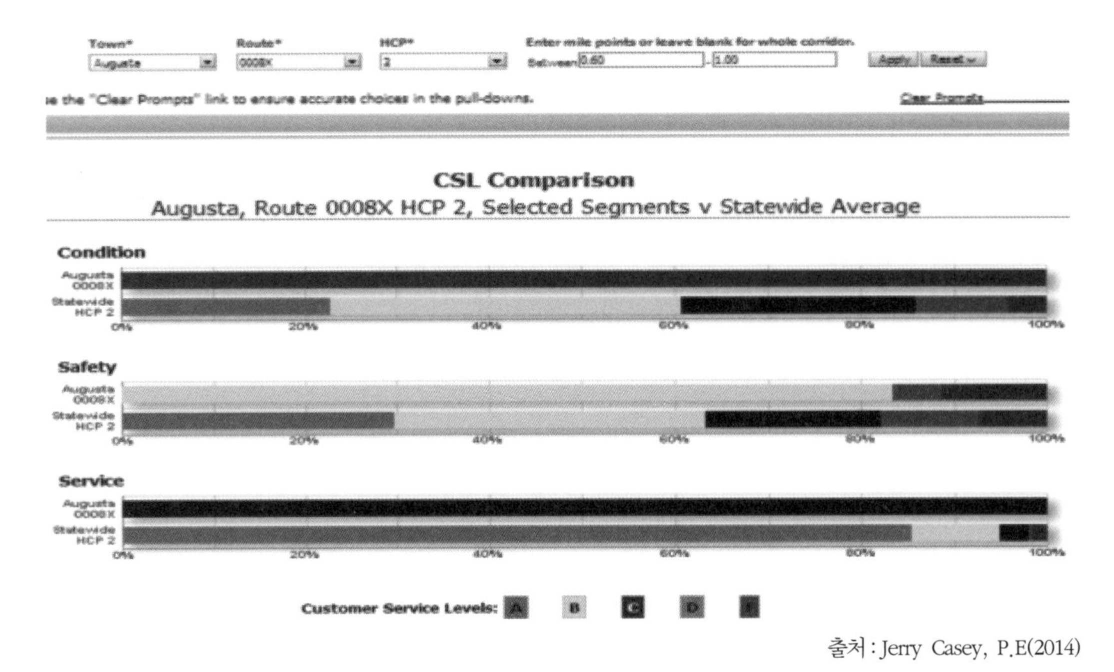

출처 : Jerry Casey, P.E(2014)

그림 5.2 CSL 비교 예시

미국 Willoughby City Council의 Road Pavements 사례를 요약하면 다음과 같다.

- 미국의 Willoughby City에서는 도로 포장에 관한 자산관리를 수행하기 위해 '20Year Asset Management Plans'을 수립하여 운영 중
- 포장 항목의 LOS 항목을 Quality, Quantity, Capacity, Functionality, Responsiveness (Safety)의 5가지 항목으로 구분

표 5.4 미국 Willoughby City Council의 LOS 항목 선정

Service criteria	Level of Service	Measurement Scale	Technical Performance Target	Current Performance
Quality	Physical condition	As per visual, laser and structural assessments	To meet the target intervention level as described in section 3.4	Council's road network is considered to be in good to very good condition and is below the intervention levels

표 5.4 미국 Willoughby City Council의 LOS 항목 선정(계속)

Service criteria	Level of Service	Measurement Scale	Technical Performance Target	Current Performance
	Aesthetic condition	Repairs are currently undertaken based on physical condition and risk. Aesthetic condition is not a factor in prioritising pavement works	N/A	N/A
Quantity	Connectivity of road pavements	CSR requesting new road construction	Adequate connectivity between properties and the road network	CSR number reflects good performance
Capacity	Appropriate to demand	CSR related to road capacity	Traffic is managed appropriately through various methods described in section 4.2	Minor number of CSR relating to traffic congestion
Functionality	Fitness for purpose	Evidence of premature pavement failure	Pavements are appropriate for location, traffic type and volume	Prioritisation of works through PMS addresses any known issues
Responsiveness	Inspect, make-safe or repair	Response times and number of insurance claims received by Council	CSR related to road pavement demage will be attended to within 24 hours. If appropriate, works will be prioritised within allocated budgets. No insurance claims received by Council	Council receives approximately 2 low-value insurance claims perannum
Heritage listing	Maintain heritage status	Y,N or N/A	Y	Y
Legislative compliance	Compliant	Y,N or N/A	Y	Y

출처 : Willoughby City Council(2014)

그 외의 미국 각 주정부의 도로포장을 위한 성능지표 및 평가지표는 다음과 같다.

표 5.5 미국 각 주의 포장관리를 위한 성능지표 및 평가 지표

평가 지표	세부 지표 및 설명	주(State)	목표치
결함등급	평탄성, 균열, 소성변형, 패칭, 라벨링을 0~100점 단위로 환산	Alabama	>75
고속도로 적절성	상태등급, 안전성, ADT, 제한속도, 길어깨를 0~100점 단위로 환산	Maine	60점
국제 평탄성 지수 (IRI)	도로표면의 평탄성(낮을수록 좋음)	Federal	93%<170
		Louisiana	<15%>170
		Nevada	1-70%<80
			2-65%<80
			3-60%<80
			4-40%<80
			5-10%<80
		Pennsylvania	94
유지보수 평가 프로그램(MAP)	포장, 교통운영, 도로변 상태를 1~5점 단위로 환산	Texas	주간고속도로>80% 그 외>75%
유지보수 등급 지표(MRI)	포장, 길어깨, 도로변 요소, 배수시설, 교통 서비스 요소를 1~100점 단위로 환산	Tennessee	종합>75%
네브라스카 서비스 지수(NSI)	표면 결함, 균열률, 패칭, 평탄성, 소성변형, 단차 요소를 1~100점 단위로 환산	Nebraska	종합>72%
종합 포장 상태 (OPC)	포장 결함을 0~5점 단위로 환산	Delaware	<15% 나쁨
포장상태지수 (PCI)	포장 평탄성을 좋음, 보통, 나쁨으로 구분	Kentucky	<30% 나쁨
포장상태등급 (PCR)	균열률, 포트홀, 악화상태 그 외 요소를 1~100점 단위로 환산	Ohio	주요도로>70%>65 그 외>75%>55
포장등급조사 (PCS)	평탄성, 균열률, 소성변형 요소를 0~10점 단위로 환산	Florida	80%>6 for all 3 기준
포장품질지수 (PQI)	세 가지 표면 결함 요소를 0~100점 단위로 환산	Indiana	주간고속도로-75 고속도로-75 그 외-65
포장품질지수 (PQI)	평탄성와 균열률 요소를 0.0~4.5점 단위로 환산	Minnesota	주요도로>3.0 그 외>2.8
포장 서비스 등급 (PSR)	평탄성, 소성변형, 균열률 요소를 0~5점 단위로 환산	Wyoming	고속도로-3.5 그 외-3.0
성능 수준(PL)	PL-1 : 좋은 상태, PL-2 : 유지보수 필요, PL-3 : 나쁜 상태	Kansas	주간고속도로>80% PL1 그 외>75%PL1
포장 서비스 등급 (PSR)	도로 이용자에 의한 주관적인 등급을 0~5점 단위로 환산	Arizona	>3.23

표 5.5 미국 각 주의 포장관리를 위한 성능지표 및 평가 지표(계속)

평가 지표	세부 지표 및 설명	주(State)	목표치
잔존 공용수명 (RSL)	표면 결함을 나쁨(0~5년), 보통(6~10년), 좋음(11년 이상)으로 구분	Colorado	주간고속도로>80% 고속도로>70% 그 외>55%
승차감 지수(RI)	포장 유형에 따른 평탄성을 1~5점 단위로 환산	Utah	50%>2.75 <15%<1.84
평탄성지수와 균열률 지수	평탄성 지수 : 대중적인 인식을 바탕으로 0.0~5.0점으로 환산 균열률 지수 : 각 구간별로 0.0~5.0점으로 환산	Idaho	<18%<2.5
기준 등급	표면 결함을 매우 좋음, 좋음, 보통, 나쁨, 매우 나쁨으로 구분	Michigan	<30% 나쁨 또는 매우 나쁨

출처 : NCHRP REPORT 551(2006)

위의 표들에서 알 수 있는 바와 같이 서비스 수준을 결정하는 지표와 기준이 국가와 지역별로 상이한 것은 재정여건, 기술수준, 시민들의 의식수준 등이 모두 다르기 때문이다.

자산관리체계에서는 서비스 수준에 따른 관리 목표의 설정을 통해, 서비스 수준과 시설물 중요도 및 위험도 등을 기준으로 최적의 투자 우선순위를 결정하게 되므로 서비스 수준의 설정은 자산관리체계 도입에 있어 핵심적인 요소라 할 수 있다. TRB(2010)에 의하면 도로에서의 일반적인 서비스 수준 선정항목을 크게 시설유지보수(Preservation), 이동성(Mobility), 안전성(Safety), 환경관리(Environmental Stewardship) 측면으로 나누고 세부적으로 시설유지보수 항목은 도로포장, 교량, 터널, 배수시설, 도로변, 교통제어장치 등으로 나누고 있다.

표 5.6 일반국도에서의 서비스 수준 평가를 위한 요소 및 성능지표

목표	자산구분	구성요소	단위
시설유지보수 (Preservation)	포장	균열률	%
		소성변형	mm
		종단 평탄성(IRI)	m/km
	교량	데크 상태	5점 척도
		상부구조 상태	5점 척도
		하부구조 상태	5점 척도
		하부지지력	5점 척도
		공용 내하력	tm/m
		건전도	건전도 지표

표 5.6 일반국도에서의 서비스 수준 평가를 위한 요소 및 성능지표(계속)

목표	자산구분	구성요소	단위
시설유지보수 (Preservation)	터널	통행방식	단방향/대면/중분대 구분
		구조물 건전도	건전도 지표
		비상보도	유/무
	배수시설	배수관	막힌 물질과 파손량의 비율
	도로변	대피공간	5점 척도(평균 면적)
		경사도	불완전한 경사 비율
	교통제어장치	표지판	요소별 고장률
		차선도색	
		신호등, ITS 장비	
이동성 (Mobility)		혼잡도	정체시간 비율
		신뢰도	정시 도착률
		V/C	V/C 비율
		중차량비율	%
		환산축하중(ESAL)	대/일
안전성 (Safety)		교통사고 사망자수	사망률(사망자/백만 대)
		교통사고 건수	사고율(사고건수/백만 대)
		가드레일	요소별 손상률
		중앙분리대	
		반사판	
환경관리 (Environmental Stewardship)		제초/삭초	식물들의 평균 높이
		대기오염도	배출량
		청소	쓰레기량
		소음도	dB

출처 : TRB(2010), p.17, 재정리

표 5.7에는 주요 선진국의 포장관리를 위한 성능지표의 사례를 요약하고 있다. 대부분의 해외 선진국들은 도로포장의 서비스 수준을 평가하기 위해 포장상태지표인 균열률, 소성변형, 종단평탄성(IRI: International Roughness Index)등을 사용하고 있으며 그 외에도 포장수명, 포트홀, 마찰저항 등의 요소를 고려하고 있다.

여기서 효율적인 포장관리를 위한 성능지표도 국가와 지역에 따라 상이함을 알 수 있으며 관리주체가 기존의 활용 가능한 DB와 재정 여건 등을 고려해서 판단하는 것이 바람직하다.

즉, 의사결정을 위해 통일된 서비스 수준과 지표, 기준 등을 획일적으로 정할 수 없음을 의미하여 관리 주체가 해당 지역의 여건을 감안하여 비용 효율적인 방안을 모색하는 것이 바람직하다.

표 5.7 선진국의 포장관리를 위한 성능지표 사례

국가	성능지표	
미국	평탄성, 국제 평탄성 지수(IRI), 소성변형, 피로 균열, 환경 균열, 포트홀, 라벨링, 패칭, 도로변 요소 등	
헝가리	표면결함(균열률, 포트홀, 그 외), 평탄성, 소성변형, 지반지지력	
뉴질랜드	평탄성, 소성변형, 마찰저항, 노면조직(Texture)	
호주	프로젝트 수준 분석	네트워크수준분석지표+포장 휨, 균열률, 마찰저항
	네트워크 수준 분석	평탄성, 소성변형, 표면수명, 포장결합제상태
일본	프로젝트 수준 분석	소성변형, 평탄성, 균열률, 마찰저항, 표면투수성, 소음발생정도, MCI, RCI, 그 외
	네트워크 수준 분석	MCI, 상태기준에 포함되지 않는 연장비율, 그 외

출처 : OECD(2001), 재정리

5.2 리포트 카드(Report Card)

사회기반시설물에 대한 리포트 카드(Report Card)는 국민과 정책 결정자(Decision-Maker)에게 현재 사회기반시설물의 상태 및 재정조달 관련 정보를 제공하여 국가 사회기반시설물에 대한 관심과 의식을 고취시키고, 정부나 지자체와 같은 사회기반시설 건설 및 관리 주체들이 사회기반시설물의 상태를 개선하기 위해 수행해야 할 역할을 제시하고 있다.

최초의 사회기반시설물에 대한 리포트 카드(Report Card)는 1988년 미국에서 발행된 'Fragile Foundations : A Report on America's Public Works, Final Report to the President and Congress'이며, 그 후 영국, 호주, 캐나다, 남아공 등의 국가에서 수 년마다 평가를 수행하고 있다(한국건설산업연구원, 2013).

1) 미국

미국 연방정부는 예산의 효율적인 사용을 위해 1987년에 국가 사회기반시설물 개선위원회(NCPWI: National Council on Public Works Improvement)를 신설하였으며, 이 조직에 의해 사회기반시설물에 대한 리포트 카드를 작성하도록 하였다.

당시 미국은 코네티컷 그리니치시의 미아누스 리버교(Mianus River Bridge) 붕괴, 뉴욕시의 급수관 파손 및 지하철 붕괴 등으로 사회기반시설에 관한 유지관리 문제가 큰 이슈로 부각되었다.

최초의 리포트 카드는 국가 사회기반시설물 개선위원회에서 작성하였다. 국가 사회기반시설물 개선위원회는 총 5명으로 구성되었는데, 이 중 3인은 대통령이 임명하고, 1명은 상원에서, 그리고 나머지 1명은 하원에서 임명하였다. 이들은 12명(6명의 연방 내각 구성원들과 6명의 주요 주정부 연합 대표들)으로 구성된 자문단의 지원을 받아 리포트 카드를 작성하였다.

현재는 미국 토목학회(ASCE: American Society of Civil Engineers)에서 리포트카드를 작성하고 있으며 총 20여 명의 전문가 위원회를 구성하고 있다. 또한 미국은 각 지자체 단위로 리포트 카드를 발행하고 있으며, 이때 평가 주체는 해당 주에 거주하고 있는 사회기반시설물 전문가로 구성 된다. 2013년을 기준으로 23개 주에서 리포트 카드를 발행하고 있으며 발행하는 주의 수가 점점 확대되고 있는 추세이다.

한편 미국의 하원의원인 밥 필너는 동료 40명과 함께 의회에 제안을 하기 위한 근거 자료로 미국 토목학회(ASCE)에서 발행한 리포트 카드의 내용을 제시하였다. 이 제안은 향후 2년 동안 교통투자 프로그램에 추가재정을 지원하는 내용을 요지로 하고 있으며 도로와 교량 분야 투자에 5,494억 달러, 대중교통 분야 투자에 1,901억 달러가 부족하다는 ASCE의 리포트카드 내용을 골자로 하고 있다(한국건설산업연구원, 2013).

Category	1988*	1998	2001	2005	2009	2013
Aviation	B−	C−	D	D+	D	D
Bridges	−	C−	C	C	C	C+
Dams	−	D	D	D+	D	D
Drinking Water	B−	D	D	D−	D−	D
Energy	−	−	D+	D	D+	D+
Hazardous Waste	D	D−	D+	D	D	D
Inland Waterways	B−	−	D+	D−	D−	D−
Levees	−	−	−	−	D−	D−
Public Parks and Recreation	−	−	−	C−	C−	C−
Rail	−	−	−	C−	C−	C+
Roads	C+	D−	D+	D	D−	D
Schools	D	F	D−	D	D	D
Solid Waste	C−	C−	C+	C+	C+	B−
Transit	C−	C−	C−	D+	D	D
Wastewater	C	D+	D	D−	D−	D
Ports	−	−	−	−	−	C
America's Infrastructure GPA	C	D	D+	D	D	D+
Cost to Improve	−	−	$1.3 trillion	$1.6 trillion	$2.2 trillion	$3.6 trillion

출처 : American Society of Civil Engineers(2013)

그림 5.3 미국의 Report Card

나아가 2009년에 발행한 리포트 보고서에 의하면 노후된 사회기반시설을 개선하기 위해 ① 사회기반시설물 개선에 대한 리더쉽(인식) 제고, ② 지속 가능성(sustainability)과 회복력(resilience) 개선, ③ 정부차원에서의 사회기반시설 유지관리 종합계획 수립, ④ 생애주기비용과 유지관리의 철저한 고려, ⑤ 공공 및 민간 자본의 통합적 투입과 같은 다섯 가지 전략을 제시하고 있다.

2) 영국

영국의 사회기반시설물 리포트 카드(The State of the Nation Infrastructure)는 2003년을 기점으로 영국 토목학회(ICE: Institution of Civil Engineers)에 의해 발행되고 있으며 최근, 2014년도에 발행된 보고서를 포함하여 총 6회에 걸쳐 발행되었다(2003, 2004, 2005, 2006, 2010, 2014년).

영국의 사회기반시설물 리포트 카드는 총 6개 분야(에너지, 교통, 지역교통, 상하수도, 홍수관리, 폐기물 및 자원관리)에 대해 평가하고 있으며 평가를 위한 기준은 현재 상태와 용량, 회복력, 지속 가능성, 재정 감소로 인한 영향(Impact of Significant Cuts), 향후 5년 전망 등으로 이루어져 있다.

또한 영국 정부는 2010년에 영국 사회기반시설물위원회(Infrastructure UK)를 재무부 내에 별도 조직으로 설립하여 영국의 사회기반시설물을 종합 관리하는 조직체계를 구축하였다. 사회기반시설물위원회는 장기적인 관점에서의 사회기반시설물 관리 계획, 투자 우선순위, 투자 유치 등에 대한 업무를 수행하고 있다.

3) 호주

2005년 발행된 IRC에서 국가 차원의 독립된 사회기반시설 정책 기관이 필요하다고 제안한 뒤인 2008년, 호주 사회기반시설물법(Infrastructure Australia Act 2008)이 제정되었다. 호주 사회기반시설물법은 사회기반시설물에 대한 개발 전략 및 계획 수립을 위한 국가기관인 호주 사회기반시설물실(Infrastructure Australia) 설립의 촉매제 역할을 하였으며 이 외에도 사회기반시설물 총괄 담당자(Infrastructure Coordinator, 장관 임명) 및 관리자의 기능, 역할, 임명 절차 등을 법으로 명시하고 있다.

호주 사회기반시설물실은 2008년에 교통, 수자원, 에너지, 통신 인프라 분야에 대한 감사를 완료하였으며, 이를 사회기반시설물의 투자우선순위 결정을 위한 근거자료를 작성하는 데 활용하였다.

또한 2008년 11월에는 공공기관과 민간기업 간의 사회기반시설물에 대한 파트너십 지침서를 출간하였다. 나아가, 2008~2009년에는 사회기반시설물에 건설·관리에 대한 재정 지원을 위하여 '호주 건설 펀드(Building Australia Fund)'를 설립하였으며 재원의 배분은 해당 부서의 사회기반시설물 담당관과 사회기반시설물 투자우선순위 목록에 근거하여 결정하고 있다.

(a) 영국

(b) 호주

출처 : Institution of Civil Engineers(2014), ENGINEERS AUSTRALIA(2010)

그림 5.4 해외의 Report Card

표 5.8 호주 사회기반시설물의 평균 등급

Infrastructure Type	Australia 2010	Australia 2005	Australia 2001	Australia 1999
Roads overall	C	C		C−
National roads	C+	C+	C	C
State/Territory roads	C	C	C−	C−
Local roads	D+	C−	D	D
Rail	D+	C−	D−	D−
Ports	B−	C+	B	−
Airports	B−	B	B	−
Water overall	C+	C		−
Potable water	B−	B−	C	C−
Waste water	B−	C+	C−	D−
Storm water	C	C−	D	−
Irrigation	C	C−	D−	−
Electricity	C+	C+	B−	−
Gas	B−	C+	C	−
Telecommunications	C		B	−
Overall	C+	C+	C	D

출처 : Engineers Australia. http://www.engineersaustralia.org.au/infrastructure-report-card(2016.02.10.)

4) 캐나다

캐나다에서 리포트 카드의 작성을 위한 데이터 수집은 지자체의 자발적인 참여로 이루어지고 있으며, 346개의 지자체 중 123개의 지자체가 인프라 평가 분석에 필요한 데이터를 제공하고 있다(한국건설산업연구원, 2013).

캐나다의 리포트 카드는 사회기반시설물의 상태뿐만 아니라 관리 현황에 관한 조사 내용도 포함하고 있다. 대부분의 캐나다 지자체에서는 자체적으로 개발한 자산관리 시스템(컴퓨터, 문서 또는 둘 다)을 사용하고 있는 것으로 조사되었으며, 개별 시설물군별로 살펴보면 상수도 약 90%, 하수도 약 69%, 우수처리 관리 약 51%, 도로 약 86%의 비율로 지자체에서 해당 시설물의 자산관리 시스템을 운영하고 있다.

표 5.9 캐나다의 인프라 등급 요약(2012년 기준)

사회기반시설	모든 자산의 교체 비용 (십억 달러)	등급	미흡 또는 매우 미흡 상태의 자산		보통 상태의 자산	
			%	교체 비용 (십억 달러)	%	교체 비용 (십억 달러)
도로	137.1	Fair	20.6	35.7	32.0	55.4
상수도	171.2	Good	2.0	3.4	13.1	22.5
하수도	121.7	Good	6.3	7.7	25.7	31.3
우수관	69.1	Very good	5.7	3.9	17.2	11.9
계	539.1			50.7		121.1

출처 : The Canadian Infrastructure Report Card(2012)

지금까지 인프라의 효율적인 자산관리를 위해 선진국의 평가 보고서의 내용과 평가 주체, 특징 등을 살펴보았다. 이를 요약하면 표 5.10과 같다.

여기서 우리는 선진국의 경우에도 평가대상 시설물이 서로 상이하며 주관기관과 평가 주체도 상이함을 알 수 있다. 특히 평가주체의 경우 인프라 담당 공무원이 포함된 경우도 있지만 많은 선진국의 경우 객관성을 유지하기 위해 해당 인프라의 전문가들에게 평가를 맡기고 있음을 알 수 있다. 이는 향후 우리나라에서 인프라를 대상으로 하는 평가 보고서의 작성에 많은 참고가 될 것으로 판단된다.

표 5.10 국가별 인프라 평가보고서 요약

구분	미국	캐나다	호주	영국	남아공
평가 대상 (시설 물군)	15개(공항, 댐, 상수, 하수, 에너지, 유해 폐기물, 고형 폐기물, 수로, 제방, 공원, 철도, 도로, 교량, 학교, 운송)	4개(상수, 하수, 우수, 도로)	11개(도로, 철도, 공항, 항만, 상수도, 하수도,우 수시설, 관개시설, 전기, 가스, 통신)	6개(에너지, 교통, 지역교통, 상하수, 홍수관리, 폐기물 및 자원관리)	10개(물, 위생시설, 고형 폐기물, 도로, 공항, 항만, 철도, 전기, 건강시설, 학교)
제목	2013 Report Card for America's Infrastructure	Canadian Infrastructure Report Card Volume 1 : 2012 Municipal Roads and Water Systems	Infrastructure report card 2010 Australia	The State of the Nation Infrastructure 2014	SAICE Infrastructure Report Card 2011
주관 기관	ASCE	관·산·학으로 구성된 프로젝트 운영위원회	ENGINEERS AUSTRALIA	ICE	SAICE
발행 연도	1988, 1998, 2001, 2003, 2005, 2009, 2013	2012	1999, 2001, 2005, 2010	2003, 2004, 2005, 2006, 2009, 2010, 2014	2006, 2011
평가 주체	전문가 집단(ASCE)	지자체 인프라 관리 담당 공무원, 전문가 집단	전문가 집단(IEA)	전문가 집단(ICE)	전문가 집단 (SAICE)
평가 요소	용량, 물리적 상태, 재정 조달, 미래 수요, 운영 및 유지관리, 공중 안전, 회복력	물리적 상태, 관리 실태 및 역량	물리적 상태, 안전성, 지속 가능성(경제, 환경, 사회적 이슈 관점), 회복력 등	물리적 상태 및 용량, 회복력, 지속 가능성, 재정 삭감의 영향, 향후 5년 전망	물리적 상태, 유지관리 수준, 용량, 사태 발생에 대한 대비성
특징	• 권역별로 발행 • 재정적 측면을 두드러지게 강조함	• 가장 객관적인 평가방법을 제시함 • 가장 넓은 범위의 자문위원회를 통해 신뢰도 제고 • 정책제언 언급 없음	• 2005년 보고서에서 인프라국 설립을 제안 • 2008년 인프라 교통부 산하에 인프라국 설립	• 2009년 재무부 산하에 인프라국 설립 • 포괄적인 개념으로서 평가 대상을 구분하고 있음	• 2011년 대통령 직속 인프라 운영위원회 설립

출처 : 한국건설산업연구원(2013)

5.3 서비스 수준의 운용 및 평가

통계청에서 건축물 및 시설물을 대상으로 조사한 국민의 안전 인식도에 의하면 1997년에는 국민의 약 65%가 불안하다고 응답하였지만 2012년에는 약 21%로 인식도가 많이 향상되고 있는 것으로 나타났다. 하지만 2014년에 조사된 결과에 의하면 국민의 절반 이상(약 51%)이 건축물 및 시설물의 안전에 대해 불안하다고 느끼고 있는 것으로 나타났다. 이는 최근 집중된 부산 상수도관 파열사고(2013), 구미공단 화학물질 누출사고(2013), 경주 저수지 제방 붕괴사고(2013), 경주 마우나오션 리조트 붕괴사고(2014) 등의 크고 작은 사고가 빈번하게 발생되었기 때문으로 향후, 시설물 안전의식의 개선을 위한 여지가 많은 상태라고 할 수 있다.

표 5.11 건축물 및 시설물을 대상으로 사회 안전에 관한 인식도

인식도 \ 연도		1997년	2001년	2005년	2008년	2010년	2012년	2014년
비율 (%)	안전함	5.4	9.1	15.7	17.8	23.4	26.2	12.1
	보통	30.0	47.5	47.5	52.0	54.6	52.5	36.7
	불안함	64.7	43.5	36.7	30.1	22.0	21.3	51.3
	합계	100.0	100.0	100.0	100.0	100.0	100.0	100.0

출처 : 국토해양부(2012), 통계청(2014)

전국 성인 남녀 1,004명을 대상으로 현대경제연구원이 국민경제자문회의의 의뢰를 받아 실시한 설문조사 결과에 의하면, 100점 만점을 기준으로 2007년에 30.3점이었던 우리 국민들의 안전의식 수준은 2014년을 기준으로 17점으로 크게 하락한 것으로 나타났다(현대경제연구원, 2014).

한편 우리 생활주변의 건물과 사회기반시설 등의 종합적 안전수준은 10점 만점에 5.3점으로 매우 저조하며, 선진국(7.8점)과 비교하여 낮은 것으로 조사되었다. 나아가 우리 생활·사회 기반시설의 안전 수준을 선진국 수준으로 끌어올리기 위한 투자의 필요성에는 전체의 97.2%가 공감을 표시하고 있다.

이를 해결하기 위한 투자재원의 마련을 위해서는 '정부 예산 내에서 해결'(52.1%)이 가장 높았고, '시설이용자에 대한 요금 인상'(26.3%), '국민 전체 대상의 세금 인상'(21.6%) 순으로 조사되었다. 또한 사회기반시설에 대한 안전투자의 우선순위는 교량(33.3%), 상하수도(25.3%), 발전소(20.4%) 순으로 나타났다(현대경제연구원, 2014).

나아가 대한건설정책연구원에서는 2011년도에 향후 10년 동안 시설안전 분야에 영향을 미칠 주요 메가트렌드에 대한 설문조사를 실시하였다. 조사 결과, 안전 위험성 증대, 국민의 삶을 중시하는 복지사회, 기후변화가 시설안전 분야에서 가장 중요한 요소로 선정되었다(국토해양부, 2012).

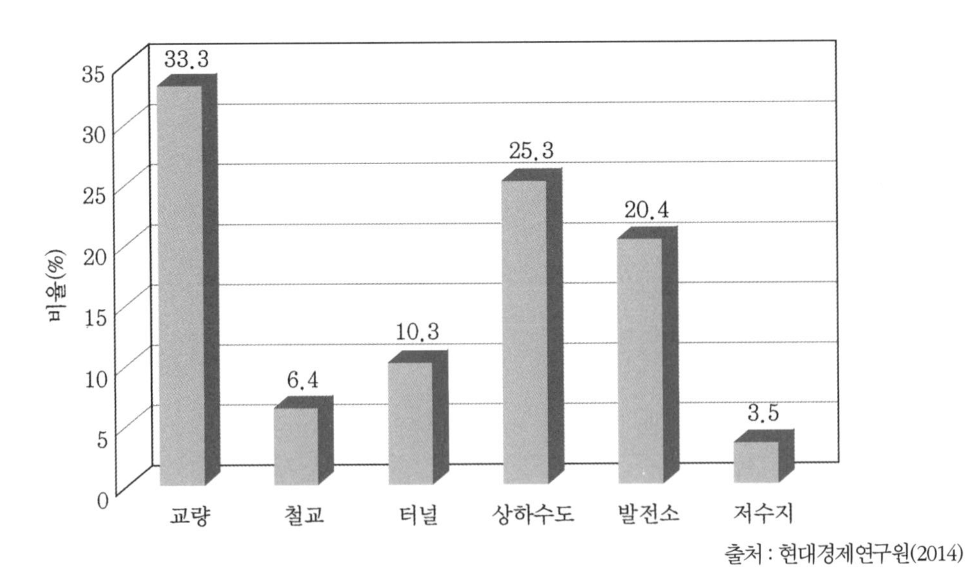

출처 : 현대경제연구원(2014)

그림 5.5 사회기반시설에 대한 안전투자의 우선순위

표 5.12 미래사회 전망에 따른 시설안전 관련 이슈

구분	메가트렌드	시설안전 관련 이슈
정치	안전 위험성 증대 (39%)	• 노후화로 인한 안전관리 필요 시설물 및 사회적 불안감 증가 • 환경변화에 따른 시설안전관리체계 정비 • 시설안전 운영 시스템 테러 대응방안 강구
경제	국민의 삶을 중시하는 복지사회 (19%)	• 높은 수준의 시설물 사용성능 요구 • 복지재원으로 인한 신규 SOC 건설 저조 • 공공 시설물 유지관리 중요성 대비 투자 미흡 • 자산관리를 통한 안전·사용성능 확보
환경	기후변화 (18%)	• 이상기후 선제대응 시설안전 요구증대(자연재해에 대한 시설물 평가기준 등) • 저탄소·친환경형 보수·보강재료 및 신공법 개발 • 시설물의 장수명화 기술 개발 촉진
기술	기술의 융·복합화 (15%)	• 시설물 손상 및 자기치유 기술 부각 • 유비쿼터스 개념에 의한 실시간 구조물 모니터링 기술 및 정보 시스템 고도화 • BIM(Building Information Modelling) 안전진단 및 유지관리 업무 접목 가속
사회	양극화 (12%)	• 노후 소규모 시설물 및 민간 시설물의 안전 취약현상 심화 • 대형 안전진단전문기관, 유지관리업체 위주로 시장 및 기술력 편중 • 고학력자의 3D 업종 기피로 인한 안전진단 및 유지관리 우수인력 부족

출처 : 국토해양부(2012)

5.4 회복력과 자산관리

한편 사회기반시설물의 경우 적절한 시점에서 유지보수가 이루어지는 것도 중요하지만 외부적인 충격으로 인한 사고, 붕괴 등의 사고가 발생했을 경우 신속한 기능의 회복이 매우 중요한 관리 대상이 된다. 따라서 최근에는 교통사고의 발생, 태풍 등 자연재해와 테러 등의 재난으로부터 시설물의 고유 기능을 신속히 회복시키는 방안에 대한 연구가 선진국을 중심으로 활발히 진행되고 있다. 특히 미국의 경우 2005년 발생한 허리케인 Katrina 등 자연재난으로 막대한 피해를 입은 후, 교통시뮬레이션 등을 활용한 연구를 진행하고 있으며 이를 통해 다양한 방재 정책을 수립 및 운영을 통해 재난에 대비하고 있다(Duanmu et al., 2011).

여기서 회복력(resilience)의 개념에 대해 살펴보자. 회복력의 정의도 매우 다양하다. 한국건설산업연구원(2014)에 의하면 “회복력이란 다양한 위험 요소로부터 관련 시스템을 보호하기 위한 능력과 전반적인 안전도와 경제성을 고려하면서 신속하게 서비스를 회복시키기 위한 능력을 평가하는 것”이라 정의하고 있다.

한편 Bruneau et al.(2003)은 지진으로 인한 지역 사회의 회복력을 정의하고 회복력을 정량적으로 측정하는 개념을 제시한 바 있다. 또한 Rose(2007)는 회복력을 정적 회복력(static resilience)과 동적 회복력(dynamic resilience)으로 구분하고 재난 등으로 인해 네트워크의 성능변화를 경제적 관점에서 비교함으로써 정량화하는 방법론을 제시하였다.

종합해보면 회복력(Resilience)은 시스템이 어떠한 사건 등의 발생으로 인해 내·외부 충격으로 인해 발생하는 불안정성을 극복하여, 시스템 기능을 회복하는 능력을 의미한다.

따라서 도로 환경에서의 ‘회복력’은 재난 등의 돌발 상황의 발생으로 도로 네트워크가 충격을 받아 원래의 성능을 상실하였다가 다시 안정된 상태로 성능을 유지하거나 혹은 원래의 상태로 회복하는 속도로 정의할 수 있다. 나아가 도로 네트워크가 충격을 받아 원래의 성능을 상실하였다가 시간이 지나 원래의 성능으로 회복되었을 때 손실된 면적을 ‘손실된 회복력’으로 간주하여 이를 정량적으로 산정할 경우, 동일한 차로의 도로 구간에서는 면적이 넓을수록 상대적으로 중요한 도로구간으로 해석할 수 있다. 즉, 이용자의 손실(즉, 지불해야 하는 비용)이 크다는 의미로 해석할 수 있다.

재난 발생으로 도로 네트워크의 성능 저하에 따른 손실된 성능면적은 식 (1)을 이용하여 산정할 수 있다.

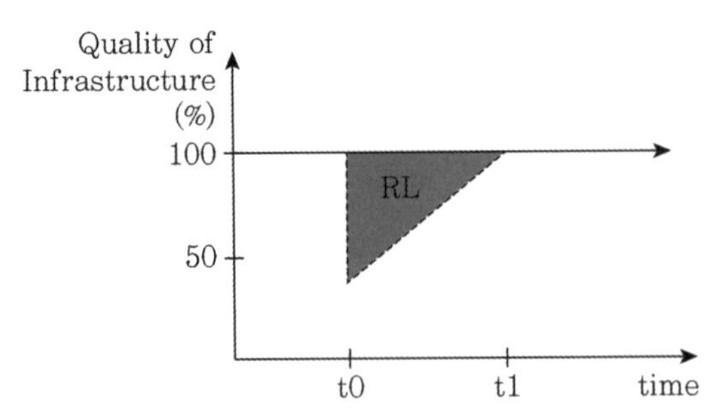

출처 : Bruneau et al. 2003; Vugrin, Eric D., et al.,(2010)

그림 5.6 손실된 회복력(Resilience Loss) 개념

$$Resilience\,Loss = \int_{t_0}^{t_1}[100 - Q(t)]dt \quad (1)$$

여기서, t_i : 시간

$Q(t)$: 네트워크의 성능

그림 5.7의 (a)는 해당 구간이 완전히 단절된 경우(collapse)를 가정한 경우로 통행시간의 급격한 증가를 확인 할 수 있으며 이때 면적이 도로구간의 손실된 성능이라고 할 수 있다. 한편 (b)는 일정시간 후, 1개의 차로가 복구되어 차량 통행이 가능해지는 시나리오로 (a)에 비해 도로 기능이 회복되어 감을 확인할 수 있다. 마지막으로 (c)의 경우, 일정시간 후 점진적으로 전 차로가 완전히 복구가 되는 경우를 가정한 것으로 최종적으로 손실된 기능이 완전히 회복된 것을 확인할 수 있다.

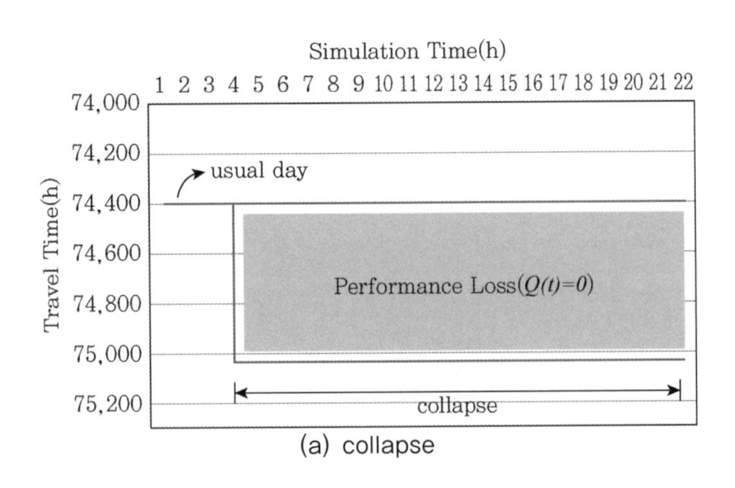

(a) collapse

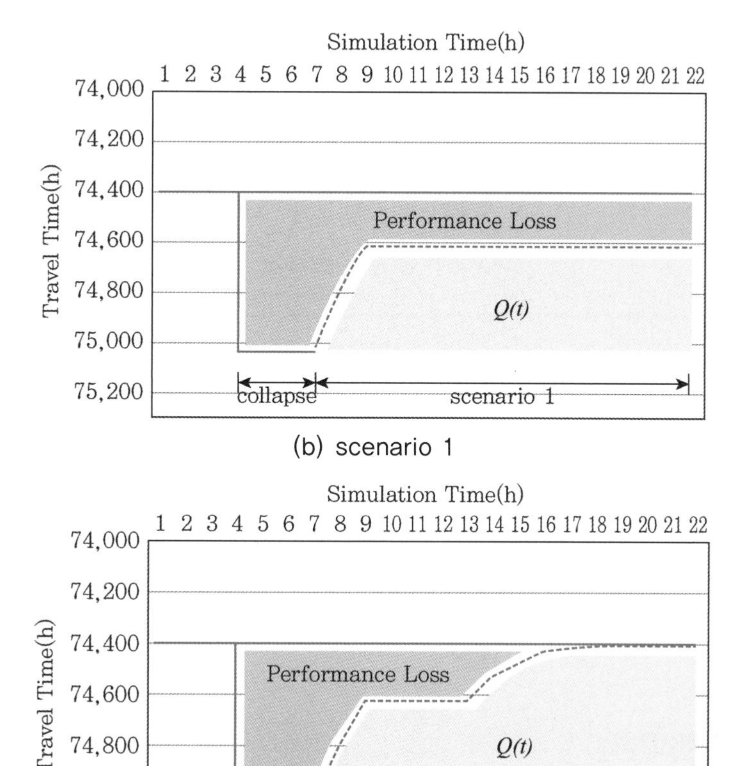

(b) scenario 1

(c) scenario 2

출처 : 정호용 외(2018)

그림 5.7 시나리오에 따른 성능 손실의 크기

나아가 도로의 용량의 차이에 따른 도로의 성능 회복정도를 살펴보기 위해 도로 기능의 차이(우회 도로의 유무와 연결성 등)를 세 그룹으로 분류하여 동일한 시뮬레이션을 실시한 결과를 소개하면 다음과 같다.

그림 5.8에는 도로 구간에서 도로의 용량과 성능 손실과의 관계를 살펴보기 위한 시뮬레이션의 결과로 ID 14번 구간의 경우 인근 광역도시로의 진·출입을 위해 통과교통량이 상대적으로 많은 교량구간이며, ID 13번 구간은 지하차도 구간으로 중간 규모의 교통량이 통과하는 구간이다. 마지막으로 ID 17번 구간은 외곽에 위치하며 인근에 우회도로가 있으며 통과교통량이 상대적으로 적은 구간에 해당한다. 즉, 도로구간이 단절되었을 경우 구간별로 기능의 감소와 회복에 소요되는 속도 및 시간(restoration time)도 큰 차이가 존재함을 확인할 수 있다.

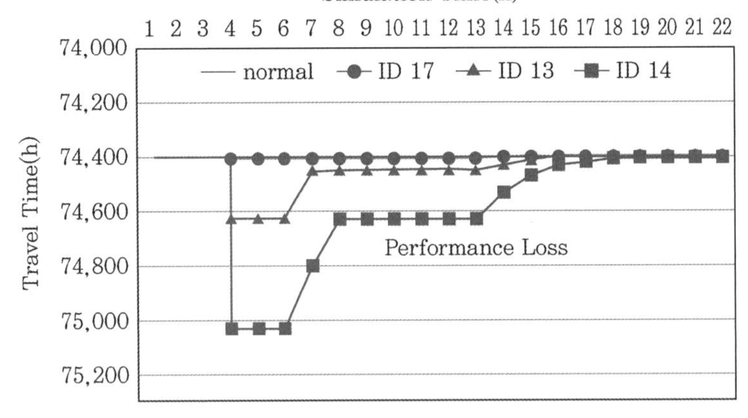

그림 5.8 성능 손실의 크기와 회복 시간

5.5 관리전략 및 의사결정

5.5.1 비용과 편익산정

본 절에서는 한국형 포장관리 시스템에 적용되는 도로이용자 비용 산정 로직을 적용하여 도로이용자 비용의 산정방안에 대해 살펴보기로 한다(5.5.4절 참조). 그림 5.9는 한국형 포장관리 시스템에 적용되어 있는 이용자 비용의 산정 개념으로 도로의 표면 상태에 따른 차량의 속도변화를 나타내고 있다. 즉, 도로의 포장 상태가 좋은 경우에는 이용자 비용 특히 통행시간 비용 및 유류비용이 절감될 것으로 예상된다. 이는 차량의 구간 통행속도가 도로 포장상태가 악화된 경우보다는 포장상태의 개선이 차량의 통행속도 개선에 영향을 주기 때문이다.

나아가 유지보수비용의 경우에도 도로의 표면 상태가 계속 악화되어 유지보수 공법을 변경하여야 할 경우에는 보다 많은 비용이 소요되므로 적절한 시기에 유지보수가 이루어지는 것이 관리자 비용을 줄일 수 있음을 의미한다.

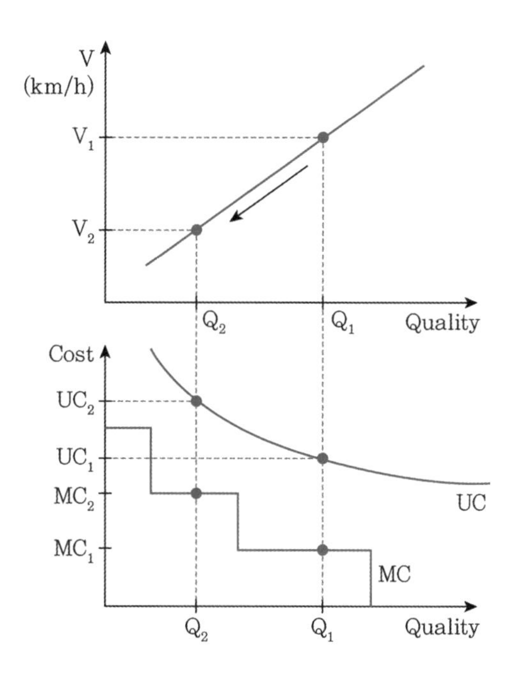

출처 : 도명식 외(2014)

그림 5.9 도로의 질과 이용자 비용

도로구간의 유지보수를 위한 경제성 분석에서는 사업의 시행과 미시행을 비교하는 일반적인 비용·편익 산정방식과는 다른 개념이 적용된다. 즉, 기존에 존재하지 않는 도로의 예비타당성 조사와는 달리 이미 운영 중인 도로구간의 포장 유지보수 시기, 공법 등의 의사결정을 위한 경제성 분석을 목적으로 하기 때문에 최근에는, 해당 도로구간을 이용하는 이용자의 측면에서 통행시간비용, 차량운행비용, 환경오염비용, 온실가스비용, 소음비용을 고려한 총 비용(Total Cost)을 최소로 하는 시기, 공법 등이 의사결정을 위한 경제성 분석의 주류를 이루고 있다.

그러나 많은 통행량(교통량)으로 인해 유지보수비용이 차지하는 비율이 이용자 비용에 비해 상대적으로 크기가 매우 작게 산정되어 총 비용에 미치는 영향이 유지보수비용의 경우 미미한 경우가 대부분이다(한국건설기술연구원, 2013).

따라서 일반적으로 경제성 평가의 분석지표로 비용－효율성(Cost－Effectiveness)을 고려한 비용－편익비(B/C)를 제안하거나 이용자 비용 항목의 변경, 이용자 비용의 비율 조절 등 다양한 기법의 적용이 활발히 이루어지고 있는 실정이다. 즉, 경제성 분석시에는 도로구간의 포장 유지보수 시행 유무에 따른 경제성(편익)을 해당시점에서 유지보수를 하지 않고 1년간 방치하고 다음 연도에 수리를 하는 경우의 기대LCC(Expected Life Cycle Cost)와 최적의 시점에서 유지보수를 한 경우 얻어지는 기대 LCC의 차이로 정의할 수 있다(한국건설기술연구원, 2013).

$$\tilde{J}(z) = c(z)\,V + \frac{F(z(t+1))}{1+\alpha} + \frac{J(Z;z^*)}{1+\alpha}$$

$$J(Z;z^*) = \sum_{t=0}^{\hat{\theta}(z^*,z)} \frac{c(z(t))\,V}{(1+\alpha)^t} + \frac{F(z^*)}{(1+\alpha)^{\hat{\theta}(z^*,z)}} + \frac{J(Z;z^*)}{(1+\alpha)^{\hat{\theta}(z^*,z)}}$$

여기서, $c(z)$: 최적 관리수준(PSI, IRI 등)$=z(t)$일 때의 이용자 비용

$z(t)$: t년의 관측 포장표면의 질(quality) 관측값

$F(z^*)$: 최적 관리수준(z^*)에서의 유지보수비용

$\hat{\theta}(z^*, z)$: 포장표면의 질이 z에서 z^*까지 경과년수

V : AADT(혹은 ESAL)

여기서, 기대 LCC는 생애주기비용의 평균값이며, 1년간 방치한 경우의 기대 LCC를 $\tilde{J}(z)$, 최적의 타이밍에 유지보수를 한 경우의 기대 LCC를 $J(Z;z^*)$라 하면, 편익은 $\tilde{J}(z) - J(Z;z^*)$라 정의할 수 있다.

경제성 분석은 유지보수비용과 이용자 비용에서 발생하는 편익을 기준으로 이루어지게 된다. 여기서, 유지관리(관리자) 비용은 포장상태의 악화에 따라 유지보수공법이 달라지므로 포장상태의 악화추세모형을 이용하여 포장상태를 예측하고 이에 적합한 유지보수 공법 및 관리자 비용을 산출하게 된다.

대부분의 도로관련 프로젝트의 타당성 평가나 경제성 평가에서 채택하고 있는 편익 항목은 ① 통행시간의 감소편익, ② 차량운행비용 감소편익, ③ 교통사고비용 감소편익, ④ 대기오염, 소음 등 환경비용 감소 편익 등이 있다. 국내의 경우 도로투자사업에 따른 편익분석의 항목은 표 5.13과 같이 크게 직접편익과 간접편익으로 구분하며, 편익분석에 반영하고 있는 항목은 통행시간 감소, 차량운행비용 감소, 대기오염 및 온실가스 발생량 감소 편익과 사고비용 감소 편익 등이 있으며, 비용의 항목은 초기투자비용, 유지보수 비용 등을 주로 사용하고 있다.

하지만 한국형 포장관리 시스템에서는 이용자 비용편익 분석을 위하여 ① 통행시간 비용, ② 차량운행비용, ③ 환경오염 비용, ④ 소음비용 항목을 적용하고 있으며, 교통사고 감소 편익의 경우 도로포장의 유지보수로 인해 교통사고 감소가 이루어졌다는 근거가 부족해 산출하는 데 어려움이 있어 제외하고 있다.

표 5.13 도로 투자 사업에 따른 편익 분석 항목

구분	편익분석 항목	비고
직접편익	• 통행시간 감소 • 차량운행비 감소 • 대기오염 발생량 감소 • 온실가스 발생량 감소 • 차량소음 발생량 감소	편익분석 반영
간접편익	• 지역개발 효과 • 시장권의 확대 • 지역 산업구조의 개편 등	편익분석 미반영

출처 : 한국건설기술연구원(2013)

1) 통행시간 비용

이용자 비용 중 도로포장상태가 악화됨에 따라 운행속도가 감소하여 통행시간이 증가되므로 이를 시간가치와 해당 구간의 교통량을 이용하여 통행시간 증가에 따른 비용을 산출한다.

$$VOTS = VOT_{t+1} - VOT_t$$

$$VOTS = \left\{ \sum_{l} \sum_{k=1}^{3} (T_{kl} \times P_k \times Q_{kl}) \right\} \times 365$$

여기서, T_{kl} : 링크 1의 차종별 통행시간

P_k : 차종별 시간가치

Q_{kl} : 링크 1의 차종별 통행량

k : 차종(1 : 승용차, 2 : 버스, 3 : 화물차)

2) 차량운행비용

차량운행비용 중 감가상각비를 제외한 나머지 항목 중 가장 많은 부분을 차지하는 비용이 차량운행비용으로 속도변화에 따른 유류소모량의 차이로 편익을 산출한다.

차량운행비 중 속도별 엔진오일 소모량, 타이어 마모율, 유지정비비 비율, 감가상각비 비율은 Jan de Weille(1966)이 작성한 'Quantification of Road User Savings'에서 제시한 소모율, 소모량을 기준으로 우리나라 기준인 km와 국내 비용으로 환산한 결과를 활용하여 산출한다.

$$VOCS = VOC_{t+1} - VOC_t$$

여기서, $VOC = \sum_{l}\sum_{k=1}^{3}(D_{kl} \times VT_k \times 365)$

D_{kl} : 링크 l의 차종별 대·km

VT_k : 해당속도에 따른 차종별 차량운행비용

k : 차종(1 : 승용차, 2 : 버스, 3 : 화물차)

3) 환경오염 비용

환경오염은 차량이 운행되면서 배출되는 모든 오염원으로부터 산출하여 경제성 분석에 이용하며 대기오염원은 일산화탄소(CO), 탄화수소(HC), 질소산화물(NOX), 미세먼지(PM)가 있으며 온실가스는 이산화탄소(CO_2)가 이에 해당된다.

대기오염원의 경우 국립환경과학원(2007)의 '대기오염물질 배출량 산정방법 편람'에서 제시한 차종별 오염물질 배출계수 산출식을 이용하며 계수를 산출한 다음 환경부(2001)에서 제시한 오염물질별 대기오염의 사회적 한계비용의 결과를 소비자 물가지수를 이용하여 보정하여 이용한다. 또한 미세먼지(PM)의 경우 인구규모에 따라 배출원단위를 다르게 적용하므로 교통평가 투자시설 지침서를 인용하여 도시부와 비도시부의 대기오염비용을 각각 산정하였다.

$$VOPCS = VOPC_{t+1} - VOPC_t$$

여기서, $VOPC = \sum_{l}\sum_{k=1}^{3}(D_{kl} \times VT_k \times 365)$

D_{kl} : 링크별(l), 차종별(k)대·km

VT_k : 차종별(k) 해당 링크 주행속도의 km당 대기오염 및 온실가스 비용

k : 차종(1 : 승용차, 2 : 버스, 3 : 화물차)

4) 소음비용

소음비용의 산정을 위해서는 유지보수 전과 후의 소음변화량과 단위소음당 원단위의 정보가 필수적이며 유지보수 전과 후의 발생소음의 차이를 구하여 소음비용을 산출한다. 소음은 직접 조사가 어려운 관계로 소음예측식을 통한 추정방법을 이용하며, 일반국도의 소음예측식은 도

로단에서 10m 이내 지역의 소음과 도로단에서 10m 이외 지역의 소음도로 구분하여 적용한다.

국립환경연구원에서는 도로단에서 10m 이상 지역의 소음예측식을 제공하고 있는데 이 예측식의 결정변수는 교통량, 평균속도, 이격거리관련 계수, 상수항 등이다.

$$L_{eq} = 1.1 \times \left[20 + 10\log\left(\frac{Q \cdot V}{l}\right) - 9\log r_a + C\right]$$

여기서, L_{eq} : 등가소음도(dB)

Q : 1시간당 등가 교통량(대/hr) = 소형차(승용차) 통과대수 + [대형차 통과대수(버스 및 트럭) × 10]

V : 평균차속(km/hr)

l : 가상주행 중심선에서 도로단까지의 거리 + 기준거리

r_a : 기준거리에 대한 도로단에서 예측지점까지의 거리비

C : 상수, C는 교통량(대/hr)이라 정의할 때

$$EVNS = EVN_{t+1} - EVN_t$$

$$EVN = \sum_i \sum_j (P \times l_{ij} \times L_{ij})$$

여기서, $EVNS$: 소음비용(편익)

P : 소음가치의 원단위

l_{ij} : 대상노선 연장길이

L_{ij} : 예측 소음도

i : 도로구분(일반도로, 고속도로 등)

j : 영향권 내 개별 링크

이 외에 해외 선진국의 도로 자산관리 시스템에서 적용하고 있는 경제성 분석 지표를 살펴본 결과 대부분의 선진국에서는 건설비용, 보시와 부농산 비용, 유지관리 비용, 차량운행 비용 등의 지표를 많이 적용하고 있는 것으로 나타났다(표 5.14 참조).

또한 환경적 지표에서는 소음비용과 대기오염 비용 항목을 대부분 적용하고 있는 것으로 나타났으며, 사회적 지표 중에서는 통행시간, 안전성과 관련된 지표를 경제성 분석에 활용하고 있는 것으로 나타났다.

표 5.14 도로자산관리 시스템에서의 경제성 분석 지표

편익/비용	프랑스	일본	이탈리아	독일	스웨덴	영국	미국
경제적 지표							
건설 비용	●	●	●	●	●	●	●
지체 비용						●	
토지 & 부동산 비용			●	●	●	●	
유지관리 비용	●	●	●	●	●	●	●
운영 비용			●	●			●
차량운행비용	●	●	●	●	●	●	●
수익		●					
보행자 비용 절약							
서비스 수준			●				
정보			●				
환경적 지표							
소음	●	●	●	●			●
대기오염	●	●	●	●	●		●
단절				●			
에너지 소비		●					
사회적 지표							
통행시간	●	●	●	●	●	●	●
안전성	●	●	●	●	●	●	●
토지 이용							
경제적 개발				●			
고용성				●			
국제 교통지표				●			
지역 정책				●			

출처 : Qindong Li and Arun Kumar(2003)

5.5.2 공사구간과 교통류 특성

공사구간(Work Zone)은 '공사로 인한 작업이나 차로 차단이 운전자에게 영향을 주는 주의를 필요로 하는 구간'이라고 정의할 수 있다. 도로법 제40조에 도로점용은 "도로 구역 안에서 공작물, 물건, 기타의 시설을 신설, 개축, 변경 또는 제거하거나 기타의 목적으로 도로를 점용하는 것을 뜻하며 여기서 점용이란 물건에 대한 사실상 지배를 의미한다"고 되어 있다. 실제로 도로점용공사는 도로를 점용하여 행하여지는 모든 공사를 의미하며, 공사구간으로 정의할 수 있다.

일반적으로 공사구간 내의 차량흐름이 용량 이상일 경우에는 공사구간 바로 전의 차량의 속도가 공사구간 내의 차량의 속도보다 느려 속도의 증가가 필요하다. 또한 공사구간 내의 차량흐름이 용량 이하일 경우에는 공사구간 바로 전의 차량 속도가 공사구간 내의 차량의 속도보다 빨라 속도의 감소가 필요하다.

본 절에서는 도로의 포장상태가 교통류의 흐름에 미치는 영향을 분석하고자 도로 유지보수 전·후에 따른 교통류의 차이를 비교·분석하였다. 단, 본 분석에서 유지보수 전 시점은 포장 유지보수 작업을 위해 파쇄된 시점(유지보수 이전, 포장상태 최악상태)에서 측정한 포장 상태 데이터를 활용하였다. 현장조사 구간은 서울시설관리공단에서 관리하고 있는 북부간선고가교의 교면포장 개량공사 구간으로 선정하였다.

유지보수 전후에 따른 교통류 데이터의 습득을 위해 이동식 교통량 측정 장치인 NC-200을 활용하였으며 공사구간 내의 3개 지점을 선정하여 유지보수 전후에 각 각 24시간 분량의 데이터를 취득하였다. 취득된 데이터는 Greenshields, Greenberg, Underwood의 3가지 교통류 모형식을 활용하여 분석을 수행한 후, 실측치와의 오차율 검정을 통해 유지보수 전후의 교통류 흐름과 가장 유사한 교통류 모형을 선정할 수 있다.

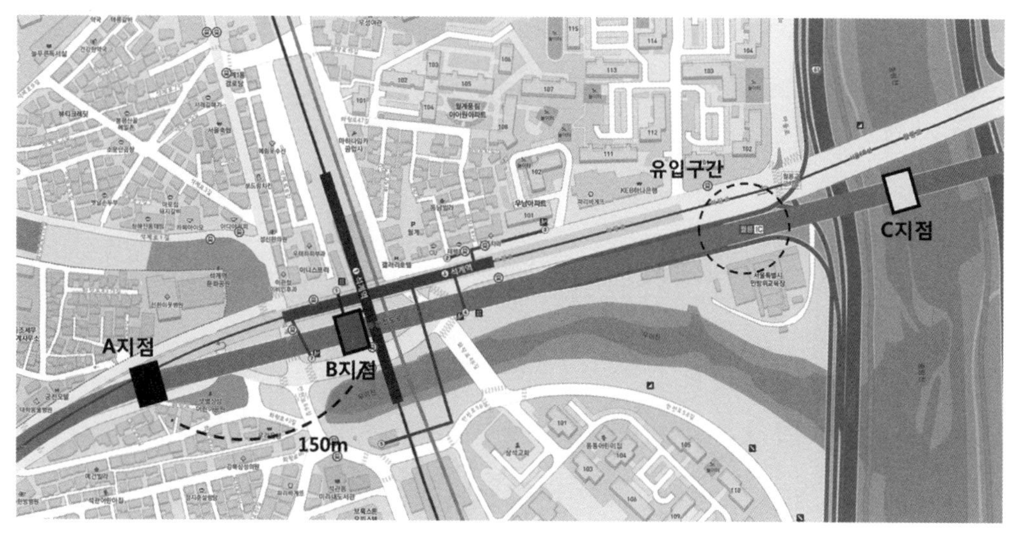

그림 5.10 조사 대상 구간

그림 5.11을 살펴보면 Underwood 모형을 이용한 분석에서 포장표면 상태가 상대적으로 열악한 시점보다 도로의 포장상태가 양호(복구 시점)한 경우 차량의 주행속도가 빨라지며 그에 따른 교통 밀도 또한 낮아지는 것으로 나타났다. 또한 속도·교통량 그래프에서도 알 수 있듯이

도로의 포장상태가 양호한 경우 교통류의 흐름이 원활(교통량·속도 증가)한 것으로 분석되었다.

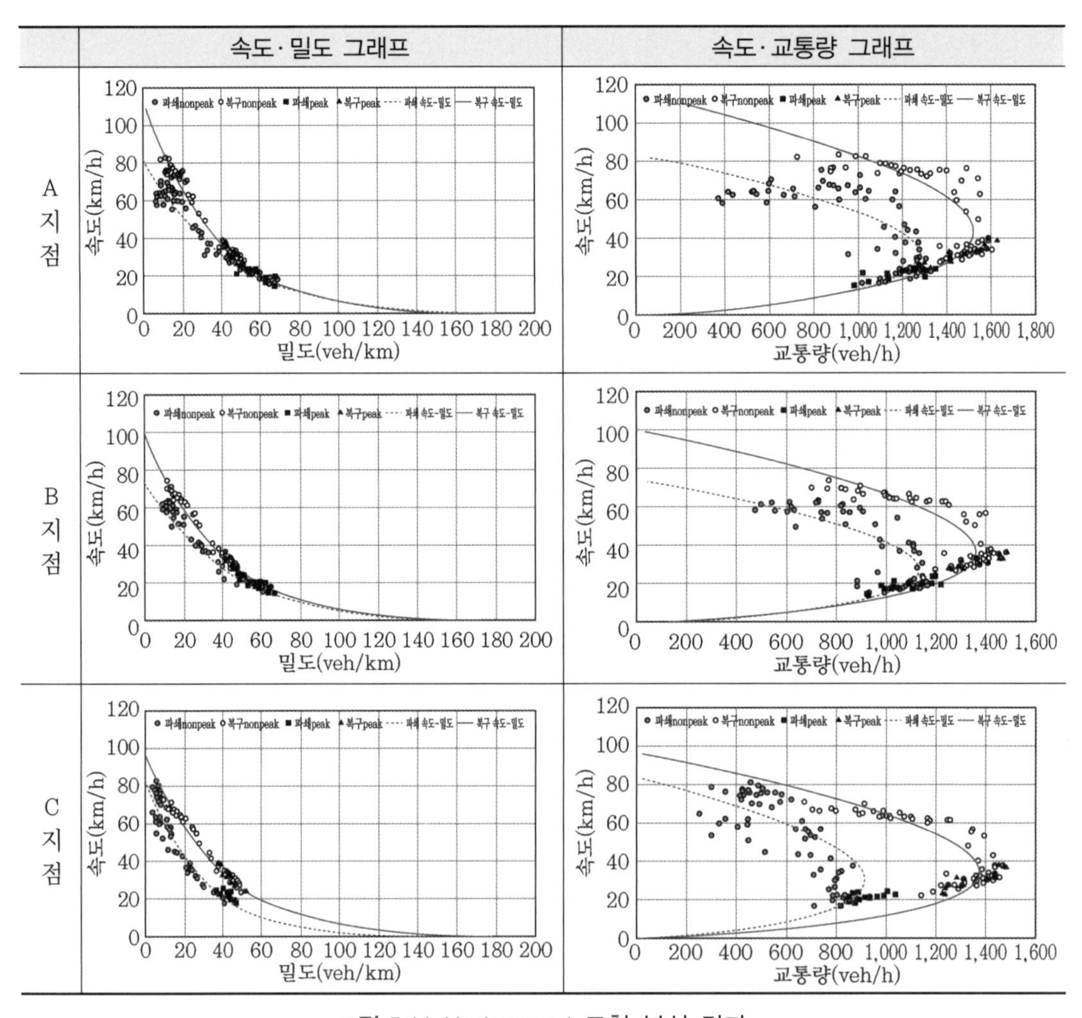

그림 5.11 Underwood 모형 분석 결과

교통류와 포장상태의 관계를 분석한 결과 도로포장 상태가 양호할 경우 차량의 주행속도가 상승하며, 교통밀도가 낮아져 차량의 흐름이 원활해지는 것으로 나타났다. 또한 세 가지 모형식에 의해 산출한 값과 관측된 교통량의 차이를 비교한 결과, Underwood 모형이 유지보수 전·후의 교통류를 가장 잘 묘사하는 것으로 분석되었다.

표 5.15 분석 결과

구분	관측평균 교통량		모형식에 의한 최대교통량					
			Greenshields 모형		Greenberg 모형		Underwood 모형	
			$q_m = \frac{u_{f*}k_j}{4}$		$q_m = u_m * \frac{k_j}{e}$		$q_m = u_f * k_m * e^{-1}$	
	파쇄	복구	파쇄	복구	파쇄	복구	파쇄	복구
A지점 (1차로)	1,037	1,371	1,464	1,690	1,302	1,538	1,181	1,523
B지점 (2차로)	914	1,235	1,314	1,456	1,161	1,381	1,136	1,361
C지점 (2차로)	682	1,239	1,064	1,466	891	1,400	913	1,381

도시고속도로를 대상으로 한 분석 결과, 도로의 포장상태가 불량해질 경우 해당 구간의 용량과 통행속도가 감소하는 것으로 나타났다. 이는 일반국도를 대상으로 한 기존의 연구(도명식 외, 2014)에서도 알 수 있듯이, 도로의 포장 상태가 악화됨에 따라 도로 이용자 비용이 증가한다는 것을 나타낸다.

향후 일반국도를 대상으로 한 추가조사를 통한 이용자 비용 산정 모델의 개량이 필요하며, 유지보수 공사로 인한 이용자의 비용분석을 통해 유지보수 공사의 시기와 시간대를 결정하는 기초자료로 활용할 수 있을 것으로 기대한다.

5.5.3 위험도(Risk)와 유지관리 전략

비용-효율성을 고려하여 유지보수가 우선적으로 필요한 구간이나 시설물을 선정하는 경우 동일한 상태(건전도)를 가지는 구간이나 시설물 가운데 영향을 받는 이용자의 숫자와 네트워크 전체에 미치는 영향을 고려하기에 한계가 있다. 이러한 문제점을 극복하기 위하여 해외 및 국내 연구에서는 '위험도(Risk)' 개념을 도입하고 있으며, 각 성능척도별로 '평가기준(위험 사건의 발생 가능성, Probability)을 평가하는 단계'와 '영향(위험수준에 노출된 빈도/결과, Impact)을 고려하는 단계'로 구분하고 이들을 동시에 등급별로 나열하는 방식으로 성능척도에 대한 위험도(Risk)를 고려하는 방안이 제시되고 있다.

따라서 해당 구간을 대상으로 한 공법 및 시기의 결정을 위한 비용-효율적 의사결정 방안에 추가하여 인근 네트워크 및 이용자에게 미치는 영향을 고려할 수 있는 방안을 제시해보고자 한다.

예를 들어, 포장 유지보수구간의 포장 상태를 종합적으로 나타내는 서비스 수준을 발생 가능성(Likelihood)으로 구분하고 중차량에 의한 환산축하중(ESAL) 지표를 영향(Impact)으로 구분하여 두 지표 모두 5등급으로 구분하고, 두 가지 영향인자를 고려하는 방식으로 현실적인 적용 가능성을 고려해 정성적인 위험도 매트릭스(Risk Matrix) 방법을 이용하여 평가하는 방법이다.

표 5.16 위험도 매트릭스 영향인자 선정

구분	발생 가능성(Likelihood)	구분	영향(Impact)
Level 1	A 이상	Very Low	ESAL이 600대/일 이하
Level 2	A~B 사이	Low	ESAL이 600~1,200대/일 사이
Level 3	B~C 사이	Medium	ESAL이 1,200~1,800대/일 사이
Level 4	C~D 사이	High	ESAL이 1,800~2,400대/일 사이
Level 5	D 이하	Very High	ESAL이 2,400대/일 이상

표 5.17 도로포장 상태 지표에 대한 위험도 등급

구분		발생 가능성(Likelihood)				
		Level 1	Level 2	Level 3	Level 4	Level 5
영향 Impact	Very Low	매우 양호	매우 양호	양호	양호	보통
	Low	매우 양호	양호	양호	보통	위험
	Medium	양호	양호	보통	위험	위험
	High	양호	보통	위험	위험	매우 위험
	Very High	보통	위험	위험	매우 위험	매우 위험

여기서 위험도 매트릭스 기법이 도입된 연구 사례를 소개하고자 한다. 노윤승·도명식(2014)은 세종시 권역 주변의 긴급대피교통로(방재도로)를 선정함에 있어 도로네트워크의 기능적인 측면과 네트워크 연결성 요소를 동시에 고려하는 위험도 매트릭스 기법을 도입하여 유지관리 전략을 제시한 바 있다.

GIS(Geographic Information System) 자료를 활용한 연결정도의 중심성 값이 높은 노드들은 도로의 용량이 큰 링크들과 서로 연결되어 있는 것으로, 네트워크 내에서의 도로의 구조적 기능을 나타내는 반면, 링크 단절로 인해 도로망에서 추가적으로 발생하는 통행시간 비용은 네트워크의 연결성이 저하될 경우 크게 나타났는데, 이는 네트워크에서의 링크의 연결성과 재난 발생 시 단절로 인한 해당도로의 심각도를 나타낸다고 할 수 있다.

여기에서는 도로 네트워크의 기능적인 측면(연결 정도 중심성) 요소를 '영향(Impact)' 요소로 정의하였으며 도로네트워크의 연결성 요소를 '발생 가능성(Likelihood)' 요소로 구분하였다. 두 가지 요소를 군집분석 기법을 활용하여 모두 세 등급으로 분류하였으며 두 가지의 영향인자를 고려하여 긴급대피교통로를 선정하였다.

세종시를 대상으로 한 연구에서 연결정도 중심성 값이 높은 지역은 주요 행정기관을 지나는 도로에서 높게 나왔고, 재난 발생 시 발생하는 사회적 비용은 교량이나 터널 등이 위치한 도로와 인근 지역과의 연결도로들이 가장 높은 그룹으로 분류되었으며, 그룹별 특성에 따라 상위 3개 그룹을 1차 긴급대피교통로, 다음 3개 그룹을 2차 대피교통로로 선정하였다.

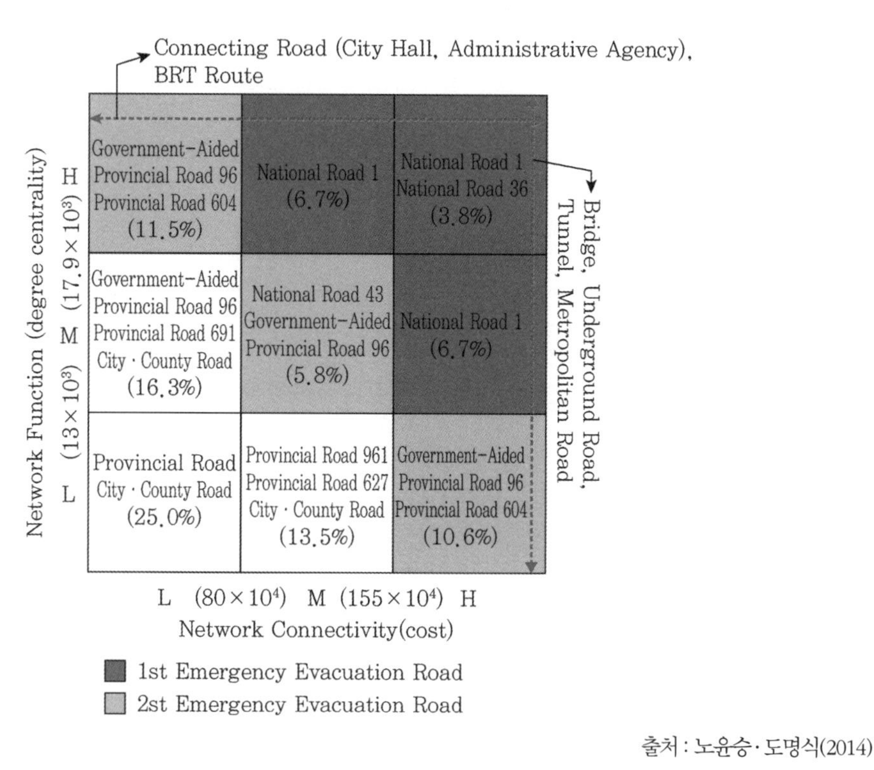

출처 : 노윤승·도명식(2014)

그림 5.12 방재도로 선정 결과

또한 1차 방재도로, 즉 우선적으로 유지관리가 필요한 구간은 도시의 주 골격을 이루는 노선으로 나타났으며 외부도시와 도시의 주요 거점지역을 연결하는 도로로 선정되었다. 이는 재난 발생 시 대피로 및 긴급교통로의 역할을 위한 주요 축이 될 것으로 판단된다. 한편 2차 방재도로는 1차 방재도로에 비해 자산적 중요도와 가치는 다소 떨어지지만 도시 내부의 연구기관, 역, 공공기관 등 주요 거점지역을 연결하는 특징을 지니며 지역 내 긴급수송을 담당하는 기능을 지니는 도로들로 선정되었음을 알 수 있다(노윤승·도명식, 2014).

따라서 도로 네트워크의 기능 및 연결성, 리스크 가능성 등의 분석 결과를 통해 기존의 도로

상태를 기반으로 한 공학적 유지보수의 시점 결정방식에서 자산의 중요도와 가치를 고려한 관리방안의 선택이 가능하다. 나아가 동일한 포장상태일 경우 도로의 이용성 및 활용성을 고려하면 교통량이 상대적으로 큰 도로 구간에 가중치를 부여하는 방안에 대한 연구도 추가적으로 필요할 것이다.

5.5.4 의사결정

일반국도의 포장관리 시스템의 경우 세계은행에서 개발한 HDM-4를 유지보수 우선순위, 경제성 분석 등 의사결정과정에 활용해오고 있다. 그러나 많은 연구에서 지적한 바와 같이 국내 실정에 맞지 않은 파라미터 설정, 입력변수의 과다와 모형의 불확실성 등으로 인해 많은 어려움이 있으며 국내 DB를 기반으로 작성된 모형을 기반으로 한 S/W의 구축 필요성이 대두되었다. 특히 HDM의 경우 개발도상국과 후진국의 도로사업의 사전 타당성 분석을 목적으로 제작된 프로그램이기 때문에 효율적인 자산의 관리와 예산의 수준을 추정하고 이용자에게 최적의 주행환경을 제공하려는 목적으로 활용하기에는 한계가 있었다.

따라서 본 절에서는 2011~2013년에 걸쳐 한국건설기술연구원과 공동 개발한 한국형 포장관리 시스템(KoPMS: Korea Pavement Management System)을 활용한 LCCA 및 경제성 분석을 위한 연구성과를 소개하기로 한다.

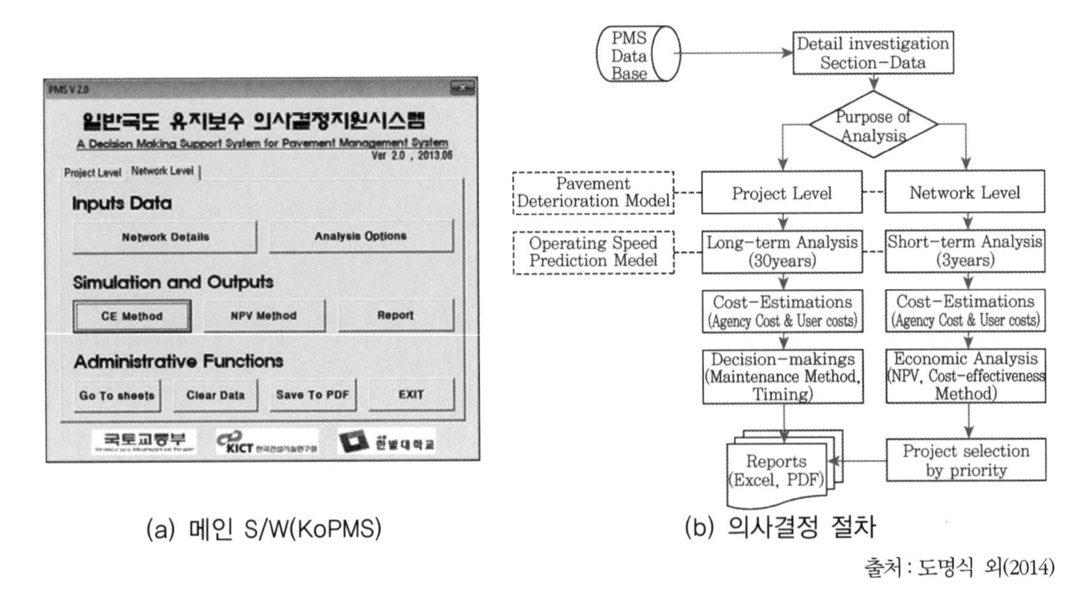

(a) 메인 S/W(KoPMS) (b) 의사결정 절차

출처 : 도명식 외(2014)

그림 5.13 한국형 포장관리 시스템 S/W

의사결정 시스템(S/W)은 VBA(Visual Basic Application), 즉 Microsoft EXCEL의 응용부문을 활용하여 향후 유지관리 비용 계산 기능과 공사시기 산정 및 우선순위 보수구간 선정 기능을 할 수 있도록 개발하였다. 또한 국내 실정에 맞추기 위해 보정을 하지 않고 도로시설물의 자산관리(평가 및 유지보수 관련 의사결정과 정책 업무)를 객관적이며 활용하기 쉽게 개발하였다. 주요항목으로는 크게 ① DB관리 시스템, ② 경제성 평가 시스템, ③ 의사결정 시스템으로 이루어진다.

1) 프로젝트 수준 분석

의사결정지원 시스템의 프로젝트 수준 분석에서는 유지보수 구간에 대하여 개별적인 분석이 이루어진다.

분석 예시를 살펴보면 다음 그림과 같다.

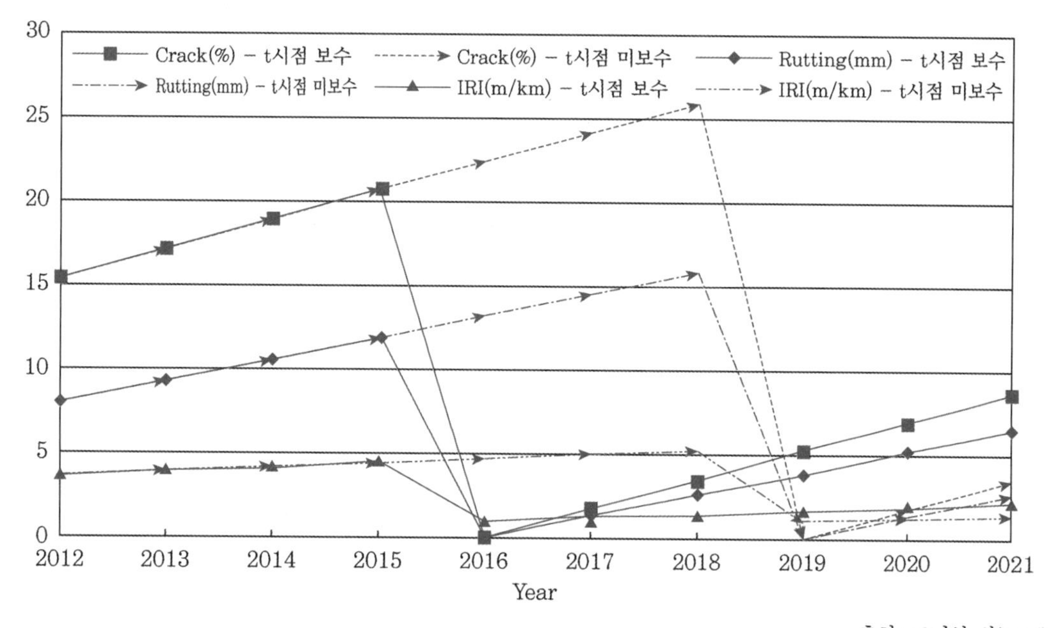

출처 : 도명식 외(2014)

그림 5.14 유지보수 지체에 따른 비교

① 유지보수 지체와 관련된 대안비교(유지보수 시행 시와 미시행시)를 통해 장래공법변화 예측 및 공법변화에 의한 총 비용(관리자 비용 및 이용자 비용)의 변화를 비교할 수 있다.

② 생애주기비용의 산정에 있어서는 30년 동안의 총 비용의 변화를 예측 할 수 있다. 30년 동안 각 포장상태 값의 변화와 함께 포장 공법 및 관리자·이용자 비용의 변화를 파악할

수 있다.

그림 5.14에서 보는 바와 같이 유지보수의 지연으로 인해 포장표면 상태는 악화가 계속되며 이로 인해 관리자는 보다 고가의 비용으로 유지보수를 시행해야 하며 이용자는 포장의 상태가 나쁜 도로를 이용함에 따라 사고의 위험, 통행시간 및 유류비용의 증가 등의 간접적인 추가비용이 발생하게 된다. 그림 5.15에는 이렇게 적절한 시기에 유지보수의 시행을 하지 못하는 경우 공법의 변화에 함께 이용자 비용의 증가를 확인할 수 있다.

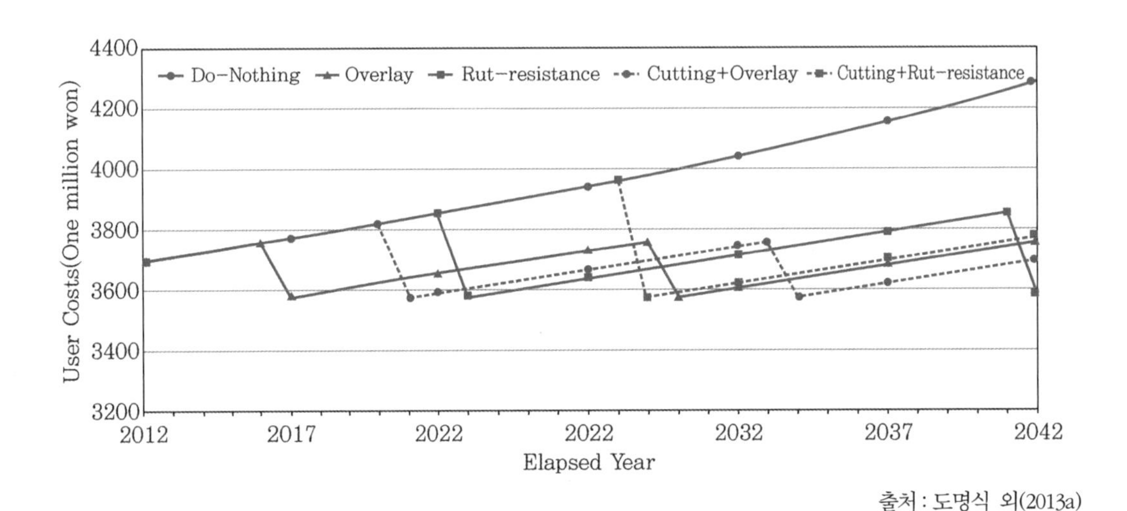

출처 : 도명식 외(2013a)

그림 5.15 유지보수 공법별 이용자 비용 비교

2) 이용자 편익의 산정방안

유지보수가 필요한 시점에 유지보수를 수행하지 않을 경우(do-nothing), 도로포장상태의 악화로 인해 도로이용자 비용은 계속 증가하게 되는 반면, 적절한 시점에 유지보수를 수행할 경우에는 포장의 표면상태가 초기상태(initial condition)로 호전되어 이용자 비용은 하한값(lower benefit cutoff value)에 도달하게 되며 다시 포장표면이 파손됨에 따라 이용자 비용은 증가하게 된다(NCHRP, 2004).

따라서 최적의 시점에 유지보수를 수행하지 않을 경우의 이용자 비용과 최적의 시점에 유지보수가 이루어진 경우의 이용자 비용 차이를 편익으로 산정할 수 있다(Peshkin et al., 2004).

만약 유지보수 기준 대안이 덧씌우기, 내유동포장, 마이크로써페이싱 등의 특정 유지보수 공법이 되는 경우에도 마찬가지로 기준대안(do-nothing)과 비교하고자 하는 유지보수 공법의 각 유지보수시점에서의 이용자 비용의 차이를 통해 각 공법별로 상대적인 편익의 산정이 가능하다(도명식 외, 2013a).

나아가 편익을 산정하기 위한 이용자 비용 항목으로는 평가 과정, 방법 및 결과의 객관성을 확보하기 위하여 국토교통부의 교통시설 투자평가지침(2013)에 명기된 항목만을 대상으로 하였다.

한편 프로젝트 분석에서 개별구간에 대한 최적 공법의 선정을 위한 경제성 분석 시 적용 가능한 편익산정방법은 기준 대안(base alternative)으로 유지보수 시기에 도달한 포장구간에 대해, ① 아무런 유지보수를 수행하지 않은 경우(do-nothing)와 ② 분석 시나리오에 적합한 포장공법을 적용하는 경우로 구분하여 분석을 수행할 수 있다.

예를 들어, 기준 대안을 무보수(do-nothing)로 선정하고 포장상태악화에 따른 이용자 비용의 변화를 산정하고 이를 토대로 무보수(do-nothing)와 각 보수공법별(alt_i) 이용자 비용의 차이를 편익으로 산정할 수 있다.

이용자 비용 가운데 통행시간비용 절감으로 인한 편익의 산정은 다음 식과 같다. 즉, 각 대안별(do-nothing 포함) 통행시간에 따른 이용자 비용의 차이(UCTT_i)는 유지보수를 수행하지 않는 경우의 이용자 비용에서 각 대안별 이용자 비용의 차이를 편익으로 산정하게 된다(도명식 외, 2013a).

$$UCTT_i = TT_{do-nothing} - TT_{alt_i}$$

$$TT_i = \left\{ \sum_{l} \sum_{k=1}^{3} \left(T_{kl} \times P_k \times Q_{kl} \right) \right\} \times 365$$

여기서, T_{kl} : 링크 l의 차종별 통행시간

P_k : 차종별 시간가치

Q_{kl} : 링크 l의 차종별 통행량

k : 차종(1 : 승용차, 2 : 버스, 3 : 화물차)

나아가 최적의 시점에 유지보수를 수행할 경우에 얻을 수 있는 차량운행비용의 절감에 따른 편익도 마찬가지 방법으로 다음 식에 의해 산정할 수 있다(도명식 외, 2013a).

$$UCVOC = VOC_{do-nothing} - VOC_{alt_i}$$

$$VOC = \sum_{l}\sum_{k=1}^{3}(D_{kl} \times VT_k \times 365)$$

여기서, D_{kl} : 링크 l의 차종별 대·km

3) 장래 유지보수비용 추정방안

도로포장의 장래유지보수비용을 추정하는 데 필요한 요소는 크게 해당 연도의 유지보수수요와 해당구간의 유지보수 연장이라고 볼 수 있다.

본 절에서는 일반국도 포장모니터링 자료의 구간(약 2,300구간)을 기준으로 포장파손모형과 일반국도 포장관리 시스템의 유지보수기준을 활용하여 해당 도로 네트워크에 대한 유지보수 수요를 추정한 결과를 소개하기로 한다.

먼저 한국형 포장관리 시스템에서 개발된 포장파손모형을 통해 유지보수공법의 결정 지표인 소성변형과 균열률에 대한 파손정도를 예측하게 되며, 지표 값이 유지보수 기준에 해당될 경우 유지보수가 이루어진다고 가정하여 유지보수의 수요 및 공법을 추정하였다.

본 연구에서는 과거의 유지보수이력 자료를 바탕으로 하는 통계적인 기법을 이용하여 구간별 유지보수 연장을 결정하였다. 과거 5년간(2008~2012년)의 유지보수 이력을 기준으로 차로별 평균 유지보수 연장을 추정하였다. 과거 5년간 총 1,453개 구간에 대한 유지보수가 이루어졌으며 2차로 구간에 대한 유지보수가 534구간, 4차로 구간에 대한 유지보수가 919구간(6차로 구간 2구간 포함)으로 4차로 구간에 대한 유지보수수요가 많음을 확인하였다.

또한 각 차로별 유지보수 평균연장은 2차로 구간이 1.71km, 4차로 구간이 1.58km로 나타나 한개 구간에 대하여 유지보수가 이루어진다고 가정하였을 경우 2차로 구간의 유지보수 연장이 0.13km 긴 것을 확인하였다.

따라서 본 연구에서는 2차로 구간일 경우 1.71km, 4차로 구간인 경우 1.58km의 연장에 유지보수가 이루어진다고 가정하여 해당 구간의 유지보수 비용을 산정하였다. 또한 6차로 이상인 구간의 표본 부족으로 인하여 6차로 이상의 유지보수 구간에는 4차로 구간의 유지보수 연장을 적용하여 유지보수 비용을 산정하였다.

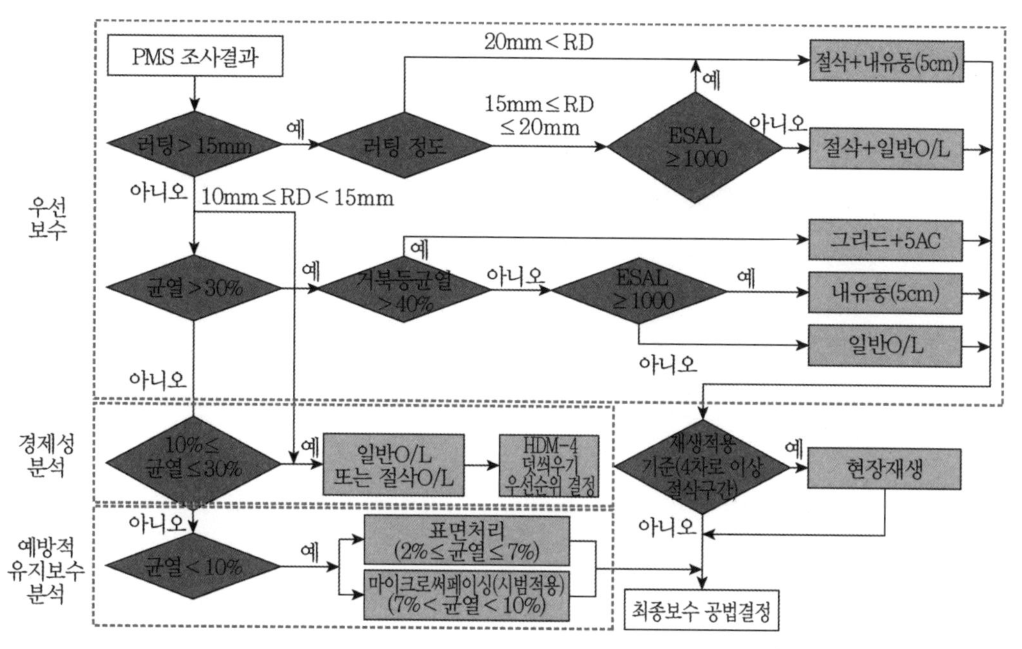

출처 : 한국건설기술연구원(2013)

그림 5.16 일반국도 PMS 아스팔트 포장 보수공법결정체계

표 5.18 유지보수 이력 통계(2차로 환산연장 기준, km)

구분	구간수	총 유지보수 연장	유지보수 평균연장	표준 편차	분산	최솟값	최댓값	중위값	최빈값
2차로	534	914.59	1.71	1.42	2.00	0.05	9.71	1.30	0.10
4차로	919	1455.69	1.58	1.45	2.10	0.03	9.75	1.15	0.50

또한 유지보수공법에 대한 단가는 한국건설기술연구원에서 제공하는 공법별 유지보수 단가를 적용하였다. 식 (2)는 각 구간에 대한 유지보수 비용 추정 방법이다.

$$Maintenance\ Cost = mc_i \times length_j \tag{2}$$

여기서, mc : 유지보수단가(천 원)

$length$: 유지보수연장(2차로 환산연장, km)

i : 유지보수공법

j : 차로수

위와 같은 방법으로 추정된 유지보수 수요, 유지보수 연장 그리고 유지보수 단가에 의해 장래유지보수비용을 추정할 수 있으며 이를 정리하면 그림 5.17과 같다.

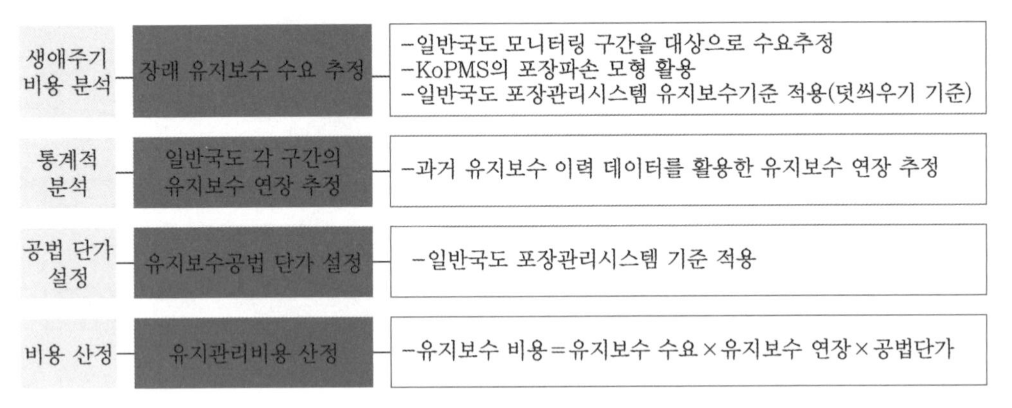

그림 5.17 장래 유지보수 비용 추정방법론

다만 현재의 한국형 포장관리 시스템의 포장파손모형은 연간 파손량을 추정하기 위한 결정론적 모형을 사용하여 장래유지보수비용의 추정방법 만을 제시하고 있지만 3장에서 언급한 베이지안 마르코프 해저드(Bayesian Markov Hazard) 모형과 같이 확률론적 방법에 의한 악화모델을 추가로 S/W에 포함시킬 경우 다양한 수준의 유지보수 예산추정이 가능할 것이다.

특히 현재 자산관리 성숙도의 평가에서 지적된 리스크 관리, 의사결정, 유지보수 계획, 자본투자 전략과 재무 및 자금 전략 분야에서 한국형 포장관리 시스템의 도입을 통해 최소 단계(25~40점)의 점수를 핵심 단계(45~60점) 혹은 중간 단계(65~80점)로 향상시킬 수 있을 것으로 기대된다.

CHAPTER 06

ISO 55000과 IIMM

제6장에서는 사회기반시설의 효율적 자산관리를 위해 국제 표준화기구가 제정한 사회기반시설물의 자산관리 시스템의 국제 기준(ISO-55000)을 소개한다. 본 장에서는 ISO 55001의 7단계 요구사항인 조직 상황, 리더십, 계획, 지원, 운용, 퍼포먼스 평가, 개선으로 이루어지는 각 단계의 내용과 특징에 대해 살펴보기로 한다. 나아가 국제사회기반시설관리매뉴얼(IIMM)의 내용과 이를 활용한 사례에 대해 살펴보기로 한다.

CHAPTER 06

ISO 55000과 IIMM

6.1 ISO 55000의 개요

ISO-55000 시리즈는 영국표준협회(BSI)가 제정한 PAS-55(자산관리)를 기반으로 하여 2014년 1월에 개발이 완료되었으며 도로, 상하수도, 철도, 전력 등 다양한 인프라 시설의 자산관리를 위해 적용되는 국제기준이다. 이 중 ISO-55001에서는 시설물의 자산관리 시스템의 요구사항을 규정하고 있는데 조직 상황, 리더십, 계획, 지원, 운용, 성능 평가, 개선으로 이루어지는 7단계로 이루어진다. 다음 그림 6.1은 ISO-55000 시리즈 출판물의 표지를 보여준다.

출처 : ISO(2014a), ISO(2014b), ISO(2014c)

그림 6.1 ISO-55000 시리즈 출판물

표 6.1은 ISO 55001에서 규정하고 있는 시설물 관리 시스템의 요구사항을 정리한 것이다.

표 6.1 ISO 55001 요구사항의 목차 구성

4. 조직의 상황
   4.1 조직(organization) 및 그 상황에 대한 이해
   4.2 이해당사자(stakeholder)의 니즈 및 기대의 이해
   4.3 관리 시스템의 적용범위의 결정
   4.4 자산관리 시스템
5. 리더십
   5.1 리더십 및 약속(위임)
   5.2 방침(policy)
   5.3 조직의 역할, 책임 그리고 권한
6. 계획
   6.1 자산관리 시스템을 위한 리스크 및 기회와 관련된 행동
   6.2 자산관리의 목표 및 이를 달성하기 위한 계획 책정
7. 지원
   7.1 자원
   7.2 역량
   7.3 인식
   7.4 커뮤니케이션
   7.5 정보에 관한 요구사항
   7.6 문서화된 정보(documented information)
8. 운용
   8.1 운영 계획 책정 및 관리
   8.2 갱신 관리
   8.3 아웃소싱
9. 성능 평가
   9.1 모니터링(monitoring), 측정(measurement), 분석 및 평가
   9.2 관리 리뷰
10. 개선
   10.1 부적합(nonconformity) 및 시정 조치(corrective action)
   10.2 예방조치(preventive action)
   10.3 지속적 개선(continual improvement)

6.2 ISO 55001 요구사항 요약

6.2.1 조직의 상황

ISO 55001에서는 우선 조직의 상황을 이해하고 이해당사자의 니즈와 기대를 이해할 것을 요구하고 있다. 나아가 이에 근거하여 자산관리의 방침과 SAMP(Strategic Asset Management

Plan 포함)의 설정이 되면 자산관리 시스템의 적용범위를 결정하고 자산관리 시스템을 구동시킬 필요가 있다. ISO 55001의 4.1에서는 조직 및 상황의 이해에 대해 다음과 같이 설명하고 있다.

4. 조직의 상황
4.1 조직 및 그 상황의 이해
조직은 그 목적과 관련하여 그 자산관리 시스템이 의도한 성과를 달성하는 조직의 능력에 영향을 미치는 외부 및 내부의 과제를 정해야 한다.
전략적 자산관리의 계획(SAMP)에 포함된 자산관리의 목표는 조직의 목표(organizational objective)와 일치해야 하며 일관성을 가져야 한다.

요약하면 조직은 아래의 점을 명확히 해야 한다.

- 조직의 목적
- 외부 및 내부의 다양한 영향 요소
- 조직의 방침과 다양한 계획, SAMP·자산관리 계획과의 정합

ISO 55001의 4.2에서는 이해당사자의 니즈 및 기대의 이해를 다음과 같이 설명하고 있다.

4.2 이해당사자의 니즈 및 기대의 이해
조직은 아래의 사항을 결정해야 한다.
- 자산관리 시스템에 관련된 이해당사자(stakeholder)
- 이러한 이해당사자의 자산관리에 관련된 요구사항(requirement) 및 기대
- 자산관리의 의사결정의 기준
- 자산관리에 관련된 재무적 혹은 비재무적 정보를 기록하고 내부 혹은 외부에 보고함에 있어 이해당사자의 요구 사항

요약하면 다음과 같다.

- 이해당사자를 명확히 한다.
- 이해당사자의 요구사항을 명확히 하고 장래 예측을 한다.
- 의사결정의 기준을 시작으로 이해당사자에게 정보를 제공하거나 이해당사자와의 소통은

중요하다.

ISO 55001의 4.3에서는 자산관리 시스템의 적용범위 결정에 대하여 다음과 같이 설명하고 있다.

4.3 자산관리 시스템의 적용범위 결정
조직은 자산관리 시스템의 적용범위를 정하기 위해 그 경계 및 적용 가능성을 결정해야 한다. 적용범위는 SAMP 및 자산관리의 방침과 정합성을 가져야 하며. 이 적용범위를 결정할 경우에 조직은 다음 사항을 고려해야 한다.
- 4.1에서 언급한 외부 및 내부의 과제
- 4.2에서 언급한 요구사항
- 그 외의 관리 시스템이 사용되고 있을 경우에는 그들과의 상호 작용
조직은 자산관리 시스템의 적용범위에 포함된 자산 포트폴리오를 명확하게 할 것
자산관리 시스템의 적용범위는 문서화된 정보로서 이용 가능한 상태에 있어야 한다.

요약하면 다음과 같다.

- 우선 자산의 파악이 우선이다.
- 조직의 상황과 이해당사자의 니즈 및 기대에 근거하여 최고 책임자(top management)[1]가 자산관리의 방침을 정한다.
- 여기서 자산관리 시스템의 적용범위를 명확하게 한다.

ISO 55001의 4.4에서는 자산관리 시스템에 대해 다음과 같이 설명하고 있다.

4.4 자산관리 시스템
조직은 이 국제규격의 요구사항에 따라 필요한 프로세스 혹은 그 상호작용을 포함한 자산관리 시스템을 확립하여 실시하고 유지하며 지속적으로 개선해야 한다.
조직은 자산관리의 목표를 달성하는 과정 중에 자산관리 시스템의 역할에 관한 문서를 포함한 SAMP를 책정해야 한다.

1 최상위에서 조직을 지휘하고 관리하는 개인 혹은 집단.

요약하면 다음과 같다.

• 우선 자산관리와 자산관리 시스템의 현황을 파악할 것
• 가능한 것부터 시스템을 만들어 구동하면서 개선해간다.

6.2.2 리더십

각 자산의 관리에 숙련된 직원이 리스크 평가와 유지관리 계획을 능숙하게 실시한다고 해도 최고 책임자의 이해와 필요한 예산과 인력이 확보되지 않으면 자산의 효율적인 운영이 이루어지기를 기대하기는 어렵다. 따라서 ISO 55001을 시작으로 관리 시스템의 규격은 최고 책임자의 리더십을 중요시하고 있다.

ISO 55001의 5.1에서는 리더십과 약속에 대해 다음과 같이 설명하고 있다.

> 5.1 리더십과 약속(위임)
> 최고 책임자는 다음의 사항에 따라 자산관리 시스템에 관한 리더십 및 약속(위임)을 발휘해야 한다.
> • 자산관리의 방침, SAMP 및 자산관리의 목표를 확립하고 이것이 조직의 목표와 모순되지 않도록 할 것
> • 자산관리 시스템의 요구사항을 조직의 업무 프로세스에 반영되도록 할 것
> • 자산관리 시스템을 위해 자원을 이용할 수 있도록 할 것
> • 효과적인 자산관리의 중요성 및 자산관리 시스템의 요구사항에 적합하도록 하는 것의 중요성을 전달할 것
> • 자산관리 시스템이 그 의도한 성과를 달성할 수 있도록 할 것
> • 자산관리 시스템의 유효성에 공헌할 수 있는 직원을 훈련시키고 지원할 것
> 조직 내부에서 기능적으로 협력할 수 있도록 촉진시킬 것
> 지속적인 개선을 촉진할 것
> 최고 책임자 이외의 관련 관리자 그룹이 그 책임의 영역에서 리더십을 발휘할 수 있도록 관리자 그룹의 역할을 지원할 것
> 자산관리에 있어서 리스크를 관리하는 접근방식이 조직의 리스크를 관리하는 방식과 정합성을 가질 것

요약하면 다음과 같다.

• 최고 책임자는 아래의 사항에서 리더십 혹은 약속을 실제로 증명한다.
－자산관리 시스템의 성과(outcome)를 얻을 것
－자산관리 시스템을 조직의 업무 프로세스와 리스크 관리에 반영시킬 것
－자산관리 시스템의 환경을 정비(인적, 물적, 예산 등)할 것

ISO 55001의 5.2에서는 방침에 대해 다음과 같이 설명하고 있다.

5.2 방침
최고 책임자는 다음의 사항을 만족하는 자산관리의 방침을 확립해야 한다.
a) 조직의 목적에 대해 적절할 것
b) 자산관리의 목표를 설정하기 위해 기본 틀(골격)을 제공할 것
c) 적용 가능한 요구사항을 만족시킬 수 있는 것에 책임(위임)을 포함할 것
d) 자산관리 시스템의 지속적인 개선으로의 책임(위임)을 포함할 것
자산관리의 방침은 다음의 사항을 만족해야 한다.
- 조직의 계획과 일관성을 가질 것
- 그 외 관련된 조직의 방침과 일관성을 가질 것
- 조직의 자산 및 운용 특성 및 규모에 대해 적정할 것
- 문서화된 정보로서 이용 가능할 것
- 조직 내에 전달할 것
- 이해당사자가 적절하게 입수 가능할 것
- 시행하면서 정기적으로 검토하고 필요하면 갱신할 것

요약하면 다음과 같다.

- 자산관리 방침은 조직 전체의 계획에 따라야 하며 조직이 운용하는 자산의 특성과 규모에 대해 적절해야 한다.
- 자산관리 방침은 최고 책임자의 의지를 표명하는 것이므로 그 내용에 대해서 최고 책임자가 최종 책임을 진다.
- 자산관리 방침은 조직내부에서 필요한 경우 이해당사자가 열람할 수 있어야 한다. 또한 그 내용은 상황에 따라 수정한다.

ISO 55001의 5.3에서는 조직의 역할, 책임 및 권한에 대해 다음과 같이 설명하고 있다.

5.3 조직의 역할, 책임 및 권한
최고 책임자는 조직 내에서 관련 역할에 대한 책임 및 권한을 할당하고 확실하게 전달해야 한다. 최고 책임자는 다음의 사항에 대해 책임 및 권한을 할당해야 한다.
a) 자산관리의 목표를 포함해 SAMP를 확립하고 갱신할 것
b) 자산관리 시스템이 SAMP를 실시하고 확실하게 지원할 것
c) 자산관리 시스템이 이 국제규격의 요구사항에 적합하도록 할 것

d) 자산관리 시스템의 적절성, 타당성 및 유효성을 명확하게 할 것
e) 자산관리 계획을 확립하여 갱신할 것
f) 자산관리 시스템의 성능을 최고 책임자에게 보고할 것

특히 5.3 c)와 f)는 관리 시스템 규격의 공통화(통합판 ISO 보충지침 부속서 SL)의 공통 요구사항이며 최고 책임자의 대리로서 자산관리 시스템의 관리책임자에게 필요한 역할이다.

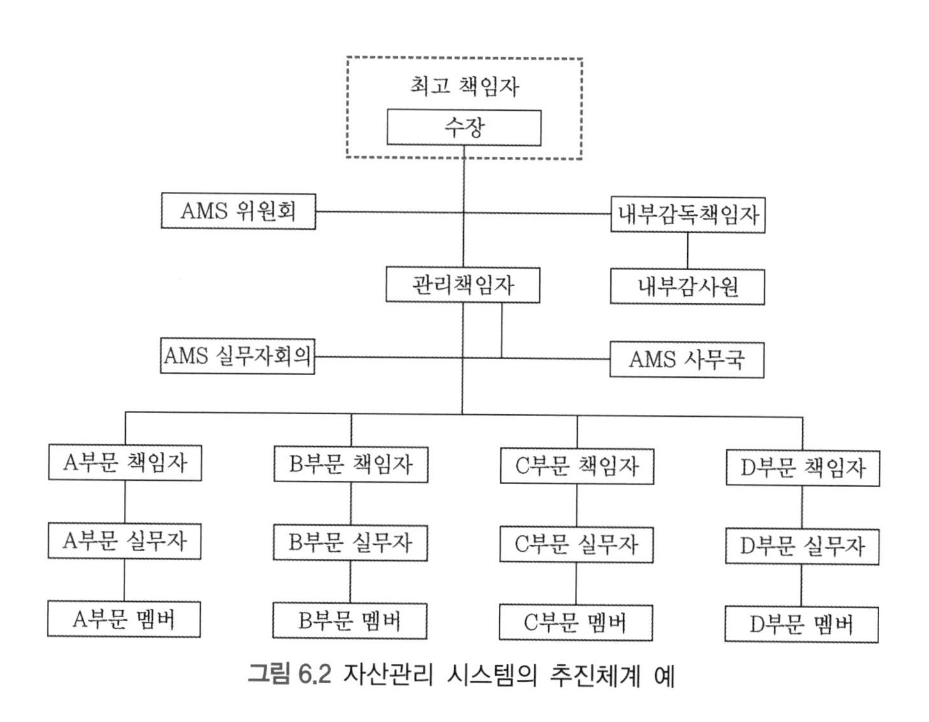

그림 6.2 자산관리 시스템의 추진체계 예

요약하면 다음과 같다.

- 최고 책임자는 자산관리에 관련된 대리인(자산관리 시스템 관리 책임자 등)과 각 분야의 책임자를 정한다.
- 그 역할, 미션을 조직 내부에 전달하고 본인을 포함한 관계자가 인식할 수 있도록 할 것
- 최고 책임자의 대리인에게 꼭 필요한 책임과 권한은 자산관리 시스템이 본 규격의 요구사항에 적합하도록 할 것(5.3 c), 최고 책임자에게 자산관리 시스템의 실시 상황을 보고할 것(5.3 f)이다. 또한 최고 책임자의 대리인은 이 책임과 권한을 완수하기 위해 필요한 사항에 대해서는 실행부분의 관리자에게 책임과 권한을 위임할 수 있다.

6.2.3 계 획

조직은 리스크와 기회에 적절히 대응함으로써 자산관리의 목표를 설정하고 그 목표를 달성하기 위한 자산관리 계획을 수립해야 한다. 자산관리의 목표에는 조직의 목표와 자산관리의 방침과 일관성을 가져야 하며 전략적 자산관리 계획(SAMP)의 부분으로 수립하고 모니터링하며 이해당사자에게 전달하고 적절히 갱신하는 등의 절차가 요구된다. 또한 자산관리 계획의 수립에 있어서 조직은 실시 사항, 필요한 경우 자원, 책임자, 달성 기한, 성과의 평가 방법 등을 결정하고 문서화해야 한다.

ISO 55001의 6.1에서는 자산관리 시스템을 위한 리스크 및 기회와 관련된 행동에 대해 다음과 같이 설명하고 있다.

6.1 자산관리 시스템을 위한 리스크 및 기회와 관련된 행동
자산관리 시스템의 계획을 정할 때 조직은 4.1에서 언급한 과제와 4.2에서 언급한 요구사항을 고려하고 다음의 사항을 다루기 위해 필요한 리스크와 기회를 결정해야 한다.

- 자산관리 시스템이 그 의도한 성과를 달성할 수 있도록 할 것
- 바람직하지 않은 영향을 예방하거나 줄이도록 할 것
- 지속적인 개선을 달성할 것

조직은 다음의 사항에 대해 계획을 수립해야 한다.

a) 이러한 리스크와 기회에 관련된 행동. 이 경우 이러한 리스크와 기회가 시간과 함께 어떻게 변화할 것인지 고려할 것

b) 다음의 사항을 행하는 방법

- 자산관리 시스템 프로세스로의 통합 및 실시
- 그 행동의 유효성의 평가

요약하면 다음과 같다.

- 조직이 자산관리 시스템의 계획을 정할 때 조직의 목적과 관련하여 그 자산관리 시스템이 의도한 성과를 달성하는 조직의 능력에 영향을 미치는 외부 및 내부의 과제를 결정함과 동시에(4.1), 이해당사자의 자산관리에 관한 니즈와 기대를 이해해야 한다(4.2).
- 조직은 자산관리 시스템이 그 의도한 성과를 달성할 수 있는 것을 명확히 하기 위해 다루어야 할 필요가 있는 리스크와 기회를 결정해야 한다.

그림 6.3은 리스크 매트릭스의 예를 제시하고 있다.

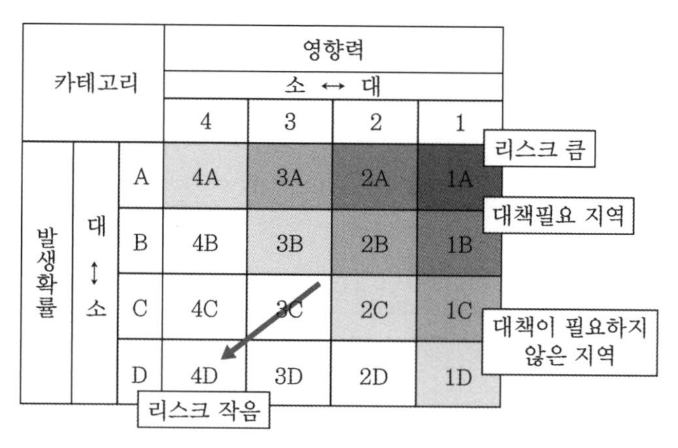

그림 6.3 리스크 매트릭스의 예

ISO 55001의 6.2에서는 자산관리의 목표 및 이를 달성하기 위한 계획수립에 대해 다음과 같이 설명하고 있다.

6.2 자산관리의 목표 및 이를 달성하기 위한 계획수립
6.2.1 자산관리의 목표
조직은 관련된 분야와 계층에 있어서 자산관리의 목표를 확립해야 한다.
자산관리의 목표를 확립할 경우 조직은 자산관리의 계획수립 프로세스에 있어서 관련 이해당사자의 요구사항, 동시에 기타 재무, 기술, 법령, 규제 및 조직의 요구사항을 고려해야 한다.
자산관리의 목표는 아래 사항을 만족시켜야 한다.
• 조직의 목표와 일관성이 있어야 하며 정합성을 가질 것
• 자산관리의 방침과 일관성을 가질 것
• 자산관리의 의사결정 기준을 이용해 확립하고 갱신시켜 나갈 것
• SAMP의 일부분으로 확립하고 갱신시킬 것
• (실행 가능한 경우) 측정 가능할 것
• 운용 가능한 요구사항을 고려에 포함시킬 것
• 적절하게 검토하고 갱신할 것
조직은 자산관리의 목표에 관해 문서화한 정보를 보존하고 유지할 것

6.2.2 자산관리의 목표를 달성하기 위한 계획수립
조직은 자산관리의 목표를 달성하기 위한 계획수립과 재무, 인적자산, 기타 지원기능을 포함해 조직의 기타 계획수립의 활동과 통합할 것
조직은 자산관리의 목표를 달성하기 위해 자산관리 계획을 수립하고 문서화해서 보존하고 유지할 것
이러한 자산관리 계획은 자산관리의 방침과 SAMP와 정합성을 가질 것
조직은 자산관리 계획이 자산관리 시스템의 범위 외에서 관련된 요구사항을 고려해야 한다. 조직은 어떠한 자산관리의 목표를 달성할 것인가에 대해 계획을 수립할 경우 아래 사항을 결정하고 문서화해야 한다.

a) 자산관리 계획 및 자산관리 목표를 달성하기 위한 의사결정, 동시에 활용과 자원의 우선순위를 정하기 위한 방법과 기준
b) 자산의 생애주기에 걸쳐 그 자산을 관리하기 위해 채용될 프로세스 및 방법
c) 실시 사항
d) 필요한 자원
e) 책임자
f) 달성 기간
g) 결과의 평가 방법
h) 자산관리 계획의 적절한 시간 축
i) 자산관리 계획의 재무적 혹은 비재무적 의미
j) 자산관리 계획의 검토 주기
k) 아래 사항을 위해 프로세스를 확립할 것. 자산을 관리함에 동반되는 리스크와 기회와 관련된 행동이 경우 이러한 리스크와 기회가 시간과 함께 어떻게 변화해 갈 것인가를 고려해야 한다.
• 리스크와 기회의 정의
• 리스크와 기회의 평가
• 자산관리의 목표를 달성함에 있어 자산의 중요성의 결정
• 리스크와 기회에 대해 적절한 대응 및 모니터링의 실시
조직은 자산관리에 관련한 리스크가 위기관리 계획을 포함하여 조직의 리스크 관리의 방법에도 명확히 고려해둘 것

요약하면 다음과 같다.

- 조직은 자산관리의 목표를 확립해야 한다. 조직은 자산관리의 목표에 관련하여 문서화된 정보를 보존하고 유지해야 한다.
- 조직은 자산관리의 목표를 달성하기 위해 자산관리 계획을 수립하고 문서화해서 보존하고 유지해야 한다. 자산관리 계획은 자산관리의 방침과 전략적 자산관리 계획과 정합성을 가져야 한다.

6.2.4 지 원

조직은 자산관리 시스템을 위해 필요한 자원을 결정하고 제공해야 한다. 자산관리 시스템에 필요한 자원과 이용 가능한 자원 간에 괴리가 생기는 경우에는 Gap 분석을 시행해야 한다.

조직은 교육과 훈련을 통해 자산관리 업무에 종사하는 직원이 필요로 하는 역량을 가지고 있는지를 확인하고 역량에 대해 문서화된 정보를 보유하거나 유지해야 한다. 한편 조직 내에서 자산관리에 관계되는 직원은 자산관리의 방침과 본인의 공헌에 대해 인식해야 하며 조직은 자

산관리 활동에 대해 이해당사자를 포함한 조직 내부 혹은 외부 관계자와 소통해야 한다.

다음은 ISO 55001의 7.1~7.5에서 요구하고 있는 지원체계를 정리한 것이다.

7.1 자원

조직은 자산관리 시스템의 확립, 실시, 유지 및 지속적 개선에 필요한 자원을 결정하고 제공해야 한다. 조직은 자산관리의 목표를 달성하고 자산관리 계획에 규정된 활동을 시행하기 위해 필요한 자원을 제공해야 한다.

7.2 역량

조직은 다음 사항을 준수해야 한다.

- 조직의 자산, 자산관리와 자산관리 시스템의 성능에 영향을 미치는 업무를 하는 직원(혹은 그룹)에 필요한 역량을 결정할 것
- 적절한 교육, 훈련과 경험에 기반하여 직원들이 역량을 가질 수 있도록 할 것
- 적용 가능한 경우에는 필요한 역량을 습득할 수 있도록 행동하거나 행동의 유효성을 평가할 것
- 역량의 증거로서 적절한 문서화한 정보를 보유 및 유지할 것
- 현재 혹은 장래의 역량에 필요성 및 요구사항을 정기적으로 검토할 것

7.3 인식

조직의 관리를 받으면서 자산관리의 목표 달성에 영향을 미치는 직원은 다음 사항에 관해 인식해야 한다.

- 자산관리의 방침
- 자산관리의 성능 개선에 의해 얻어지는 편익을 포함한 자산관리 시스템의 유효성에 대한 본인의 공헌
- 업무 활동과 이에 동반한 리스크와 기회, 동시에 이들이 서로 어떻게 관련 있는가
- 자산관리 시스템의 요구사항에 적합하지 않는 것의 의미

7.4 커뮤니케이션

조직은 다음 사항을 포함하여 자산, 자산관리 및 자산관리 시스템과 관련한 내부와 외부의 커뮤니케이션의 필요성을 결정해야 한다.

- 커뮤니케이션의 내용
- 커뮤니케이션의 실시시기
- 커뮤니케이션의 대상자
- 커뮤니케이션 방법

7.5 정보에 관한 요구사항

조직은 자산, 자산관리, 자산관리 시스템 및 조직의 목표 달성을 위해 정보에 관한 요구사항을 결정하여야 한다. 이를 위해

a) 조직은 아래 사항을 고려해야 한다.

- 특정 지어진 리스크의 중요성

• 자산관리를 위한 역할 및 책임
• 자산관리의 프로세스, 절차 및 활동
• 서비스 제공자를 포함한 조직의 이해당사자와의 정보 교환
• 조직의 의사결정에 관한 정보의 질, 이용 가능성 및 관리의 영향
b) 조직은 다음 사항을 결정해야 한다.
• 특정된 정보의 속성에 관한 요구사항
• 특정된 정보에 관한 질적 요구사항
• 정보를 수집, 분석, 평가하는 방법과 실시 시기
c) 조직은 정보를 관리하기 위한 프로세스를 지정, 실시, 유지해야 한다.
d) 조직은 조직전체를 통해 자산관리에 관련된 재무적 혹은 비재무적 용어의 정합성을 위해 요구사항을 결정해야 한다.
e) 조직은 그 이해당사자의 요구사항 및 조직의 목표를 고려하면서 법령과 규제상 요구사항을 만족하기 위해 필요한 정보까지 재무적 혹은 기술적인 데이터와 그 외 관련한 비재무적 데이터 간의 일관성과 추적 가능성이 있는 것을 명확히 해야 한다.

7.6 문서화된 정보
7.6.1 일반
조직의 자산관리 시스템은 다음 사항을 포함해야 한다.
• 이 국제규격에 의해 필요해진 문서화된 정보
• 적용 가능한 법령과 규제상 요구사항을 위해 문서화된 정보
• 7.5에 규정된 자산관리 시스템의 유효성을 위해 필요한 조직이 결정한 문서화된 정보

7.6.2 작성과 갱신
문서화된 정보를 작성 및 갱신할 경우 조직은 다음 사항을 명확히 해야 한다.
• 적절한 인식과 기술(제목, 일시, 작성자 혹은 참조번호)
• 적절한 형식(언어, SW version, 도표) 및 매체(종이, 전자매체)
• 적절성과 타당성에 관한 적절한 검토와 승인

7.6.3 문서화된 정보의 관리
자산관리 시스템과 이 국제규격에 의해 필요한 문서화된 정보는 다음의 사항을 명확히 하기 위해 관리되어야 한다.
a) 문서화된 정보는 필요할 때, 필요한 곳에서 입수 가능해야 하며 이용에 불편하지 않아야 한다.
b) 문서화된 정보는 충분히 보안성을 가져야 한다(기밀성의 상실, 부적절한 사용과 완전성의 상실 등으로부터 보호)
문서화된 정보의 관리에 있어 조직은 적용 가능한 경우에 다음의 활동을 지원해야 한다.
• 배포, 접속, 검색과 사용
• 가독성을 포함한 보관과 보존
• 갱신의 관리(버전 등)
• 보존과 유지 및 폐기
자산관리 시스템의 계획과 운영을 위해 조직이 필요하다고 결정한 외부로부터 문서화된 정보는 적절하게 인식되어 관리되어야 한다.

6.2.5 운 용

운용이란 조직이 자산관리의 목표를 달성하기 위해 구체적으로 행동하는 프로세스이라 할 수 있으며 조직 및 자산의 성능을 발휘하고 관리의 지속적인 개선은 이러한 운용을 통해 이루어진다. ISO 55001의 8.1~8.3에서는 대상이 되는 운용의 범위와 운용을 계획하고 관리하기 위해 시행해야 하는 사항을 다음과 같이 규정하고 있다.

8.1 운용의 계획 수립과 관리
조직은 다음 사항을 실시함에 있어 요구사항을 만족하기 위해 6.1에서 결정한 내용, 6.2에서 결정한 자산관리 계획과 동시에 10.1과 10.2에서 결정한 시정조치 및 예방조치를 실시하기 위해 필요한 프로세스를 계획, 실시, 관리해야 한다.

- 필요한 프로세서에 관련된 기준의 확립
- 그 기준에 따른 프로세서의 관리 시행
- 프로세스 계획을 통해 실시되었다는 확신과 증거를 확보하기 위한 정도의 문서화된 정보의 보존과 유지
- 6.2.2에 기술한 방식을 이용한 리스크의 대응과 모니터링

8.2 갱신의 관리
자산관리의 목표 달성에 영향을 미치는 계획의 경신 리스크는 그것이 일상적 혹은 일시적이든 그 갱신이 이루어지기 전에 평가가 이루어져야 한다.
조직은 이러한 리스크가 6.1 및 6.2.2에 따라 명확하게 관리되어져야 한다.
조직은 계획의 갱신을 관리하고 필요에 따라 음의 영향을 완화시키기 위해 조치를 취하고 갱신이 의도하지 않은 결과는 검토가 이루어져야 한다.

요약하면 다음과 같다.

- 운용단계의 PDCA의 순환을 통해 갱신하려 하는 경우에는 그 갱신에 따른 리스크를 사전에 평가한다.
- 갱신의 관리방법은 자산관리 시스템의 계획(6.1)과 자산관리 계획(6.2.2)의 수립에 있어 리스크와 기회에 대한 대응과 같다.

8.3 아웃소싱
조직은 자산관리의 목표를 달성에 영향을 미치는 활동을 아웃소싱할 경우 이에 따른 리스크를 평가해야 한다. 조직은 아웃소싱한 프로세스 및 활동이 명확하게 관리되어지도록 해야 한다.
조직은 이러한 활동을 어떻게 관리하고 조직의 자산관리 시스템에 통합할 것인가를 결정하고 문서화해야 한다. 조직은 다음의 사항을 결정해야 한다.
a) 아웃소싱하는 프로세스와 활동(아웃소싱한 프로세스 및 활동의 적용범위 및 경계 동시에 이러한 조직 자체의 프로세스와 활동과의 접점을 포함)
b) 아웃소싱한 프로세서와 활동을 관리하기 위한 조직 내의 책임과 권한
c) 조직과 계약한 서비스 제공자 간의 지식 및 정보를 공유하기 위한 프레세스와 적용범위
활동을 아웃소싱할 경우 조직은 다음의 사항을 명확하게 해야 한다.
• 아웃소싱한 자원이 7.2, 7.3 및 7.6의 요구사항을 만족할 것
• 아웃소싱한 활동의 성능을 9.1에 따라 모니터링할 것

요약하면 다음과 같다.

• 본 규정은 조직이 자산관리의 목표 달성에 영향을 미치는 활동을 PPP/PFI[2] 등에 의해 외부 서비스 제공자에게 아웃소싱할 경우 만족시켜야 하는 요구사항이며 계약서의 작성 등에도 필요하다.
• 본 규정은 조직에 필요한 요구사항을 기술한 것이지만 결과적으로 서비스 제공자에 대한 ISO 55001의 적용과도 관련이 있는 내용이다.

6.2.6 성능 평가

조직은 자산, 자산관리 그리고 자산관리 시스템의 성능을 평가해야 한다. 여기서 '자산의 성능 평가'란 자산에 대한 모니터링과 평가를 의미하며, '자산관리의 성능 평가'란 자산관리의 목표가 달성되어지는지에 대해서. 그리고 '자산관리 시스템의 성능 평가'란 자산관리를 지원하는 시스템이 효율적인지 여부를 평가하는 것을 말한다. 성능 평가의 결과는 관리 검토 작성을 위한 입력 정보가 된다.

ISO 55001의 9.1~9.3에서는 대상이 되는 성능평가의 세부요구사항을 다음과 같이 규정하고 있다.

2 PFI(Private Finance Initiative)란 공공시설 등의 건설, 유지관리, 운영 등을 민간의 자금, 경영능력 및 기술적 능력을 활용하고자 하는 새로운 방법이며, PPP(Public Private Partnership)은 공공과 민간이 연계하여 공공 서비스를 제공하고자 하는 것으로 PFI는 PPP의 대표적인 방법의 하나이다.

9.1 모니터링, 측정, 분석 및 평가
조직은 아래의 사항을 결정해야 한다.
a) 필요한 모니터링과 측정의 대상
b) 적용 가능한 경우 타당한 결과를 명확히 하기 위해 모니터링, 측정, 분석 및 평가방법
c) 모니터링과 측정의 실시 시기
d) 모니터링과 측정의 결과를 위한 분석 및 평가의 시기
조직은 아래의 사항에 대해 평가하고 보고해야 한다.
• 자산의 성능
• 재무적 혹은 비재무적 성능을 포함한 자산관리의 성능
• 자산관리 시스템의 유효성
조직은 리스크와 기회를 관리하기 위해 프로세스의 유효성에 대해 평가하고 보고해야 한다.
조직은 모니터링, 측정, 분석 및 평가의 결과의 증명을 위해 적절하게 문서화한 정보를 보유 및 유지해야 한다.
조직은 모니터링과 측정에 의해 조직이 4.2의 요구사항을 만족시킬 수 있도록 해야 한다.

9.2 내부감사
9.2.1 조직은 자산관리 시스템이 다음과 같은 상황인지를 판단하기 위한 정보를 제공할 경우에 미리 정해진 시간 간격으로 내부감사를 실시해야 한다.
a) 아래의 사항에 적합한지
• 자산관리 시스템에 관한 조직자체의 요구사항
• 이 국제규범의 요구사항
b) 효과적으로 실시하고 유지되고 있는지
9.2.2 조직은 다음의 사항을 검토해야 한다.
a) 빈도, 방법, 책임과 계획에 관한 요구사항과 보고를 포함한 감사 프로그램의 계획, 수립, 실시, 유지, 감사의 프로그램은 관련 프로세스의 중요성 및 지금까지의 감사 결과를 고려해야 한다.
b) 각 감사에 대한 감사 기준과 범위를 명확히 할 것
c) 감사 프로세스의 객관성 및 공평성을 확보하기 위해 감사원을 선정하고 감사를 실시할 것
d) 감사의 결과를 관련 관리 부서에 명확하게 보고할 것
e) 감사 프로그램의 실시 결과 및 감사 결과의 증거로 문서화된 정보를 보유 및 유지할 것

9.3 관리 검토
최고 책임자는 조직의 자산관리 시스템의 적절성, 타당성 및 유효성을 지속하기 위해 미리 정해진 시간 간격으로 자산관리 시스템을 검토해야 한다.
관리 검토는 다음 사항을 고려해야 한다.
a) 지금까지 관리 검토에 대한 조치 상황
b) 자산관리 시스템과 관련된 내부와 외부의 과제 변화
c) 아래 사항의 경향을 포함해 자산관리의 성능에 대한 정보
• 부적합 혹은 시정조치
• 모니터링과 측정의 결과
• 감사 결과

d) 자산관리의 활동
e) 지속적 개선을 위한 기회
f) 리스크와 기회의 프로화일에 대한 변화
관리 검토된 산출물은 지속적 개선의 기회와 자산관리 시스템에 대한 모든 갱신(8.2 참조)의 필요성에 대해 결정해야 한다.
조직은 관리 검토의 결과의 증거로 문서화된 정보를 보유 및 유지해야 한다.

6.2.7 개 선

성능 평가에 의해 부적합한 내용이 발견되는 경우 자산, 자산관리 혹은 자산관리 시스템을 개선할 필요가 있다. 부적합한 것이 발견되는 경우에는 시정 조치가 필요하며 나아가 잠재적인 사고의 발생 가능성이 경우에는 예방조치를 강구하는 것이 필요하다. 또한 긴급 대응 계획과 사업의 장기 계획이 자산관리 시스템에 의해 다루어지는 것이 바람직하다.

ISO 55001의 10.1~10.3에서는 개선과 관련된 요구사항을 다음과 같이 규정하고 있다.

10.1 부적합과 시정 조치
부적합한 사고가 자산, 자산관리 혹은 자산관리 시스템에 발생한 경우 조직은 다음 사항을 검토해야 한다.
a) 부적합한 사고에 대해 적용 가능한 경우에는 다음 사항을 준수한다.
• 그 부적합한 것을 관리하고 시정하기 위해 조치를 취할 것
• 그 부적합한 것으로 인해 발생하는 결과에 대처할 것
b) 그 부적합한 사고가 재발 혹은 발생하지 않도록 하기 위해 다음 사항을 통해 그 부적합한 사고의 원인을 제거하기 위한 조치를 취함으로써 필요성을 평가한다.
• 그 부적합한 사고를 검토할 것
• 부적합한 사고의 원인을 명확하게 밝힐 것
• 유사한 부적합의 발생 유무 혹은 그것이 발생하는 가능성을 분명히 밝힐 것
c) 필요한 조치를 실시할 것
d) 행한 모든 시정 조치의 유효성을 검토할 것
e) 필요하면 자산관리 시스템을 갱신할 것(8.2 참조)
시정 조치는 우연히 발생한 부적합한 사고의 영향에 적합한 조치여야 한다.
조직은 다음 사항의 증거로서 문서화된 정보를 보유하고 유지해야 한다.
• 부적합한 사고의 성질 혹은 그 이후 취한 조치
• 시정조치의 결과

10.2 예방 조치
조직은 자산의 성능에 잠재적인 사고의 가능성을 사전에 특정 프로세스를 구축하고 예방 조치의 필요성을 평가해야 한다.
잠재적인 사고의 가능성이 특정되어지는 경우 조직은 10.1의 요구사항을 적용해야 한다.

10.3 지속적 개선
조직은 자산관리 혹은 자산관리 시스템의 적절성, 타당성 및 유효성을 지속적으로 개선해야 한다.

마지막으로 ISO 55001에서 효율적인 자산관리 시스템의 운영을 위해 필요한 요구사항과 구성요소 들간의 업무 흐름을 요약하면 그림 6.4와 같다.

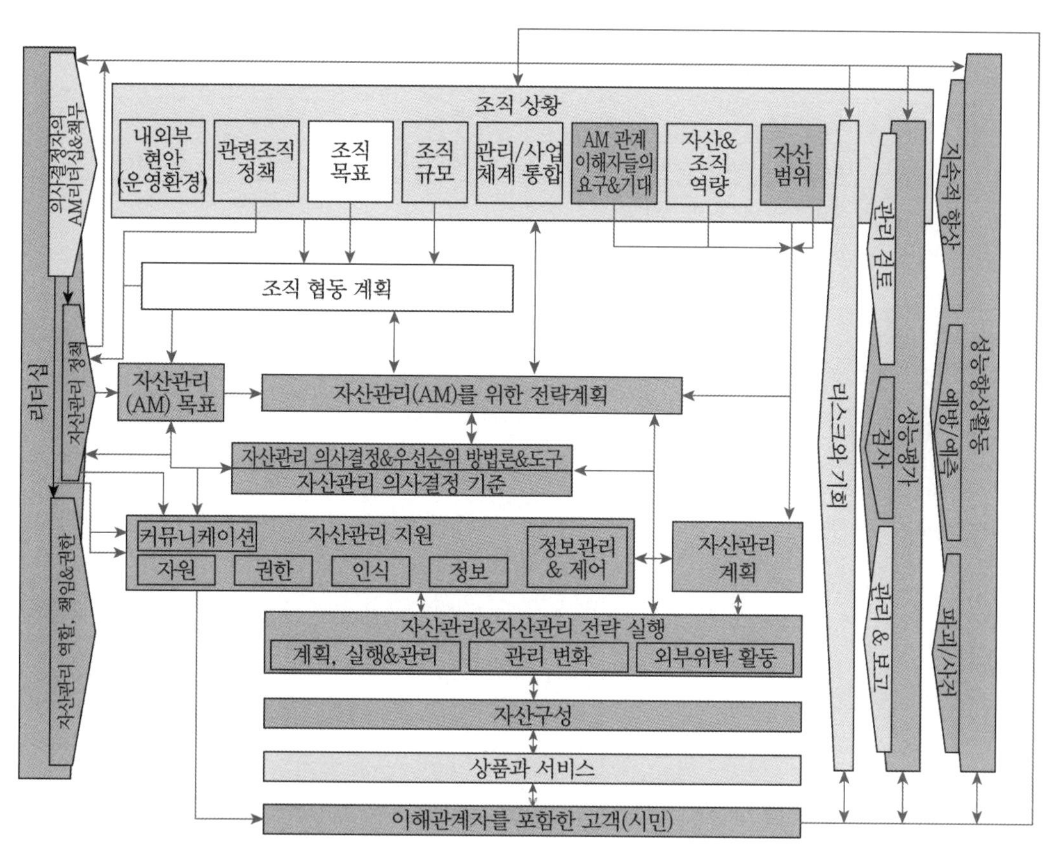

그림 6.4 ISO-55001에 의한 자산관리 시스템의 구성요소

6.3 ISO 도입 사례

ISO 55001이 2014년 1월에 발행된 이후, 선진국을 중심으로 인증을 받은 실적은 꾸준히 증가하고 있는 실정이다. 건설 분야, 특히 순수 토목 분야뿐만 아니라 철도, 발전 분야 등 다양한 분야에서 인증을 받고 있으며 이후에도 보다 다양한 분야에서 인증 건수는 증가할 것으로 기대된다.

표 6.2는 ISO 55001 도입사례를 제시하고 있다.

표 6.2 해외에서의 ISO-5500X 시리즈 취득 현황

인증을 취득한 기관	나라	분야	취득시기
Scottish Water	영국	상하수도	2014/1
Babcock	영국	운송시설	2014/1
RINFRA(Reliance Infrastructure Ltd.)	인도	전력	2014/1
Anglian Water Service Ltd.	영국	하수도	2014/3
RTA(Roads and Transport Authority)	아랍에미리트	교통	2014/4
PG&E(Pacific Gas and Electric Company)	미국	가스·전력	2014/5
DSD(Drainage Services Department)	홍콩	하수도	2014/5
NATS(National Air Traffic Services)	영국	공항시설	2014/6
ADCO (Abu Dhabi Company for Onshore Oil Operations)	아랍에미리트	석유파이프라인	2014/6
ELENIA	핀란드	전력	2014/8
MCM(Morupule Coal Mine)	보츠와나	광산	2014/10
Trans Grid	오스트리아	전력	2014/12
Royal Haskoning DHV	네델란드	도로	2015/3
Singapore Mass Rapid Transit	싱가폴	철도	2015/5
Alpiq	스위스	전력	2015/5
AES Tiete	브라질	전력	2015/5
London Underground	영국	철도	2015/6
DONG Energy	덴마크	전력	2015/6
센다이 시청	일본	하수도	2014/3
아이치현, 공익재단법인아이치 수림 공사	일본	하수도	2015/3
적수화학공업주식회사	일본	하수도	2015/3
㈜그란비스타호텔&리조트/일본공영주식회사	일본	도로	2015/3
주식회사 가이아트 T·K, 주식회사 하이랜드웨이	일본	도로	2015/3
㈜퍼시픽컨설턴트 / ㈜PE-TeRaS	일본	전력	2015/7

출처 : ISO-5500X(ASSET MANAGEMENT) 세미나 자료참조(내부 자료)

6.4 IIMM

6.4.1 IIMM 개요

인프라를 대상으로 한 자산관리 체계를 가장 먼저 도입한 국가는 호주와 뉴질랜드이며, 자산관리 매뉴얼인 IIMM에서는 자산관리에 대하여 "현재와 미래 세대의 고객을 위해서 자산을 관리함에 있어서 가장 비용-효과적인방법으로 고객이 요구하는 서비스 수준을 제공하는 것"이라고 정의하였다. 또한 미국 연방도로청(FHWA)은 도로 시설물을 대상으로 "유형 자산을 비용효율적인 방법으로 유지관리, 개선, 운용하는 절차"라 정의하고 있으며, 경제협력개발기구(OECD)에서는 "공학적인 원리와 바람직한 경영방법 및 경제학적 합리성을 결합하고, 공공의 기대목표를 달성하는 데 필요한 의사결정을 더욱 조직적이고 유연성 있게 함으로써 자산을 유지관리, 개량, 운용하는 체계적인 프로세스로 자산관리를 정의하고 있다.

따라서 자산관리의 개념은 "투자를 통해 얻어지는 성과의 모니터링과 지속적인 개선전략의 운영"으로 일반적으로 사용되는 '관리(Management)'보다는 '경영(Business'의 개념으로 이해하는 것이 적합하다.

IIMM(2015)에서는 사회기반시설의 자산관리를 수행함에 있어 서비스 수준(LOS)을 핵심 업무 인자이며 모든 자산관리(AM) 의사결정에 영향을 미친다고 간주하고 일반적으로 품질(quality), 신뢰도(reliability), 대응성(responsiveness), 지속 가능성(sustainability), 시의적절성(timeliness), 접근성(accessibility)과 비용 등과 같은 서비스 속성들과 관계가 있다고 정의하고 있다.

나아가 IIMM에서는 사회기반시설물의 서비스 수준이 갖추어야 할 필수 요소로 SMARTER 지표를 제안하고 있으며, SMARTER 지표는 명확성(Specific), 측정 여부(Measurable), 달성 가능성(Achievable), 연계성(Relevant), 달성 시기의 정의(Time bound), 평가(Evaluation), 재평가(Reassess)의 7가지 항목으로 이를 서비스 수준이 갖추어야 할 필수 요소로서 제안하고 있다.

또한 서비스 수준은 서비스를 제공하는 관리자 입장에서의 서비스 수준과, 서비스를 제공받는 이용자 입장에서의 서비스 수준의 두 가지로 구분할 수 있으며, 기존의 시설물 유지관리체계에서는 관리자 관점에서의 서비스 수준만을 고려하여 의사결정을 수행하여 왔지만, 자산관리 체계에서는 이용자 관점의 서비스 수준을 포함한 의사결정이 이루어진다는 점이 자산관리 체계만의 특징이라고 할 수 있다.

하지만 모든 이용자 관점의 서비스 수준을 현재의 예산 상황이나 자원으로는 완전하게 대응할 수는 없다. 따라서 해당 시설물의 의사결정권자는 서비스 비용(COS: Cost of Service)에 대한 계획을 통해 적정 서비스 수준을 결정해야 하며 이러한 서비스 비용(COS)과 서비스 수준(LOS)의 균형을 맞추는 것이 자산관리의 최종 목표라 할 수 있다(채명진·윤원건, 2014).

6.4.2 IIMM 적용 방안

도로자산 관리체계 구축의 기본 방향은 이미 포장의 유지관리를 위한 상태 모니터링 및 장비 운용, DB 구축, 생애주기분석을 통한 예산 추정 등의 시스템을 구축한 국도포장관리 시스템(PMS)을 기반으로 자산관리 시스템으로의 전환을 위해 국제적으로 기준, 절차 등이 표준화되어 있는 ISO-55000과 IIMM 등의 매뉴얼을 참조하는 것이 바람직하며, 본 절에서는 대전청 관할 포장네트워크를 대상으로 도로자산 관리체계의 적용 방안을 소개한다.

1) 도입환경 분석

도로자산을 대상으로 한 관리체계의 구축을 위해서 사전단계에서 도입환경에 대한 분석이 이루어져야 하며, 우리 현실에 대한 자가진단, 즉 성숙도의 평가가 우선되어야 한다.

- (체크 리스트) 자산관리 시스템의 성공적인 도입을 위해 조직체계－의사결정체계－기술적 수준으로 판단하는 체크 리스트 작성이 선결
  - 기술적 수준의 항목에서는 기존 국도PMS의 운영을 통해 집적된 DB, 상태 모니터링 획득 기술 및 장비, 생애주기분석 등 의사결정 로직 등으로 기본적인 기능을 갖추고 있다고 평가되나 조직체계의 구성, 장기 전략과 목표, 서비스 수준 등의 기능은 추가적인 구축이 필요한 것으로 평가됨
- (자가 진단) 국제사회기반시설관리매뉴얼(IIMM)의 자산관리 성숙도 평가시스템을 통해 PMS의 자산관리 성숙도를 정량적으로 평가한 결과 : 평균 38점 수준
  - 의사결정 및 자산관리 도구의 경우 최소한의 기능은 갖추고 있는 것으로 나타났으나 자산관리의 계획 수립과 관련된 항목은 향후 개선이 필요한 것으로 평가됨

표 6.3 자산관리 핵심 성공요인 체크 리스트

구분	내용	판단
조직체계	자산관리 전담부서의 존재 유무	×
	조직 내에 자산관리 전문가의 존재 유무	×
의사결정체계	작업 계획에 대한 성능 목표의 존재	×
	시스템 보전을 최우선한 관리 우선순위	△
	장단기 계획의 존재	△
	자산관리 체계의 법제화	×
기술적 수준	모든 자산에 대해 접근 가능한 단일 DB	○
	상태 조사 데이터의 기술적 획득 방법	○
	모든 자산의 유용한 상태 데이터 존재	○
	생애주기분석	○

출처 : 국토교통부(2016)

표 6.4 자산관리 성숙도 평가

구분	질문	요약 결과	현재 점수	평균
자산관리 요건의 이해	1	AM 정책 및 전략	18	34.7
	2	서비스 및 성과 관리 수준	30	
	3	수요 예측	30	
	4	자산 등록 자료	50	
	5	자산 조건 분석	50	
	6	리스크 관리	30	
생애주기 의사결정	7	의사 결정	55	47.0
	8	운영 계획 및 보고	50	
	9	유지보수 계획	60	
	10	자본 투자 전략	40	
	11	재무 및 자금 전략	30	
자산관리 도구	12	자산 관리팀	30	31.7
	13	AM 계획	20	
	14	정보 시스템	30	
	15	서비스 제공 모델	50	
	16	품질 관리	30	
	17	개선 계획	30	
전체점수(평균)			37.8	

출처 : 국토교통부(2016)

2) 자산가치 평가 방안

도로자산의 감가상각, 자산가치 평가와 관련된 법령은 크게 국가회계법, 국가회계기준에 관한 규칙, 도로법으로 나누어지며 이와 관련된 처리지침은 기획재정부가 일반유형자산과 사회기반시설 회계처리지침을 제정하여 자산 가치를 평가하고 있다. 국내의 경우 2009년에 국가회계기준에 관한 규칙을 개정하여 사회기반시설에 대한 자산가치를 정부 재무제표에 명기하도록 하였다. 이 규칙은 먼저 자산의 정의와 분류를 제시하였는데, 자산은 과거의 거래나 사건의 결과로 현재 국가회계실체가 소유 또는 통제하고 있는 자원으로서, 미래에 공공서비스를 제공할 수 있거나 직접 또는 간접적으로 기대되는 자원을 일컫는 것으로 정의하였다. 또한 자산을 유동자산, 투자자산, 일반유형자산, 사회기반시설, 무형자산 및 기타 비유동자산으로 구분하여 재정상태표에 표시하도록 하였다.

이 중 사회기반시설은 국가의 기반을 형성하기 위하여 대규모로 투자하여 건설하고 그 경제적 효과가 장기간에 걸쳐 나타나는 자산으로서, 도로, 철도, 항만, 댐, 공항, 기타 사회기반시설 및 건설 중인 사회기반시설 등을 일컫는 것으로 정의하였다. 이들 사회기반시설의 평가는 일반유형자산평가를 준용하였는데, 일반유형자산은 해당 자산의 건설원가 또는 매입가액에 부대비용을 더한 금액을 취득원가로 하며, 물가상승분을 합산하여 평가한다.

이와 같은 방식이 어려울 경우 상각후대체원가법이란 방법을 적용하는데, 동일한 자산을 현재시점에서 재취득하는 경우 투입될 최적의 건설원가액(재조달원가)에 물리적 감가 등을 반영한 방법으로 감가대체원가와 유사하나, 감가하는 방법이 상이하다.

감가상각방식은 내구수명을 토대로 한 정액법 등을 적용한다. 이 경우 감가상각은 건물, 구축물 등 세부 구성요소별로 차별화하였다. 그러나 예외 규정이 존재하는데 사회기반시설 중 관리·유지 노력에 따라 취득 당시의 용역 잠재력을 그대로 유지할 수 있는 시설에 대해서는 감가상각하지 않으며, 이를 감가상각대체 시설로 정의하고 있다. 다만, 이를 위해서는 효율적인 사회기반시설 관리 시스템으로 사회기반시설의 용역 잠재력이 취득 당시와 같은 수준으로 유지된다는 것이 객관적으로 증명되는 경우로 한정하고 있다. 국내에서는 2011년을 기준으로 하천의 제방과 도로포장물을 감가상각대체 시설물로 지정하여 계상하고 있는데 일반국도의 도로포장물이 일반국도 포장관리 시스템에 의해 최소유지등급을 유지하고 있어 감가상각대체 시설물이 되기 위한 최소유지조건을 만족시켰기 때문이다.

특히 기획재정부에서는 2009년도에 국가사회기반시설의 실사 및 평가 작업을 수행하기 위해 실사추진반을 구성하여 2년에 걸쳐 사회기반시설에 대한 최초의 자산가치 평가를 수행하였으며 2011년의 회계연도를 기준으로 그 결과가 일부 공개되었다. 평가 결과, 고속국도의 자산가치는 83.6조 원으로 그중 경부고속도로의 자산가치는 12.0조 원으로 산정되었다. 일반국도의 자산가치는 131.6조 원으로 그중 1호선의 자산가치는 토지가격이 1.0조 원, 공작물이 5.3조 원으로 총 6.3조 원으로 산정되었다.

한편 2014년도에 개정된 도로법 제6조 제3항에 의하면 도로건설·관리계획(5년)의 수립 시에 도로의 관리, 도로 및 도로 자산의 활용·운용에 관한 사항을 포함토록 하고 있다. 또한 동법 제6조 제6항에 의하면 "도로관리청은 해당 도로의 재산적 가치를 조사·평가하여 이를 건설·관리계획에 반영하여야 하고, 관련 자료를 체계적으로 관리하여야 한다"고 명시되어 있다.

본 절에서는 일반국도 1호선을 대상으로 자산가치의 재평가 방안을 제시하였다. 먼저 최근 대전청내 도로건설공사가 완료된 3구간(배방-음봉, 배방-탕정, 북일-남일)의 공사비용 자료를 활용하여 포장물, 교량, 터널에 대한 재조달원가를 산정하는 방법과 도로업무편람의 건설원단위를 활용하는 2가지 방법을 통해 일반국도 1호선의 공작물 비용을 산정하고, 토지비용은 시·군·구 지목별 평균 공시지가(2014년도) 자료를 활용하여 일반국도 1호선 전체의 자산가치를 산정하였다. 산정 결과 최근 자료를 기반으로 국도 1호선의 자산가치를 재평가한 결과(6.99조 원)가 보다 적합한 것으로 나타났다. 다만 기재부의 일반유형자산과 사회기반시설 회계처리지침에 명시된 구축물의 내용연수가 현실과 괴리가 있어 향후 이에 대한 연구가 필요하며 현실화시킬 필요가 있다.

3) 서비스 수준, 성능척도, 기준 및 평가방법

자산관리에서의 서비스 수준(LOS)은 계량될 수 있는 서비스 성능에 대응하는 특정한 활동 또는 서비스 영역에 대해 정의된 서비스의 질을 의미한다. 서비스 수준에 따른 관리 목표의 설정을 통해, 서비스 수준과 시설물 중요도 및 위험도 등을 기준으로 최적의 투자우선순위를 결정하는 역할을 하며 또한 서비스 프로젝트 실행의 효율성을 검증하고, 시설물의 상태평가 및 계측을 위한 기초를 제공하는 등 시설물 유지관리를 위한 기초 자료 역할을 한다.

국내외에서 다양한 서비스 수준과 성능을 정량화하는 지표가 개발되어 있으나 표준화된 지표는 존재하지 않는 실정이다. 주로 포장관리를 위해서는 포장의 표면 상태를 나타내는 지표(소성변형, 균열률, 포트홀, 평탄성 등)를 기반으로 등급을 결정하고 있으나 이용자인 국민들이 느끼는 도로자산의 서비스 수준과는 괴리가 있으므로 이용자 입장에서 서비스 수준과 만족도를 확인하는 것이 선결과제이다.

통계청에서 건축물 및 시설물을 대상으로 2014년에 조사한 국민의 안전 인식도에 의하면 국민의 절반 이상(약 51%)이 건축물 및 시설물의 안전에 대해 불안하다고 느끼고 있는 것으로 나타났으며, 전국 성인 남녀 1,004명을 대상으로 현대경제연구원이 국민경제자문회의의 의뢰를 받아 실시한 설문조사에 의하면, 100점 만점을 기준으로 2007년에 30.3점이었던 우리 국민들의 안전의식 수준은 2014년을 기준으로 17점으로 크게 하락한 것으로 나타났다. 또한 우리 생활주변의 건물과 사회기반시설 등의 종합적 안전수준은 10점 만점에 5.3점으로 매우 저조하며, 선진국(7.8점)과 비교하여 낮은 것으로 조사되었다. 나아가 우리 생활·사회 기반시설의 안전 수준을 선진국 수준으로 끌어올리기 위한 투자의 필요성에는 전체의 97.2%가 공감을 표시하고 있는 것으로 나타났다.

따라서 본 절에서는 도로자산을 대상으로 한 서비스 수준의 평가를 위해서 시설의 유지보수, 이동성, 안전성, 환경관리 등의 지표를 이용하여 전문가 설문 등을 통해 가중치를 산정한 종합점수를 이용하여 평가하는 방안을 제시하였다. 설문 결과 도로자산의 경우 안전성－시설유지보수－이동성－환경관리의 순으로 중요하며, 시설에서는 교량－터널－포장－교통제어장치－배수시설－도로변의 순으로 중요하게 여기는 것으로 나타났다. 대전지방국토관리청의 도로자산중 포장물을 대상으로 한 서비스 수준 산정 결과는 평균 3.53(5.0만점 기준) 정도이며, 최근 서비스 수준이 떨어지는 추세를 보이는 것으로 나타났다.

표 6.5 포장 서비스 수준(LOS) 단위 : 점수

구분	연도								평균
	2007	2008	2009	2010	2011	2012	2013	2014	
대전청	3.50	3.73	3.64	3.52	3.67	3.66	3.33	3.23	3.53

4) 파손모형 개발과 가치변화 추정

도로자산의 관리체계 구축에서 가장 중요한 것이 장래 유지보수가 필요한 구간의 추정 정확도이며, 포장파손모형(deterioration model)은 유지보수 공법, 시기, 필요한 예산 등 의사결정의 기초자료로 활용된다. 여기서, 도로포장의 파손모형이란 포장의 유지보수가 요구되기까지의 기대수명과 그 기대수명 내에서의 파손특성의 변화과정을 표현하는 것이라 할 수 있다.

그러나 자산관리체계의 관점에서는 포장의 재질, 강도, 온도와 습도 등 미시적인 파손예측모형도 중요하지만 장래 유지보수의 시기와 보수예산의 추정 등을 위해서는 연간 파손량 추이 등 거시적인 파손모형의 활용도 중요하다. 일반적으로, 일반국도의 경우 포장상태 모니터링 자료를 활용하여 도로포장의 공용 연수를 예측하는 파손모형을 추정하는 과정이 필요하며, 도로포장의 파손예측모형은 결정론적 방법론과 확률론적 방법론 등 분석 기법은 다양하며, 모형을 개발함에 있어서 가장 중요한 요소는 데이터의 정확성 및 신뢰성이라 할 수 있다.

본 절에서는 국도 PMS의 DB를 활용하여 ① 회귀모형을 이용한 포장표면상태의 연간파손량 즉, 추세(trend)를 산정하는 모형과 전문기술자의 정보, 지식, 경험 등을 활용하여 주관적으로 확률을 결정(사전확률)하고 적은 양의 표본수로도 파라미터의 추정이 가능한 ② 베이지안 마르코프 해저드 모형(Bayesian Markov Hazard Model)을 제안한다. 특히 도로자산의 표면상태인 균열률, 소성변형, 평탄성 자료를 활용하여 교통량(AADT)과 환산축하중(ESAL) 변수를 이용하여 4개 그룹별 공용성 모형을 제시하였다. 공용성 추정에 대한 자세한 내용은 3장을 참고하기 바란다.

5) 의사결정(관리 및 예산배분 전략 등) 방안

도로자산 관리체계의 구축을 통해 유지보수공법 간의 대안비교, 생애주기비용 분석, 예산수준의 추정과 이용자 비용의 산정을 통한 경제성 분석 그리고 유지보수 우선순위의 선정 등이 의사결정지원을 위해 필수적인 항목이며 기존 포장관리 시스템의 운영을 통해 기본적인 기능을 현재 갖추고 있다고 평가된다.

따라서 본 절에서는 기존 국도 포장관리 시스템에서 자산관리 시스템으로의 전환에 필요한 추가적인 기능을 제시하였다. 먼저 ① work zone effect의 분석 방안으로 공사로 인한 차량의 속도 및 용량 감소로 인한 이용자 비용의 산정을 제시하였으며, ② 위험도를 고려하는 방안으로 비용-효율성을 고려하여 유지보수가 필요한 구간을 대상으로 이용자의 크기 및 네트워크 전체에 미치는 영향을 고려한 유지보수 우선순위 선정방안을 제시하였다. ③ 장래 교통수요의 변동을 고려한 유지보수 수요의 산정방안을 제시하기 위해 국가교통DB센터에서 배포한 교통 및 네트워크 자료를 활용하여 장래 교통수요를 추정하는 방안을 제시하였다. 마지막으로 ④ 기존 국도포장관리 시스템의 경제성분석에 활용된 HDM-4를 대체할 의사결정지원 S/W인 KoPMS를 소개하였다. KoPMS의 구성과 절차에 대해서는 5.5.4절을 참고하기 바란다.

6) 시범 적용

본 절에서는 시범 적용을 위해 대전지방국토관리청에서 관리 중인 일반국도 중 일부 구간(1호선 : 104.9km)을 대상으로 도로포장 중심의 자산가치 평가 및 자산관리체계 구축방안을 제시하여 적용성을 검증해보았다.

결과물로 시범 구간의 도로자산을 대상으로 한 Report card의 작성을 통해 도로자산의 시설물 현황과 상태, 장래 유지보수 비용 추정, 서비스 수준(LOS)의 평가, 장래 교통수요 추정과 포장상태 추정(공용성)안을 제시하였다.

7) 추진 전략

도로자산 관리체계 구축의 기본 방향은 이미 포장의 유지관리를 위한 상태 모니터링 및 장비 운용, DB 구축, 생애주기분석을 통한 예산 추정 등의 시스템을 구축한 국도포장관리 시스템(PMS)을 기반으로 자산관리 시스템으로의 전환을 위해 국제적으로 기준, 절차 등이 표준화되어 있는 ISO-55000과 IIMM 등의 매뉴얼을 근간으로 할 것을 제안한다.

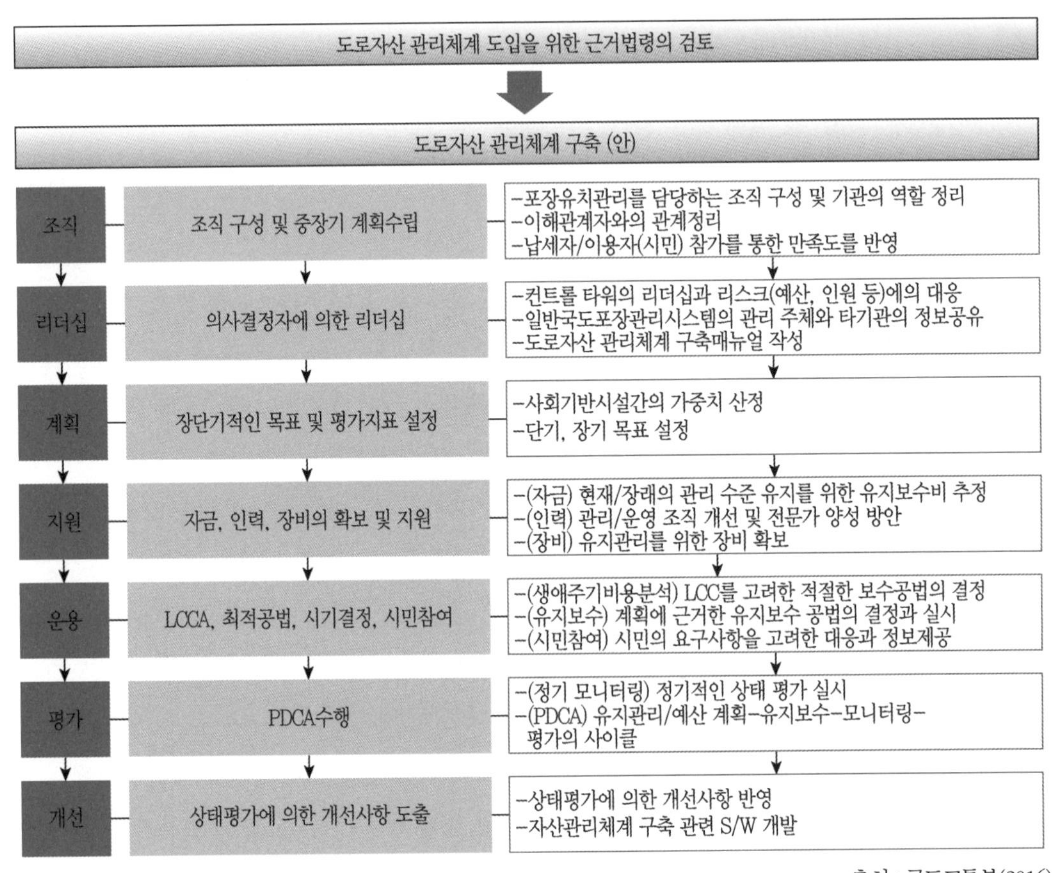

출처 : 국토교통부(2016)

그림 6.5 도로자산 관리체계 구축방안(안)

먼저 도로법에서 정의하고 있는 자산가치 평가 기준은 국가회계기준, 국가회계기준에 관한 규칙, 일반유형자산과 사회기반시설 회계처리지침의 처리기준과 동일하다고 볼 수 있으며, 국가회계기준 및 기획재정부령에 의한 자산가치 산정지침을 준용하여 자산가치를 평가하는 것이 바람직하다.

다만 현 단계에서 미흡한 점은 기재부의 일반유형자산과 사회기반시설 회계처리지침(2016

년)에 명시된 구축물의 내용연수가 현실과 괴리가 있어 향후 이에 대한 연구가 필요하며 현실화시킬 필요가 있다.

도로자산 관리체계 구축의 기본 방향은 국제적으로 기준, 절차 등이 표준화되어 있는 ISO-55000과 IIMM 등의 매뉴얼을 기반으로 크게 조직, 리더십, 계획, 지원, 운용, 평가, 개선의 총 7단계로 나누어 제시하고자 한다.

(1) 1단계(조직) 조직 구성 및 중장기 계획수립

현재 일반국도의 운영업무를 담당하고 있는 국토교통부를 중심으로 하는 운영 체계를 제시하고자 하며, 관련법령에 근거하여 일반국도 포장관리 시스템을 위탁운영하고 있는 한국건설기술연구원과 실제 포장유지관리업무를 수행하고 있는 지방국토관리청 산하의 국토관리사무소는 현재 수행중인 업무 체계를 유지하는 것이 바람직하다고 판단된다.

나아가 도로 포장을 중심으로 하는 자산관리 초기 도입단계에서는 도로운영과가 자산관리 정책의 수립·관리를 위한 전담부서인'자산관리실'의 역할을 수행하는 것이 바람직하다고 판단된다.

(2) 2단계(리더십) 의사결정자에 의한 리더십

자산관리를 위한 기본계획은 기반시설물 자산의 현황과 미래 목표를 제시하고, 이를 추진하기 위한 단기, 중기 및 장기 전략을 제시하는 것이라 할 수 있다. 따라서 자산관리체계 구축에서의 핵심적인 요소로 국토교통부 중심의 리더십을 바탕으로 해당 사회기반시설물의 기본계획 수립을 통한 자산관리 전략의 체계적인 추진이 필요하다.

또한 일반국도포장관리 시스템의 관리 주체와 타 기관과의 정보공유가 필요하며 포장관리체계를 자산관리체계로의 전환을 위해서는 전문가 그룹과 일반 이용자들의 의견과 만족도 등을 고려한 의사결정과정에서 발생할 수 있는 갈등관리 등에 대한 대처가 필요하며 장기와 단기적인 목표설정과 평가지표의 설정 등을 위해 관련 기관과의 정보공유도 중요하다.

나아가 도로자산 관리체계가 도입될 경우 개별 시설물에 대해서는 평가 및 관리를 위한 계획 및 운영계획이 필요해진다. 따라서 현재 운영 중인 일반국도포장관리 시스템(PMS)을 기반으로 자산관리 시스템으로의 전환을 위해 국제적으로 기준, 절차 등이 표준화되어 있는 ISO-55000과 IIMM 등의 매뉴얼을 바탕으로 국내 여건을 고려한 한국형 도로자산을 대상으로 한 관리 매뉴얼 작성을 제안한다.

(3) 3단계(계획) 장·단기적인 목표설정과 평가지표의 설정

- (자가진단) 국제사회기반시설관리매뉴얼(IIMM)의 자산관리 성숙도 평가시스템을 통해 현재 자산관리 성숙도를 정량적으로 평가한 결과 평균 37.8점 수준인 것으로 분석되었다.
- (장기 목표 설정) 시범구간의 서비스 수준(LOS) : 4.0/5.0점(A0) 및 자산관리 성숙도 60
- (핵심 수준) 현재 시범구간을 대상으로 한 포장구간의 서비스 수준(LOS)은 3.4/5.0점으로 B-의 수준으로 나타났으며, 자산관리 성숙도는 37.8점으로 IIMM에서 제시하고 있는 자산관리체계의 도입을 위해서는 상당한 괴리가 있는 실정이다. 따라서 장기 목표를 4.0/5.0점으로 A0 수준으로 설정하며, 자산관리 성숙도는 60점으로 핵심수준에 도달하는 것을 목표로 설정하였다.

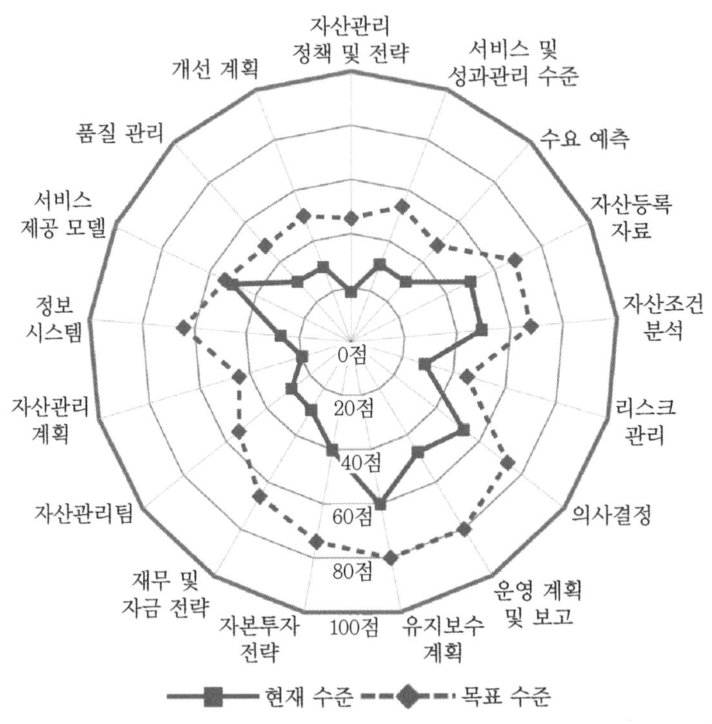

출처 : 국토교통부(2016)

그림 6.6 자산관리체계 성숙도 : 현재수준과 목표수준

(4) 4단계(지원) 자금, 인력, 장비의 확보 및 지원

- (자금) 현재 및 장래의 관리 수준을 유지하기 위한 유지보수 예산 추정

한국형 포장관리 시스템(KoPMS: Korea Pavement Management System)의 포장파손모형과 유지보수연장에 대한 이력자료를 활용하여 생애주기비용 분석 기법이 적용된 장래유

지보수비용의 산정 방안을 제안하며, 제안한 분석기법을 활용하면 서비스 수준, 예방적 유지보수기법, 장수명포장 공법 도입 등의 다양한 여건을 고려한 장래유지보수비용의 추정이 가능하므로 우리 실정에 맞는 의사결정지원 SW를 적극 활용할 것을 제안한다.

- (인력) 관리/운영 조직 개선 및 전문가 양성 방안

  장기적인 관점에서 자산관리체계를 도입 및 유지·관리하기 위해서 국제표준화기구(ISO)에서 개발한 ISO-5500X 시리즈를 국내에서 관련 기관(표준협회, 대한토목학회, 대한교통학회, 한국도로학회, 국가회계기준센터 등)과 연계하여 교육과정을 개설하고 인증 및 취득할 수 있는 프로그램을 구축할 것을 제안한다.

- (장비 및 재료) 유지관리를 위한 장비 확보

  현재 모니터링 조사 구간의 확대의 필요성과 장비의 노후화 등을 고려할 때, 정도 높은 조사장비의 추가 도입의 시기와 예산 책정 등에 대한 장기 계획이 부재한 실정으로 이에 대한 계획 마련과 필요하다면 국내 기업을 대상으로 조사장비의 국산화 및 개발을 위한 R&D 사업도 고려할 필요가 있을 것이다.

(5) 5단계(운용) LCCA, 최적 공법, 시기 결정, 시민참여

도로포장의 생애주기비용 분석을 수행하는 데 필요한 요소는 크게 관리자 비용과 이용자 비용의 추정이라고 할 수 있으며, 일반국도 포장관리 시스템의 유지보수기준과 한국형 포장관리 시스템(KoPMS)에서의 포장파손모형, 베이지안 마르코프 해저드 기법을 활용한 파손모형을 활용하여 포장유지보수구간에 관리자 비용을 추정하는 방법을 제안하였다. 또한 현재 자산관리 성숙도의 평가에서 지적된 리스크 관리, 의사결정, 유지보수 계획, 자본 투자 전략과 재무 및 자금 전략 분야에서 한국형 포장관리 시스템의 도입을 통해 최소 단계(25~40점)의 점수를 핵심 단계(45~60점) 혹은 중간 단계(65~80점)로 향상시킬 수 있을 것으로 기대된다.

또한 한국형 포장관리 시스템의 프로젝트 분석 기능을 활용하여 해당 구간의 유지보수 공법 결정시에 예방적 유지보수포장, 일반포장, 장수명 포장공법 등 다양한 유지보수 공법에 대한 경제성 분석을 통해 최적의 유지보수 공법을 결정할 것을 제안하였다.

나아가 본 절에서 제안하는 이용자와 전문가 그룹을 포함한 평기·자문위원회의 조직을 통해 이용자의 만족도와 장기 서비스 관리수준의 공감대가 반영된 자산관리 정책의 기본 방향을 설정할 수 있다. 1단계에서 제안한 조직 이외에도, 해당부처, 통계청, 관련 연구기관 등에서 수행하는 설문조사 및 연구 결과 등을 활용하여 시민의 요구사항을 고려하는 방안도 적극 도입할 것을 제안한다.

(6) 6단계(평가) PDCA 수행

현재의 일반국도 포장관리 시스템에서는 일반국도 전체 구간 중 약 20%의 연장에 대해서만 매년 정기조사를 수행하고 있으며 이러한 정기 모니터링 상태자료를 기반으로 평가를 실시하고 있으며, 공용성 모델과 의사결정 지원로직의 작성에 기초자료로 활용하고 있다. 다만 기 구축된 데이터베이스를 활용한 정책제안과 사후 평가 등에 대해서는 아직 미흡한 실정이다.

또한 현재의 유지관리 시스템은 계획(Plan)과 실행(Do)의 반복을 통한 단기적인 공학적 관점의 관리만이 수행되어왔다고 할 수 있으며, 본 절에서는 계획(Plan)－실행(Do)－점검(Check)－행동(Action)으로 이루어지는 PDCA 사이클을 적용하여 자산관리체계를 운영할 것을 제안한다.

(7) 7단계(개선) 상태평가에 의한 개선사항 도출

자산관리체계의 PDCA 사이클을 고려한 최종 의사결정 결과물에 대한 피드백 과정을 통해 기존 의사결정 과정에서의 문제점을 도출하며 이를 익년도의 기본방향 설정 및 다양한 분석에 반영하는 등 합리적인 개선과정이 필요하다.

또한 자산관리체계의 효율적인 활용을 위해 현재의 일반국도 포장관리 시스템을 바탕으로 한국형 포장관리 시스템(KoPMS)의 주요 모형과 본 절에서 제안하는 포장자산가치의 추정 방법론, 서비스 수준의 평가방법, 이용자 비용 평가방법, 공사구간에 의한 영향력 분석 등 다양한 분석 모형을 포함한 포장자산관리체계구축과 관련된 S/W를 개선 보완할 필요가 있다.

마지막으로 도로자산 관리체계의 구축을 위한 추진 전략은 크게 세 단계로 제시하고자 한다.

1단계인 단기 전략은 도로자산 관리체계의 도입기반을 마련하기 위해 전담부서의 구성과 기본계획의 수립 및 매뉴얼의 작성에 우선순위를 두었다. 특히 포장이외의 교량, 터널, 사면 등의 자산목록 관리(DB)와 상태평가는 지속적으로 이루어져야 할 것이다.

2단계인 중기 전략은 도로자산(포장, 교량, 터널 등)의 가치평가 및 서비스 수준, 성과지표 등의 선정과 포장 파손모형의 구축과 의사결정지원을 위한 경제성 분석 등 자산관리체계의 핵심 과제에 우선순위를 두었다.

3단계인 장기 전략은 자산관리의 수행 및 개선 그리고 통합 시스템의 개발과 전문가 양성을 위한 과제의 발굴에 우선순위를 두었다.

표 6.6 도로자산 관리체계 구축 로드맵(안)

구성 체계		세부사항	단기 (1차년)	중기 (2차년)	장기 (3차년)
전담부서 구성 및 자산관리전략 수립	조직	자산관리 전담부서의 구성	■		
	목표 설정	관리 주체가 목표로 하는 정책 및 관리목표 설정	■		
	중장기 전략	유지보수 기준 및 시기에 대한 계획을 수립 중기 계획과 장기 계획으로 구분	■		
자산현황관리 및 파악	자산목록 관리	데이터의 수집 위치, 방법과 검증 절차를 수립	■	■	
	자산상태 파악	사회기반시설물별로 현재 상태를 정확히 파악	■	■	
자산가치 및 서비스 수준 평가	자산가치 평가	대상시설물의 회계학+공학적인 자산상태와 서비스 수준을 고려하는 자산가치 평가방법의 개발	■	■	
	서비스 수준 평가	사회기반시설물의 자산관리를 가능케 하는 서비스 수준 지표 개발	■	■	
의사결정 지원 시스템을 통한 경제성 분석	의사결정 지원 시스템	사회기반시설물의 현재 서비스 수준과 희망 서비스 수준의 차이를 파악	■	■	
		자산관리와 관련되어 발생할 수 있는 여러 가지 위험요소들에 대한 위험도(risk) 분석을 수행		■	■
	비용모형	자산의 잔존수명, 유지보수 계획을 통해 자산을 유지 관리하는 모형(공용수명 모형 등)	■	■	
	생애주기 비용분석	생애주기비용 분석을 통해 목표관리 수준, 필요 예산, 관리기간 등 주요 의사결정요소를 분석	■	■	
운영 및 예산편성	우선순위 선정	서비스 수준 및 가치 변화에 따른 우선순위 산정		■	■
	예산산정	관리수준을 고려한 예산수립 및 투입예산에 따른 LOS 및 가치변화 추정		■	■
자산관리 수행 및 피드백 실시	예산배분	예산배분 사후 검증		■	■
	피드백	수행된 조치에 대한 Feedback 수행		■	■

출처 : 국토교통부(2016)

CHAPTER 07

도로포장의 자산관리

제7장에서는 사회기반시설의 자산관리 응용사례로 포장관리 시스템을 소개하기로 한다. 도로포장은 사회기반시설 중 시민들이 가장 많이 접하고, 빈번하게 보수되며, 상대적으로 많은 관리예산이 투자되고 있는 중요자산이다. 본 장에서는 포장관리 시스템의 기능과 구조, 포장관리주기, 데이터 수요, 상태조사, 생애주기비용 분석, 장비 등 시스템 전반에 걸친 내용을 다루기로 하며, 자산관리 시스템으로의 발전방향에 대해 논의하기로 한다.

CHAPTER 07

도로포장의 자산관리

7.1 포장관리 시스템의 개요와 편익

도로포장은 시민들이 가장 많이 접하고, 빈번하게 보수되며, 상대적으로 많은 관리예산이 투자되고 있는 대표적인 사회기반시설 중 하나이다. 이러한 이유 때문에 다른 시설물에 비해 상대적으로 빠른 시기에 관리의 개념이 도입되었고, 이미 우리나라에서도 고속국도, 일반국도, 일부 지자체 도로, 공항 등에 포장관리 시스템(PMS: Pavement Management System)이 운영되고 있다. 포장관리 시스템은 자산의 상태를 조사하여 유지보수 필요 여부를 판단하고, 예산의 수요와 공급을 고려하여 유지보수를 수행한다는 점에서 자산관리 시스템과 유사한 업무내용과 프로세스를 가지고 있다. 그럼에도 불구하고 아직 국내에는 완벽한 자산관리 개념을 접목한 포장관리 시스템이 자리 잡고 있지는 못하고 있는 실정이다. 본 장에서는 포장관리 시스템에 대한 전반적인 소개와 자산관리로의 발전을 위한 개선사항을 중심으로 기술하기로 한다.

포장관리 시스템의 구축에는 인력, 장비, 시스템, 전문가가 필요하다. 즉, 비용이 수반된다는 의미이다. 또한 구축된 시스템에 대한 지속적인 운영과 업데이트에도 많은 노력과 예산이 소요된다. 지속적으로 예산을 투자하는 정부의 입장에서는 당연히 포장관리 시스템이 왜 필요하고 운영을 통해 얻어지는 편익이 무엇인가에 대해 항상 고민할 수밖에 없다. 보통 보수적 사고방식에 익숙한 공무원들은 '구축을 통해 몇 %의 예산절감이 있는가?'에 관심이 있으며, 이를 예산집행의 근거로 삼고자 한다. 사회기반시설의 자산관리를 전문적으로 연구하고자 하는 독자라면 한번쯤 관리 시스템의 편익이 무엇인가에 대해 진지하게 고민해볼 필요가 있다.

자산관리의 의미를 보다 단순하게 생각해보자. 자산관리는 내가 가지고 있는 것이 무엇이고, 그것의 상태는 어떠하며, 어디에 얼마를 투자해야 하는가에 대한 의사결정 과정이라고 할 수 있다. 관리 시스템의 역할은 이 의사결정을 돕기 위한 도구지만, 구축 자체로 예산절감 효과가 발생하는 것은 아니다. 관리행위의 최적화를 도모하여 예산을 절감하거나, 같은 예산이라도 효율성을 높여 도로서비스 수준을 향상시키거나 혹은 예산이 부족할 경우 유지보수의 우선순위를 선정하여 예산집행의 설명책임(accountability)을 확보하는 편익을 제공할 수 있다.

여기서 한 가지 유념해야 할 것은 관리 시스템의 도입이 반드시 예산절감을 가져오는 것도 아니라는 것이다. 쉬운 예로 관리 시스템은 의사결정자가 높은 유지보수 수준을 유지하고자 하면 더 많은 예산이 필요하다는 결론을 도출할 것이고, 반대로 낮추게 되면 관리자 비용이 낮아지는 대신 이용자 및 사회환경비용은 증가한다는 정보를 도출할 것이다.

즉, 포장관리 시스템 구축의 가장 근본적인 편익은 관리자가 도로의 서비스 수준과 서비스 비용을 정량적으로 컨트롤 할 수 있는 관리의 도구를 갖게 되는 것이다. 가장 단순하고도 당연한 대답이지만, 이것이 관리 시스템 구축의 가장 큰 의미이자 편익이라고 할 수 있다.

7.2 포장관리 시스템의 기능과 구조

우리는 주변에서 '시스템'이란 용어를 자주 접하게 된다. 시스템을 이해하고자 할 때에는 먼저 시스템이 추구하는 기능, 그리고 투입되는 입력물과 출력물이 무엇인지를 먼저 확인해야 한다. 또한 입력물이 출력물이 되어 나오기까지의 로직과 프로세스를 명확히 이해해야만 시스템을 컨트롤할 수 있다.

본 절에서는 포장관리 시스템이 가져야 할 기능과 기능을 도출하기 위한 구조를 중심으로 고찰하기로 한다. 보다 쉬운 이해를 위해 포장관리 시스템과 관련된 다음 다섯 가지 핵심 질문을 살펴보기로 하자.

(1) 내가 관리할 도로포장 네트워크는 무엇인가?

관리의 책임이 있는 포장 네트워크 전체를 파악하여 관리 유닛으로 구분하고 구간별로 ID가 부여되어야 한다. 각 구간의 위치(시종점), 연장, 폭, 차로수, 상태정보, 포장재료, 포장설계구조, 건설 및 유지보수 연도 등을 포함한 종합정보 인벤토리를 구축하여 관리해야 할 자산의 기본정보를 구축한다.

(2) 포장의 현재 상태는 어떠하고 미래에는 어떻게 변화할 것인가?

포장상태를 대표하는 파손지표를 선정하여 주기적인 상태조사를 통해 포장의 현재 상태를 파악한다. 파손상태에 대한 서비스 수준체계를 개발함은 물론, 파손지표별 상태예측 모형을 구축하여 미래의 포장상태를 예측할 수 있어야 한다.

(3) 적정 유지관리기준과 생애주기비용은 얼마인가?

운영 가능한 유지관리 대안(보수기준－공법)을 설정하고, 해당 대안들에 대한 생애주기비용 분석 통해 예산수요와 사회비용을 추정할 수 있어야 한다. 일반적으로 최소생애주기비용을 나타내는 대안에 대한 실무 운영 가능성을 검토하여 유지관리기준으로 채택한다.

(4) 어느 도로가 우선적으로 보수되어야 하는가?

추정된 예산수요가 확보된 예산수요보다 큰 경우, 유지보수 수요별 예산지출과 편익에 대한 경제성 분석을 수행하여 보수 업무의 우선순위를 결정할 수 있어야 한다.

(5) 중장기적 관점에서 재무리스크, 파손리스크에 대비할 최적의 관리전략은 무엇인가?

일반적인 예산수준을 훨씬 상회하는 유지보수 수요 피크의 발생 시기와 예산부족의 누적추세, 도로네트워크 서비스 수준의 변화과정을 정량적으로 파악할 수 있어야 하며, 이에 대비할 수 있는 다양한 전략에 대한 시뮬레이션이 가능해야 한다.

상기 다섯 가지 질문을 중심으로 포장관리 시스템의 주요기능과 역할을 살펴보면, 포장자산에 대한 정보관리, 상태 모니터링, 적용 유지관리기준의 선정, 유지보수의 우선순위 결정, 리스크 대비라 할 수 있다. 그러면 포장관리 시스템 내에서 이러한 관리행위들이 관리주기 내에서 어떻게 수행되는지에 대해 살펴보자(그림 7.1 참조).

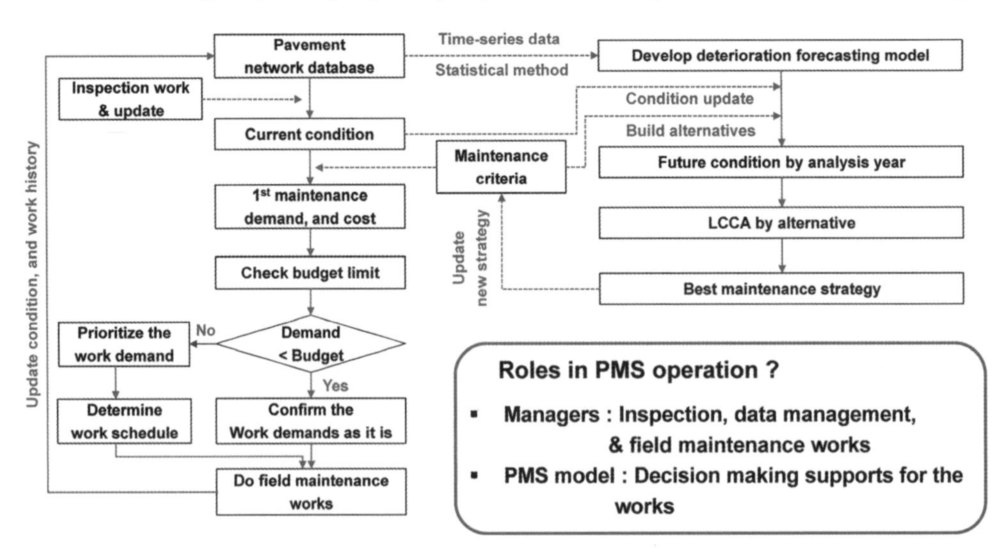

그림 7.1 포장관리주기와 생애주기비용 분석의 관계

그림 7.1과 같이 포장관리 시스템은 포장관리주기의 운영을 근간으로 하되, 최적 관리전략을 도출하기 위한 경제성분석(생애주기비용 분석)으로 구분된다. 이를 지원하는 포장관리 시스템의 일반적인 구조는 그림 7.2와 같다.

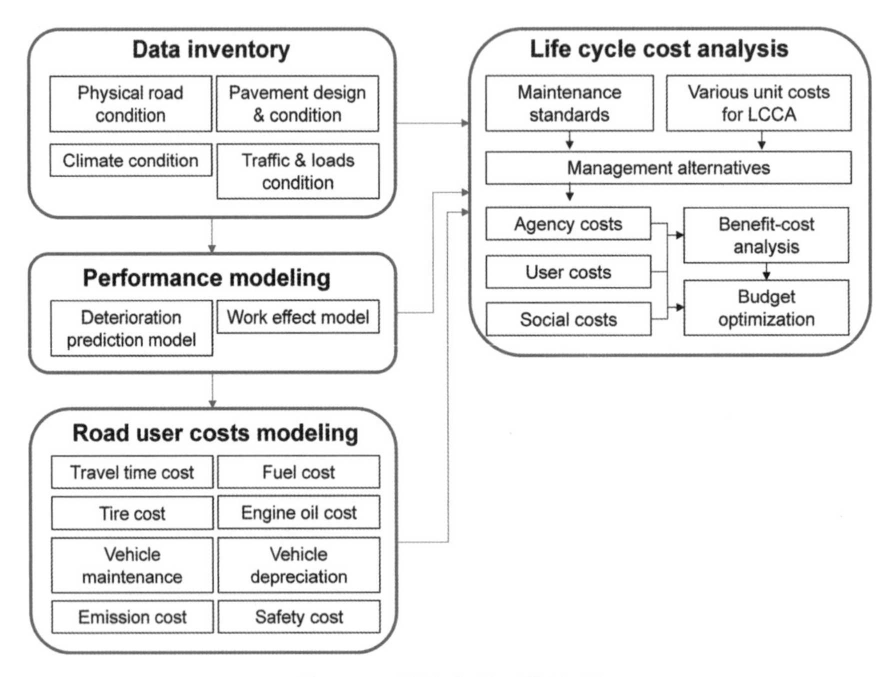

그림 7.2 포장관리 시스템의 구조

7.3 포장관리 시스템의 정보수요

포장관리 시스템의 정보 수요는 시스템 개발자가 정의한 포장관리 시스템의 기능, 그리고 그 기능을 도출하는 데 얼마나 구체적인 방법론과 로직을 적용하는가에 따라 달라진다. 유지관리비용만을 산정할 수 있도록 개발된 분석시스템은 도로의 상태와 기하구조, 보수기준과 상응하는 단가 정보만으로도 충분한 반면, 세계은행에서 개발한 HDM-4와 같은 대규모 분석프로그램은 수백 종류의 데이터를 요구한다. 여기에는 별도의 연구프로젝트를 통해서만 도출 가능한 정보도 상당수이며, 핵심 변수를 가정에 의존할 경우 결과물의 신뢰성 또한 떨어진다. 즉, 포장관리 시스템의 개발에 앞서 자신이 운영·추정 가능한 기능은 무엇인지, 그리고 현 시점에서 꼭 필요한 기능인가에 대해 반드시 고민하여 결정하여야 한다.

한편, 포장관리 시스템은 하나의 시뮬레이션과 같음을 이해해야 할 필요가 있다. 시뮬레이션은 주어진 환경하에서 어떠한 일이 발생하여 어떠한 영향을 미칠 것인가에 대해 사전에 모사하는 것이다. 즉, 포장관리와 관련된 주변 요건들에 대한 구체적인 정보들이 요구된다. 일반적으로 이 정보들은 하드웨어인 포장체, 도로를 이용하는 교통류, 기후 등의 환경조건, 유지보수와 모니터링에 관련된 정보들로 구분된다(그림 7.3 참조).

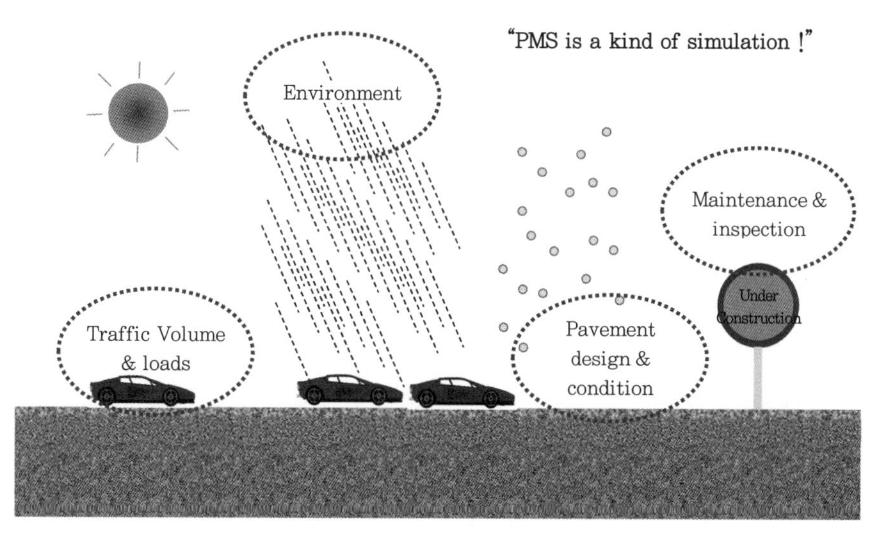

그림 7.3 포장관리 시스템의 정보수요 카테고리

표 7.1은 HDM-4가 요구하고 있는 방대한 자료 중 일반적으로 포장관리에 많이 참조되고 있는 정보들을 요약하고 있다.

표 7.1 포장관리 시스템 운영을 위한 일반적인 정보수요

Classification	Main data
Identification	• Identified by analysis, management or inspection unit
Physical and operational road characteristics	• Location(Start-end point) and section length(km) • Carriageway width(m), number of lanes • Slope(%), curvature(degree/km) • Type of road(e.g. bridge, tunnel,) • Speed limit(km/h) • Traffic : AADT, vehicle composition(%) • Climate conditions : Temperature(Co), rainfall(mm/yr)
Pavement design information	• Pavement materials • Pavement structure and thickness of each layer(mm) • Structural Number of Pavement(SNP)
Pavement condition data	• Minimum : crack(%), rutting(mm), IRI(m/km) and pothole(n/km) • Optional : types of crack, raveling area(%), edge break(m^2/km), texture depth(mm), skid resistance(SCRIM 50km/h)
Maintenance & inspection history	• History of (re)construction, rehabilitation, repair, routine maintenance, and inspection work
Vehicle characteristics	• Size, num. of wheels, axles, and tires, fuel type • PCSE, ESALF • Unit costs for LCCA
Subsidiary data	• Interest, model coefficients, unit costs and so on.

출처 : Han and Kobayashi(2013)

표 7.1을 살펴보면 한눈으로 보아도 포장관리 시스템의 구축과 운영에 많은 비용과 인력, 그리고 전략이 필요함을 알 수 있다. 보통 구간별 ID나 도로의 물리적/운영적 특성, 포장구조, 유지보수 기록, 경제성분석 지표 등은 시스템 구축 초기에 구축되며, 특별한 이벤트의 발생 시에만 업데이트가 요구된다. 반면 핵심정보인 포장상태와 교통류 데이터는 매년 많은 노력과 인력, 비용, 장비, 기반인프라가 요구된다.

다음 절에서는 포장관리 시스템에서 포장상태정보가 어떻게 수집되고 관리되는가에 대해 국토교통부 일반국도 포장관리 시스템의 사례를 통해 간단히 소개하기로 한다.

7.4 포장상태 지표와 조사

포장관리 시스템 실무에는 다양한 업무들을 포함하고 있으나 절반 이상은 상태조사와 정보관리 업무라 봐도 무방하다. 특히 모든 분석과 의사결정이 포장의 상태이력을 근거로 수행되기 때문에 시스템의 신뢰성을 결정하는 매우 중요한 요소이다.

한국의 대표적인 포장관리 시스템인 국토교통부 일반국도 포장관리 시스템은 약 13,747km의 국도네트워크를 관리하고 있으며, 매년 3,000~5,000km 구간에 대한 상태조사를 수행하고 있다. 포장상태를 대표하는 파손지표로는 세계 대부분의 포장관리 시스템에서 적용하고 있는 균열, 소성변형, 국제종단평탄성지표(IRI: International Roughness Index)를 도입하고 있다.

균열은 우리가 도로에서 가장 쉽게 눈으로 확인할 수 있는 '갈라짐' 현상으로 전체면적 대비 갈라진 면적을 비율(%)로 표현한다. 사실 균열은 정도에 따라 차이는 있으나 운전자가 주행하는 데 큰 영향을 받는 파손현상은 아니다. 그러나 공학적인 관점에서 균열은 구조체에 물의 침투가 가능해졌다는 의미로, 본격적인 파손 발생의 시작점으로 인식되기 때문에 관리에 있어 중요한 의미를 갖는다. 특히 균열은 초기에 보수가 이루어지지 않으면 짧은 시간에 거북등 파손, 포트홀 등으로 진행되면서 더 높은 수준의 보수가 필요해지며, 운전자의 안전에도 영향을 미치게 된다.

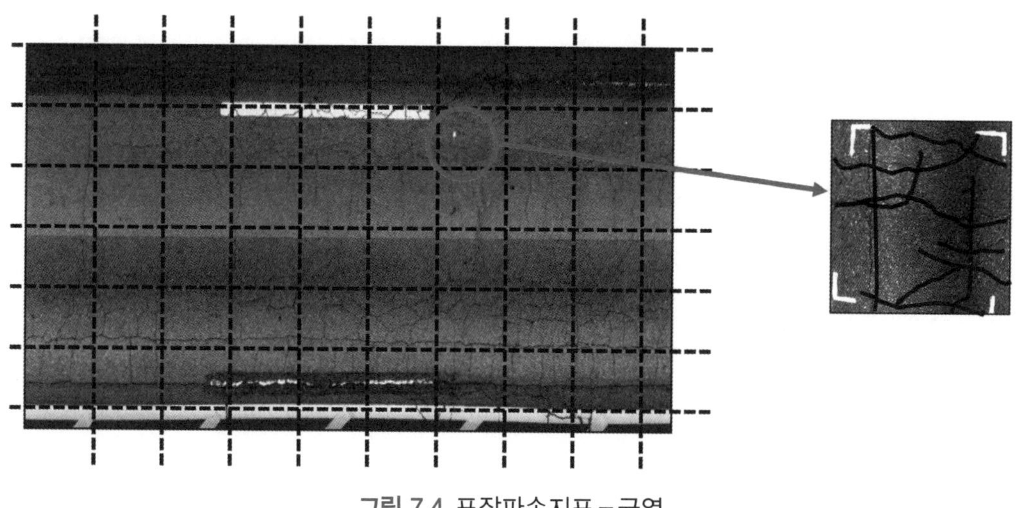

그림 7.4 포장파손지표 – 균열

다음으로 소성변형이 있다. 소성변형은 자동차의 주행경로를 따라 발생하는 포장의 눌림 현상으로 상대적인 깊이(mm)를 측정대상으로 한다. 보통 하중이 많이 가해지는 도심부 교차로나 차량의 하중이 큰 산업도로 등에 많이 발생하며, 우천 시 물이 고이면 차량의 미끄럼 저항에 큰 영향을 미치게 된다. 소성변형은 영구적인 파손유형 중 하나로 소규모의 일상보수로는 복구가 어렵다는 특징이 있어 절삭 후 덧씌우기가 필요하다. 관리적 측면에서 비용적 부담이 상대적으로 크기 때문에 중요한 지표로 인식되곤 한다.

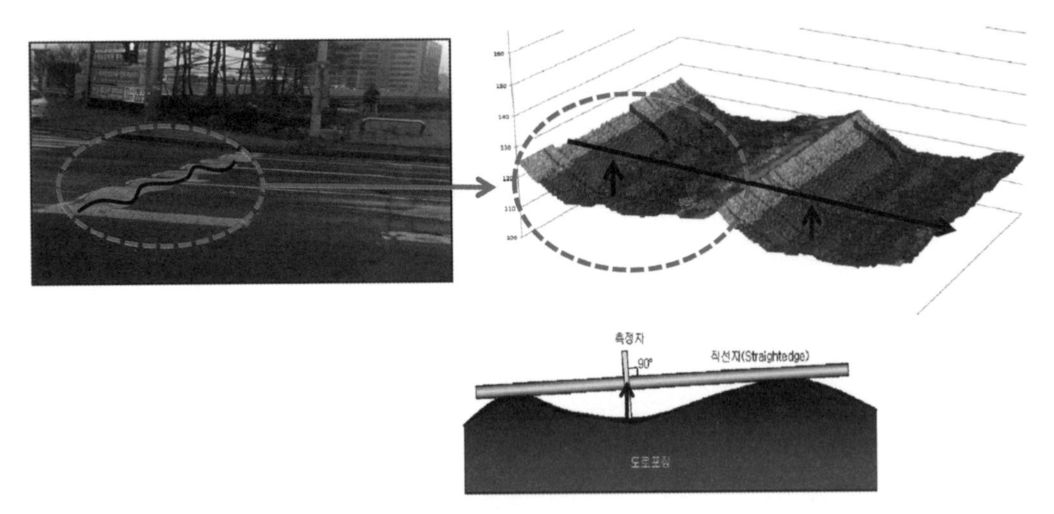

그림 7.5 포장파손지표 – 소성변형

마지막으로 국제종단평탄성지표(ASTM E867-82A)가 있다. 종단평탄성의 측정 메커니즘은 상당히 복잡하나 도로이용자의 주행감을 대표한다고 생각하면 이해하기 쉽다. 즉, 이용자의 만족도와 밀접한 관계가 있기 때문에 이용자 중심의 자산관리를 생각한다면 상당히 중요한 변수로 인식될 수 있다. 또한 세계은행의 HDM-4모형도 종단평탄성을 도로이용자 및 사회환경비용 추정에 핵심변수로 적용하고 있어 지표 자체의 중요도는 매우 높을 수 있다. 단, 도로의 평탄성에 작용하는 요소가 단순히 포장체의 파손 외에도 맨홀로 인한 단차, 교량의 이음부, 잡물 등에 영향을 받기 때문에 섬세한 보정작업이 필요하며, 전문조사장비 없이는 평가가 불가능하다는 특성이 있다.

한편 종단평탄성 지표를 유지보수 의사결정에 활용함에 있어 종종 발생하는 문제는 측정값과 실제 도로상태의 불일치이다. 종단평탄성 수치가 높은 구간에 대한 추적조사를 수행해보면 파손정도가 미미하여 누가 보아도 몇 년은 더 사용할 수 있는 경우, 반대로 거북등 균열이 전 구간에 걸쳐 진행된 구간의 종단평탄성 값이 낮게 측정된 경우도 빈번하게 나타난다. 이러한 이유 때문에 일반국도 포장관리 시스템에서는 종단평탄성 지표를 구간별로 측정은 하고 있으나, 공식적인 유지보수 기준으로는 활용하지 않고 있다.

그림 7.6 포장파손지표 – 종단평탄성

과거에는 포장상태 파악을 위해 조사원이 일일이 현장에 가서 수동으로 조사를 수행해야 했다. 균열률의 경우 조사자가 구간을 걸으면서 균열의 길이를 측정해야 했고, 소성변형은 도로 한 가운데에서 러팅바(rutting bar)를 노면에 두고 쳐짐의 깊이를 측정했다(그림 7.7 참조). 많은 시간과 인력이 소요되는 작업으로 매년 동일한 지점을 찾아 측정하기가 어렵고, 조사원의 주관적 판독으로 인한 측정오차 또한 상당했다. 유지보수를 수행하지 않았음에도 상태가 좋아지는 것으로 나타나는 공용역전현상의 주요원인 중 하나라 할 수 있다.

그림 7.7 과거 수동식 소성변형 측정 사례

최근에는 다양한 첨단센서를 탑재한 자동조사차량이 개발되어 측정 및 분석이 한결 간편해졌다. 1999년에 최초로 국내에 ARAN이란 장비가 도입되었으며, 2008년에는 국내에서 자체 개발된 PES(Pavement Evaluation Surveyor)가 도입되어 현장에 활용 중이다. 세계적으로 자동조사장치 차량시장은 점점 확대되고 있으며, 그 외 일본(REAL) 등이 상대적으로 높은 기술력을 가지고 있다.

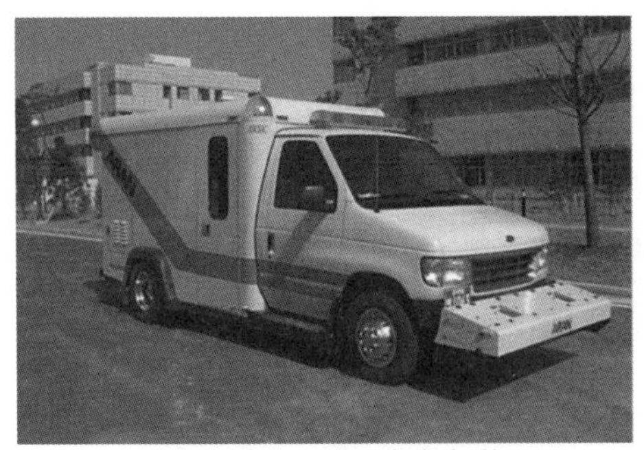

(a) 1세대 ARAN(캐나다)

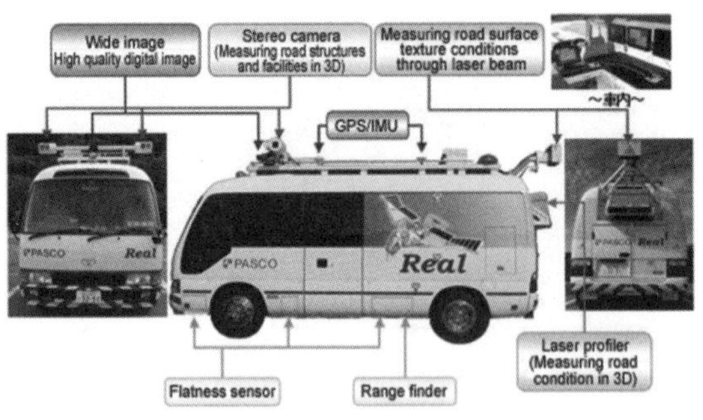

(b) 최신 – REAL(일본)

그림 7.8 포장상태조사차량

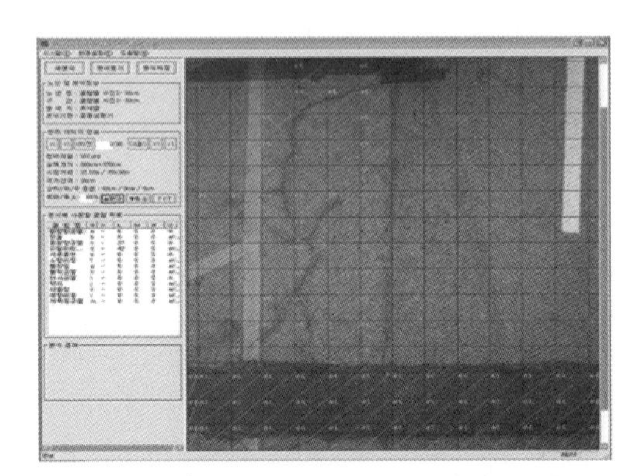

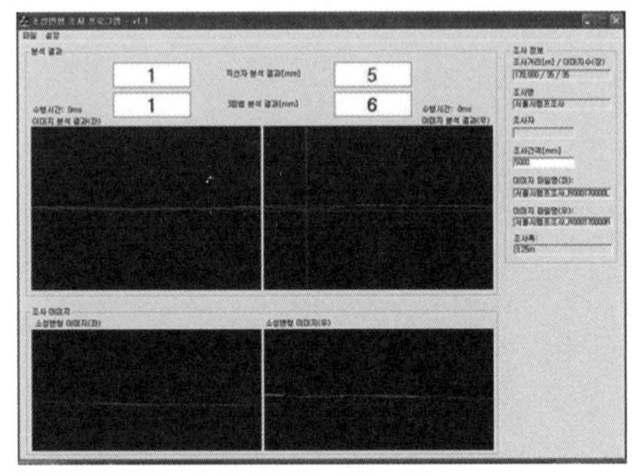

그림 7.9 포장상태조사차량을 이용한 균열과 소성변형 분석사례

이렇게 조사된 정보들은 일련의 가공 과정을 거쳐 GIS를 기반으로 개발된 정보관리 시스템에 업데이트 되며, 관리자가 필요한 다양한 정보로 가공되어 표출된다.

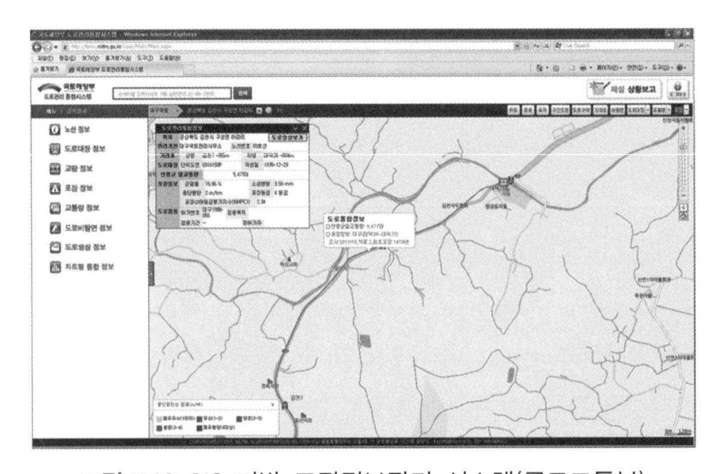

그림 7.10 GIS 기반 포장정보관리 시스템(국토교통부)

7.5 포장상태 추정과 생애주기 분석

파손모형과 경제성 분석에 대한 내용은 앞서 기술한 바 있으므로 구체적인 내용은 생략하기로 한다. 본 절에서는 파손모형이 생애주기비용 분석에서 어떻게 활용되는지 실증적용의 관점에서 간단한 부연 설명을 추가하기로 한다.

파손모형은 자산의 파손과정을 최상에서 최악의 상태까지 어떻게 변화하는지를 묘사하기 위한 도구이다. 즉, 미래의 상태예측에만 활용되기 때문에 현재 상태를 중심으로 운영되는 일상적인 포장관리주기(보통 회계연도를 기준)에는 관여하지 않고, 주로 생애주기비용 분석에서의 연도별 상태갱신에 활용된다. 앞서 파손모형의 기능을 기대수명, 파손곡선, 파손확률 추정으로 정의한 바 있으나, 최소요구 사항인 기대수명만 확보되어도 생애주기분석을 지원할 수 있다. 여기서의 기대수명은 건설이나 유지보수 직후부터 특정 유지보수가 필요하기까지의 시간으로 이해하면 편리하다.

생애주기비용 분석에의 실증적용과 관련하여 가장 간단한 예(결정론적 상태갱신, 파손함수의 선형성 가정)를 들어보기로 한다. 먼저 대표적인 포장의 보수공법인 덧씌우기에 대한 유지보수기준이 균열 30%, 소성변형(rutting) 20mm라고 가정하자. 그리고 파손모형 분석 결과 균열은 10년, 소성변형은 15년으로 추정되었다고 가정해보자(혹은 연간 파손함수가 추정되는 경우 유지보수기준을 토대로 기대수명이 역으로 추정될 수도 있다).

생애주기비용 분석의 설계에 따라 포장의 상태와는 관계없이 10년마다 유지보수 비용이 발생하는 것으로 처리할 수도 있으나(짧은 수명을 대표수명으로 인식한다), 포장상태에 따라 이용자 및 사회환경비용들이 변화하는 개념을 적용하고자 하는 경우에는 반드시 연도별 포장상태가 추정되어야 한다. 여기서 특정 연도의 포장상태는 '전년도의 포장상태+파손증가량'으로 간단히 정의되는데, 이는 분석초기연도상태와 연간파손함수가 필요함을 의미한다.

분석 초기 연도의 상태는 현장조사를 통해 얻어지며, 연간파손함수는 '균열=30%/10년=3%/년', '소성변형=20mm/10년=2mm/년'으로 간단히 계산된다. 이렇게 매년 상태를 갱신하다가 유지보수 기준인 균열 30%, 소성변형 20mm에 어느 하나라도 도달하면 유지보수가 수행된다. 유지보수가 수행되면 보수공법의 규모와 특성, 보수이전의 상태에 따라 그 회복수준이 결정되는데, 실증자료를 이용하여 구축된 상태회복 모형을 적용하거나 분석가의 가정을 적용할 수 있다. 이 과정을 분석연도 끝가지 이어가면 상태예측과 비용추정에 대한 분석은 마무리된다. 해당 프로세스를 정확히 이해했다면 전문적인 프로그래밍 언어의 도움 없이 MS-Excel로도 간단히 구현이 가능하니 관심이 있는 독자는 프로그램을 작성해보길 권장한다.

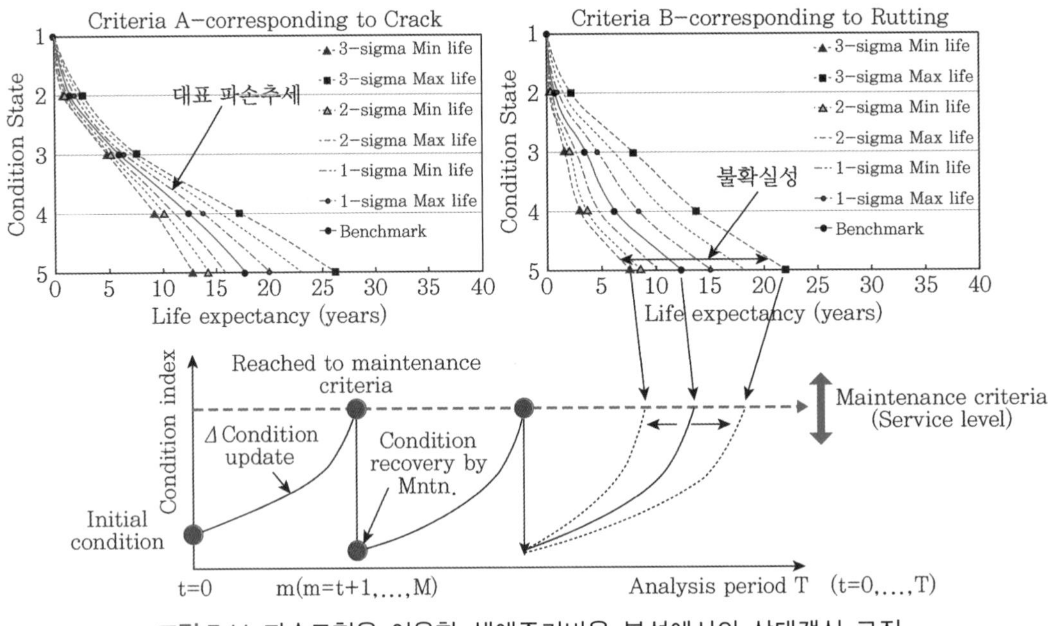

그림 7.11 파손모형을 이용한 생애주기비용 분석에서의 상태갱신 로직

그럼 우리나라 포장의 기대수명은 몇 년일까? 도로관리자에게 있어 기대수명의 확정은 예산 추정(요구)과 밀접한 관계가 있기 때문에 매우 민감한 사항으로 간주되곤 한다. 그간 실증자료를 활용한 연구 결과들이 제시된 사례는 있지만 아직 일반국도 포장관리 시스템에서 공식적으로 규정한 수명은 없다. 보통 업계에서는 도로의 설계수명 20년으로 간주되고 있는데, 건설 10년 후에 대수선을 수행하고, 이후 5년 후에 재보수하여 20년까지 사용한다는 개념이다.

한편 국가회계법에서 준용하고 있는 법인세법에서도 포장 수명은 20년으로 보고 있으며, 해석에 따라 진동이 심한 경우(하중이 큰 경우) 10년으로도 적용하기도 한다. 여기서 유념해야 할 점은 자산가치 등 법률에 의거한 평가 시에는 반드시 정해진 기준을 따라야 할 필요가 있으나, 실무에서의 예산추정은 실증자료를 이용하여 추정된 기대수명을 적용하는 것이 더 정확하고 현실적이라는 것이다. 앞서 3장에서 기술한 바와 같이 법적인 내구연한을 이용하는 것은 기대수명을 추정할 아무런 자료나 근거가 없을 때에 권장한다.

한편 포장의 생애주기비용 분석에서는 잔존가치에 대한 논란이 종종 발생한다. 간단히 기대수명을 거의 다 소진한 상황에서 분석이 종료되는 경우, 그리고 분석종료 직전에 유지보수가 수행된 경우 유사한 파손특성을 가졌음에도 불구하고 관리자 비용의 편차가 커지기 때문이다. 특히 기대수명이 길거나 유지관리 비용이 큰 경우, 분석기간이 짧을 경우 민감한 요인이 된다. 이러한 경우 마지막 유지보수의 잔존가치를 계산하여 관리자 비용에서 감해주면 된다. 그러나 포장의 생애주기비용 분석 기간은 최소 30년에서 길게는 100년에 이르기까지 설정되기 때문에, 잔존가치의 순현재가치는 무시할 만한 수준으로 인식되곤 한다. 서비스 수준체계를 적용한 파손곡선의 적용, 다양한 유지보수 기준과 공법의 적용 등 보다 구체적인 분석내용은 3장의 실증분석사례를 참조하기로 한다.

7.6 자산관리 시스템으로의 발전

도로관리자의 관점에서 가장 큰 고민은 언제 어느 구간을 유지보수 해야 하는가이다. 사실 포장관리 시스템의 모든 업무는 이 의사결정을 하기 위한 것으로 봐도 무방하다. 과거 포장관리 시스템의 개념이 도입되지 않은 상황에서 가장 일상적으로 사용하는 방법은 순찰과 민원, 그리고 경험적 판단이었다. 도로관리자는 주기적으로 도로를 순찰하여 포트홀 등 급하게 처리해야 할 일상보수를 수행하고, 지속적으로 민원이 발생하는 구간에 대해 현장에 나아가 경험이 많은 실무자나 전문가가 유지보수 필요 여부와 공법 등을 결정했다. 사실 이 방법은 현재 거의 대부분의 지방자치단체에서 활용되고 있다. 정량적인 예산수요 추정이나 우선순위 결정은 거의 불가능하며, 도로상태 또한 정성적으로만 파악된다.

포장관리 시스템이 도입되어 매년 상태는 조사하고 있으나 전문적인 분석모듈이 없는 경우 'Worst-First'의 개념이 적용된다. 상태가 가장 나쁜 도로부터 리스트를 만들고 예산이 허락하는 선에서 유지보수가 수행된다. 도로구간별 교통량이 파악되는 경우 단순한 우선순위 결정로직이 적용될 수 있다.

이러한 비과학적 의사결정 문제를 개선하기 위해 세계은행은 1960년대 후반부터 HDM (Highway Development and Management) 개발 프로젝트를 진행하였으며, 현재 HDM-4 Ver.2.0에 이르기까지 약 50년간 지속적인 업데이트와 투자를 지속하고 있다. 특히 이 분석프로그램은 개발도상국의 도로인프라 개발관련 차관 시 의무적으로 사용하도록 되어 있다. 미국의 미연방도로국(FHWA)은 1990년대 후반 RealCOST 프로그램을 개발하여 각주에 활용을 권고하였으며, 최근에는 보다 확장된 기능을 포함하는 HERs-ST를 배포한 바 있다. 그 외에 MicroBENCOST(영국), ROSY systems(Grontmij 사), MicroPAVER(미국) 등이 있다.

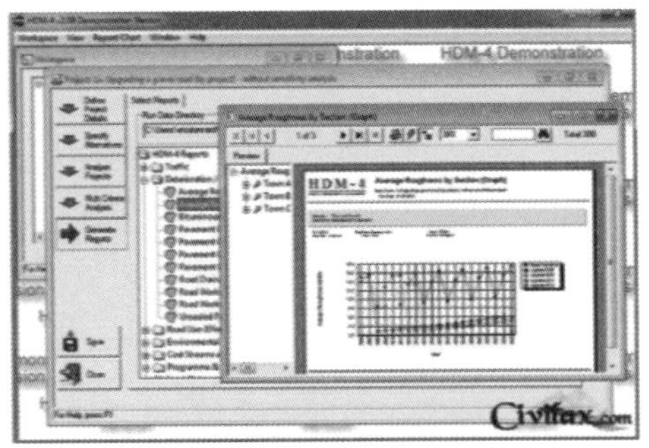

HDM-4(World bank)

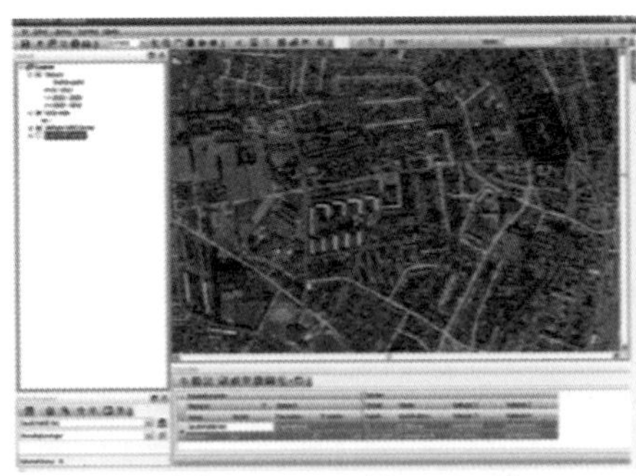

ROSY system(Grontmil)

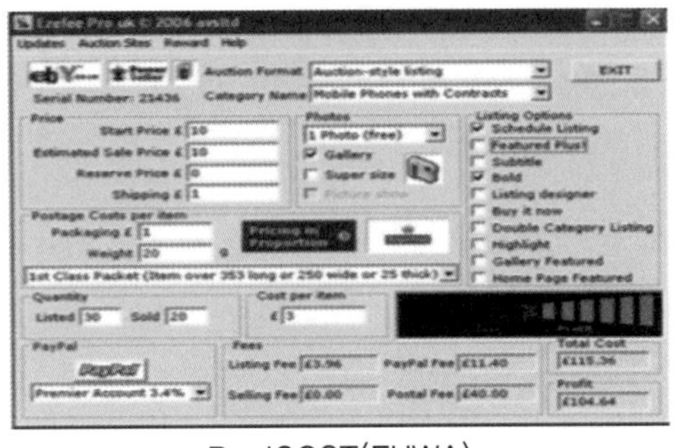

RealCOST(FHWA)

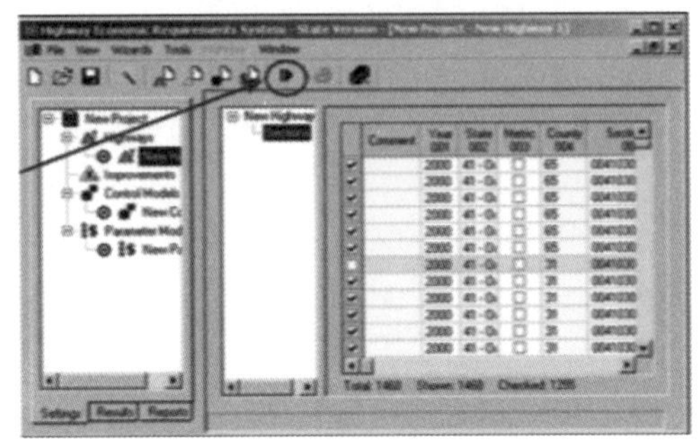

HERs-ST(FHWA)

그림 7.12 포장관리 분석지원 전문소프트웨어

한 가지 유념해야 할 점은 이 시스템들의 궁극적인 목적은 유사할 수 있으나, 시스템의 기능, 비용항목과 정의, 분석로직과 서브모형이 모두 상이하고, 당연히 입력물과 출력물도 다르다. 즉, 사용자는 전문 분석소프트웨어의 선택 시 자신의 이용목적과 시스템이 요구하는 입력자료 등을 충분히 검토하고 도입을 결정해야 한다. 무리한 도입 시 입력변수의 가정이 불가피하며, 가정이 불합리 경우 출력 결과의 신뢰성은 떨어지고 만다.

우리가 일반적으로 이야기하는 관리 시스템(MS)과 자산관리 시스템의 차이에 대해 이해할 필요가 있다. 필자의 경험상 시설물 관리에 기반지식이 있는 전문가나 실무자들도 이 둘의 차이에 대해 정확하게 이해하고 있는 사람은 많지 않다. 그 이유는 두 시스템 모두 ① 상태를 조사하여, ② 유지보수 필요 여부를 판단하고, ③ 예산의 수요와 공급을 감안하여, ④ 유지보수를 수행한다는 기본적인 관리 프로세스가 동일하기 때문이다. 즉, 두 시스템이 완전히 다른 것이 아니라는 것은 아니다. 단, 자산관리는 그 동안 비효율적이라고 인식되어왔던 공공관리 분야에 기업의 비즈니스 경영전략을 접목하는 개념으로써, 일반적인 시설물관리 시스템에서 고려하고 있지 않은 다음의 몇 가지 핵심요소를 포함하고 있다.

• 리더십 : 조직의 리더(의사결정자)는 자산관리에 관한 뚜렷하고도 정량적인 목표를 수립하

여 조직원과 공유하고, 이를 달성하기 위해 전사적인 조직운영 전략을 펼쳐야 한다.

- 목표·성과 확인 : 조직은 자체적으로 수립한 목표의 달성도, 예산투자를 통해 의도한 성과를 달성했는가에 대해 정기적으로 파악하고, 달성하지 못한 경우 원인을 파악하여 개선하기 위한 전략을 수립/운영해야 한다.
- PDCA 전략 : Edwards Deming이 제안한 바 있는 경영의 4단계 사이클(Plan-Do-Check-Action)을 기반으로, 조직의 목표 달성을 위한 지속 가능한 경영체계를 운영해야 한다.
- 서비스 수준 : 자산의 상태·기능 평가, 예산추정 및 협상, 관리전략 수립의 핵심도구인 서비스 수준체계를 개발·운영하여야 한다.
- 리스크 관리 : 자산의 파손확률과 파손으로 인한 피해에 대한 정량적 평가 시스템을 운영하여 의사결정에 반영해야 하며, 그 외 중장기 예산수요를 예측하여 재무리스크에 대비해야 한다.
- 이용자 혹은 이해관계자 만족 : 도로이용자 혹은 이해관계자의 요구사항을 파악하여 경영전략 및 서비스 수준 운영기준에 반영해야 한다.

이러한 요소들의 도입이 기술적으로 어려운 것은 아니라고 판단된다. 일부 관계자들은 자산관리를 뒷받침할 인력, 시스템, 장비의 부족을 주요 이유로 판단하고 있으나, 필자는 무엇보다 현재의 경직된 행정체계가 자산관리의 개념을 수용하기 어렵기 때문이라고 판단하고 있다. 대표적인 예로 두 시스템 내에서의 의사결정과정을 비교해보자(그림 7.13, 7.14 참조).

그림 7.13은 일반적인 시설물관리 시스템하에서의 행정체계로, 앞서 제시한 6가지 자산관리 요소에 대입해보자. 우선 조직의 리더가 설정한 뚜렷한 목표가 없다는 것이 가장 큰 차이 중 하나이다. 목표가 없으니 목표 달성도는 물론 투자와 성과의 관계를 파악하기 어렵다. 관리의 사이클도 PDCA가 아닌 '예산할당-집행-확인'에 그치며, 여기서의 '확인'도 할당된 예산이 협상대로 집행되었는가를 파악하는 것이 중점이 된다. 즉, 예산으로 서비스가 아닌 유지관리 업무를 구매하는 개념에 가깝다. 또한 서비스 수준체계가 없어 현재 자신이 제공하는 도로의 점수는 몇 점인지를 파악할 수 없으며, 무엇을 개선해야 할지에 대해 명확히 정의하기 어렵다. 리스크 관리 개념도 포함하고 있지 않아, 사후대응형 시스템에 가깝다고 볼 수 있다.

마지막으로 이용자의 만족도 추구에서도 차이가 있다. 시설물관리 시스템은 주로 객관적 의사결정을 중요시하는 특성 때문에 보통 생애주기비용이 최소화되는 수준을 관리기준으로 정해놓고 이에 맞추어 유지보수를 수행하기 위해 노력한다. 반면 자산관리에서는 자산의 예탁자이자 실제 소비자인 도로이용자의 만족도를 중심으로 유지보수가 운영된다.

즉, 자산관리는 돈을 예탁한 사람의 이득, 혹은 조직에게 성과를 안겨다줄 대상을 중심으로 의사결정이 이루어진다. 이는 경제적 관점에서 최적화된 기준과 실제 이용자가 원하는 수준이 다를 수 있음을 의미하며, 두 시스템이 추구하는 근본적인 방향이 상이함을 나타낸다. 사실 이러한 문제는 자산관리를 도입하고자 했던 대부분의 국가/조직에서 나타났고, 그 해답을 회계법, 특별법의 제·개정에서 찾아가고 있다. 이러한 관점에서 최근 우리나라도 국가회계법을 발생주의·복식부기로 전환, 도로법 개정, 지속 가능한 기반시설 관리 기본법 발의 등 자산관리로의 패러다임 변화가 진행되고 있다. 그러나 구체적인 시행령·방법론의 제정, 행정체계 및 조직개편, 감사제도 운영 등 성공적인 정착까지에는 많은 장벽들과 과정들이 남아 있다.

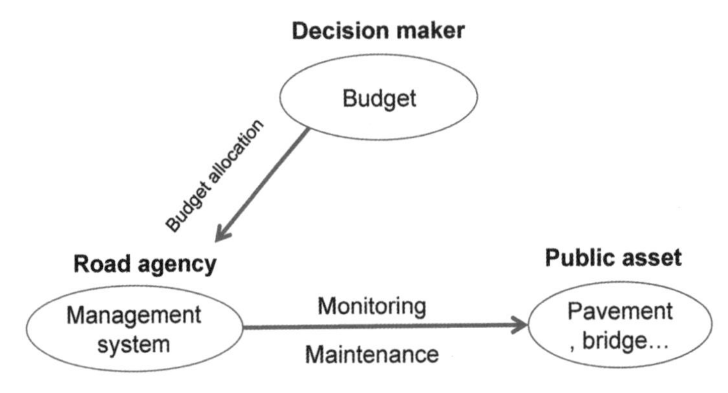

그림 7.13 일반 시설물관리 시스템하에서의 관리 사이클

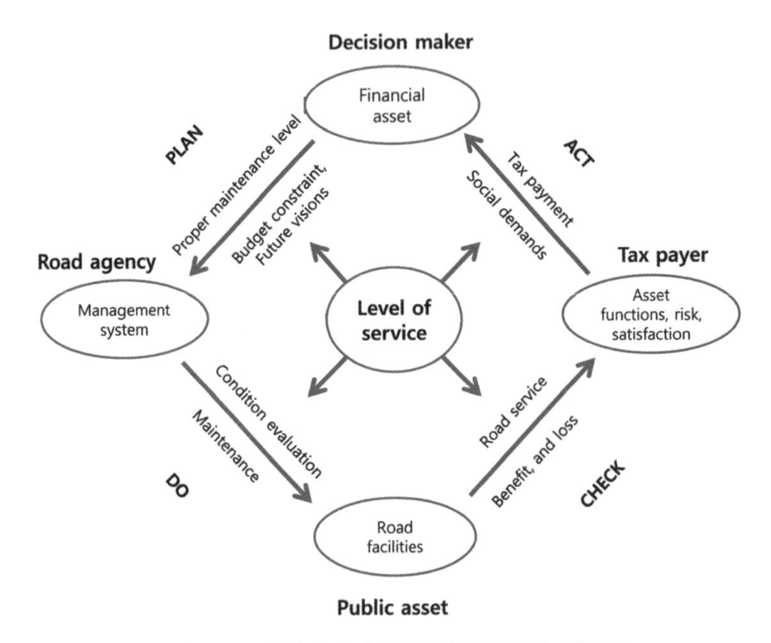

그림 7.14 자산관리체계하에서의 관리 사이클

CHAPTER 08

상수도의 자산관리

제8장에서는 상수도 시설의 자산관리 현황과 국내외에서 활용되는 시스템의 특징 등에 대해 살펴보고, 서비스 수준(LOS)에 근거한 성능측정 방법과 자산관리를 위한 시스템 구성과 운영절차에 대해 구체적으로 소개하기로 한다.

CHAPTER 08 상수도의 자산관리

8.1 상수도시설 자산관리의 개요

8.1.1 상수도시설 자산관리의 도입배경 및 필요성

상수도는 도시의 기능유지와 개발에 필요한 물을 생산 및 공급해주는 중요한 사회기반시설이다. 우리나라의 상수도 시설은 1908년에 준공된 뚝도정수장의 급수 개시 이후 100여 년이 넘는 기간 동안 지속적으로 발전해오고 있으며, 1961년 수도법 제정 이후 2015년 상수도 보급률 98.8%를 달성하는 등 상수도 분야의 선진국으로 발돋움하고 있다.[1] 우리나라의 상수도는 외국과 달리 국가주도의 집중적인 시설투자로 경제발전과 발맞추어 급격한 양적 확대를 이루었으며, 우리나라의 경제성장에 일조하였다. 그러나 지방공기업 대상인 상수도는 원가대비 낮은 요금현실화율로 인한 만성적자, 적기 투자 미흡 및 시설의 노후화 등 경영여건이 갈수록 악화되고 있다. 또한 경제성장기인 1980~1990년대 개발된 대량의 상수도 시설의 급격한 노후화가 진행되고 있어, 향후 막대한 개량수요가 발생할 것으로 예상되고 있다.

그림 8.1과 그림 8.2는 각각 연도별로 건설된 정수시설과 상수도관로 현황을 나타낸다. 상수도시설물의 내용연수를 30년으로 보았을 때, 1996년 이전에 건설된 정수시설은 향후 10년 이

1 환경부(2016), 상수도통계(2015).

내에 개량을 수행하여야 하며(2016년 기준), 정수시설의 용량을 기준으로 산정할 경우 이는 전체 용량 중 79.4%에 달하는 것으로 나타났다. 한편, 상수도관로의 경우 1995년 이전에 매설된 관로는 2016년을 기준으로 향후 10년 이내에 내구연한이 초과되어 개량이 요구되며, 그 비중이 전체 관로 중 33.2%에 달하는 것으로 나타났다.

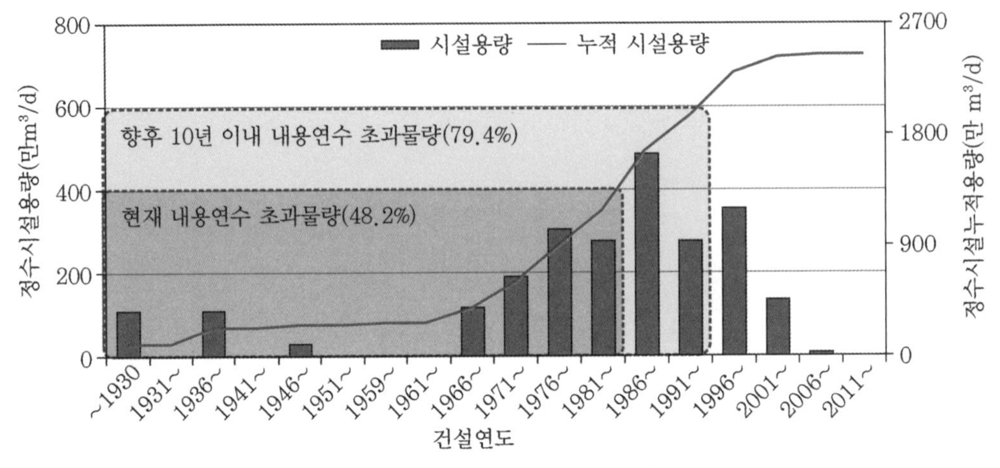

그림 8.1 연도별 정수시설 건설현황

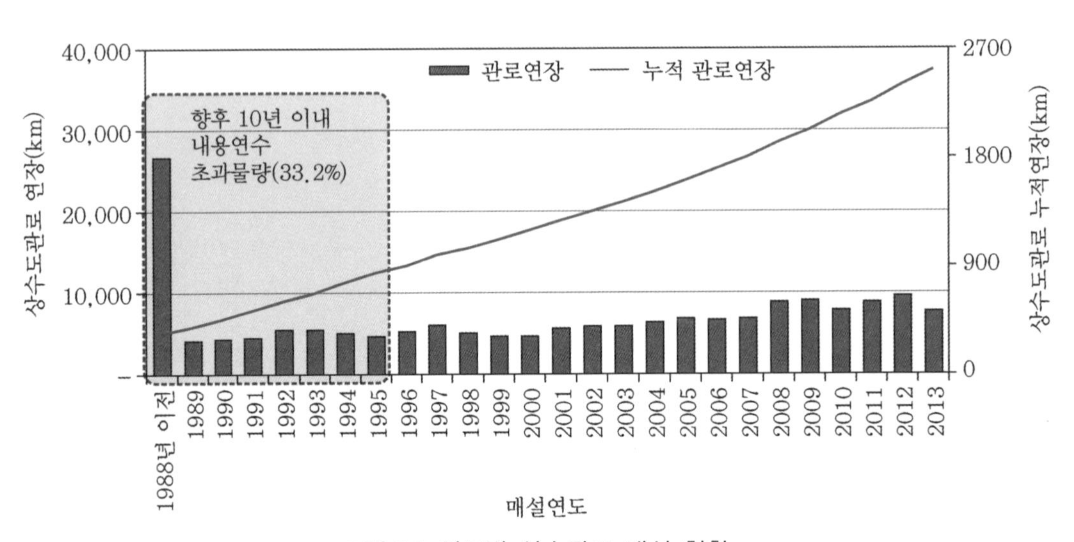

그림 8.2 연도별 상수관로 매설 현황

상수도시설의 노후화는 상수도 결함의 주요 요인으로 인식된다. 상수도 사고가 발생하면 막대한 경제적 손실뿐만 아니라, 국민의 생활과 건강에 큰 위협이 되기 때문에 노후 상수도시설에 대한 대책마련이 시급하지만 만성적자에 허덕이는 지방상수도 관리청의 재정여건을 감안할 때 노후 상수도 시설의 개량투자 및 기능유지에 대한 리스크는 매우 심각한 수준이다. 따라서 상수도시설의 경제적이고 효율적인 관리를 위한 자산관리 도입과 이를 근거로 한 재원 마련이 시급한 실정이다.

8.1.2 상수도시설 자산관리의 정의

상수도시설 자산관리에 대해 각국의 여러 기관마다 다양한 정의를 내리고 있다. 미국의 상하수도 관련협회 및 조직들(AMSA/AMWA, AWWA, WEF)은 공동으로 자산관리 매뉴얼을 발간한 바 있다. 이 매뉴얼에서는 자산관리를 “관리하는 인프라 자산을 수용할 만한 리스크 범위 내에서 고객이 요구하는 서비스 수준을 지속적으로 전달할 수 있도록 자산을 소유하고 운영하는 총비용을 최소화하기 위한 통합된 최적화 프로세스”로 정의하였다.

일본의 경우 일본 후생노동성 건강국 수도과에서 개발한 자산관리 지침을 활용하고 있는데, 이 지침에서는 자산관리를 “수도비전인 지속 가능한 수도사업을 실현하기 위해 중장기적인 관점에서 효율적으로 수도시설을 관리 및 운영하는 체계화된 실천활동”으로 정의하고 있다. 그림 8.3과 같이 각국이 정의하는 상수도시설의 자산관리에 대한 정의는 다양하지만 공통적인 본질은 “상수도 본연의 목표인 안전한 수질을 충분한 수량, 적절한 수압으로 공급하기 위하여, 상수도 자산의 전 생애에 걸친 위험요소를 파악하고 관리함과 동시에 소비자가 필요로 하는 서비스를 최소의 비용으로 제공하기 위한 의사결정을 내리는 것”으로 정의할 수 있다.

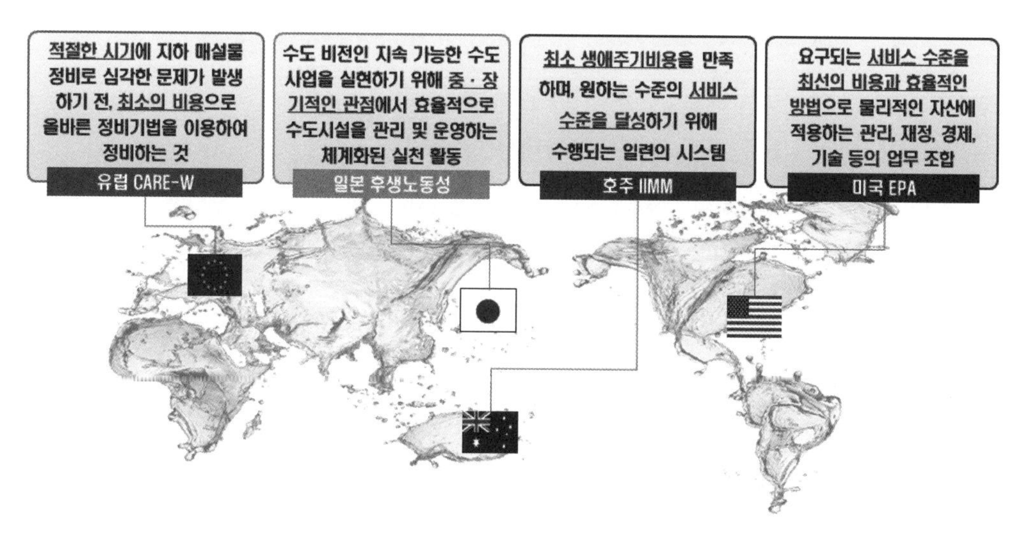

그림 8.3 각국의 자산관리에 대한 정의

8.2 국내외 상수도시설 자산관리 현황

8.2.1 미 국

1) Innovyze, CapPlan Water 자산관리 시스템

CapPlan Water 시스템은 상수도시설의 자산관리를 위해 개발된 시스템으로써 Innovyze에서 개발하였다. Innovyze는 세계 상하수도시설, 정부기관, 엔지니어링 기관의 기술 요구 수준을 축조하는 사회기반시설물 소프트웨어를 개발하고 판매하는 회사이다. CapPlan Water 시스템은 기본적으로 지하에 매설되어 있는 상수관망에 대해 낮은 비용으로 최대의 이익을 얻을 수 있도록 하는 자본계획수립 기능이 프로그램에 탑재되어 있다. CapPlan Water 시스템의 구성은 다음 그림 8.4와 같으며, 자산의 리스크를 산정하기 위해 상수도관에서의 수리학적 정보, 시설데이터, GIS data, 이력데이터를 활용하여 자산의 파손 가능성을 산정하고, 이를 바탕으로 공급 유량, 인구 밀도 등의 인자로 파손에 따른 영향을 산정한다.

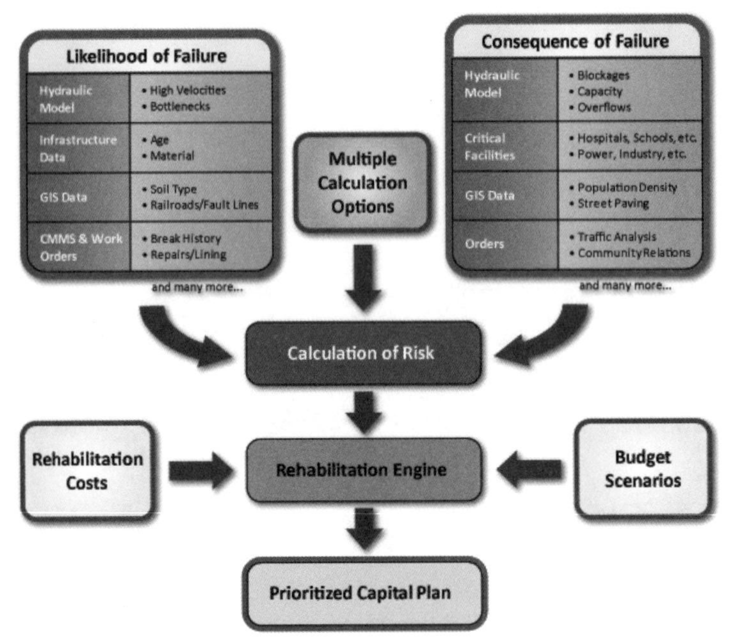

출처 : http://www.innovyze.com/products/capplan_water/

그림 8.4 Innovyze 사의 CapPlan Water 상수관망 자산관리 시스템 구성

산정된 리스크와 개량비용으로 예산 시나리오를 고려하여 개량계획을 수립하게 된다. 최종적으로 적은 비용으로 최대의 효율과 이익을 제공할 수 있는 최적의 재정 및 투자계획을 도출

하여 제공한다. 현재 국내에서 개발된 INSAM의 경우 데이터가 부족하여 시설물의 기대수명을 산정하지 못하는 경우에는 기본적으로 시설물의 법정 내용연수를 사용토록 하고 있다. 그러나 CapPlan Water 자산관리 시스템에서는 데이터가 부족한 경우에도 자동적으로 내구연수를 산정하여 결과를 도출하는 기능을 제공한다.

2) IBM, Maximo 자산관리 시스템

Maximo는 IT 자산, 물리적 자산, 스마트 자산까지 다양한 자산유형을 단일 플랫폼 상에서 통합적으로 관리할 수 있도록 설계된 자산관리 프로그램으로 IBM 사에서 개발하였다.

IBM Maximo의 모듈 구성도는 그림 8.5와 같으며, 모듈의 구성은 자산, 업무, 인벤토리, 서비스, 계약, 조달과정의 6개의 주요 관리 모듈로 구성되어 있다. 이는 소비자가 최적의 자산관리를 수행할 수 있도록 서비스를 공급한다.

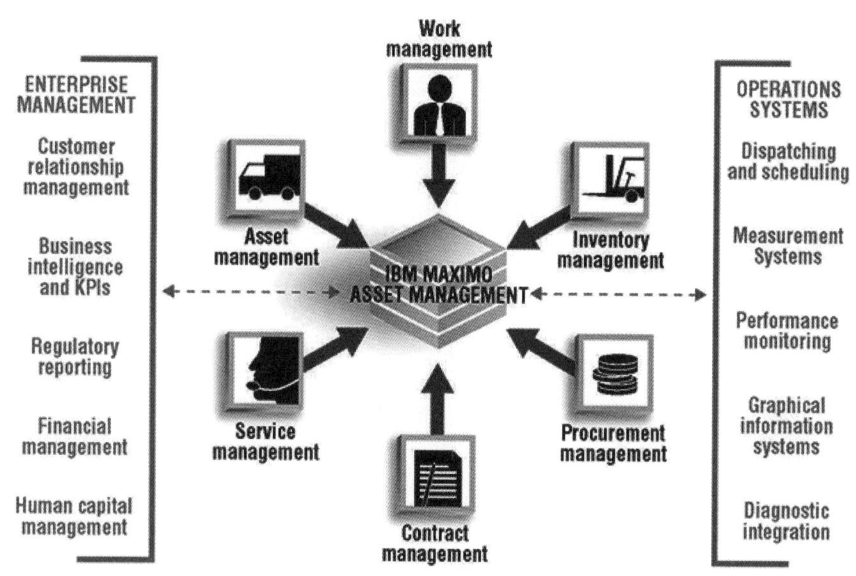

출처 : http://www.tolerro.com/our-solutions/asset-management/#ibm-maximo-eam

그림 8.5 IBM 사의 Maximo 모듈의 구성도

자산 모듈에서는 전생애주기에 걸쳐 자산의 이력을 추적 관리하고, 업무 모듈에서는 노동력과 재료비를 줄이기 위해 계획되거나 계획되지 않은 유지관리 활동을 통제한다.

서비스 모듈에서는 조직과 소비자의 원활한 소통을 통해 적정 서비스 수준을 결정하고, 안정적 서비스 수준을 유지하기 위한 모니터링을 하고, 계약 모듈은 신뢰도가 떨어지는 계약에 대한 정보를 제공하여 계약에 관한 리스크 관리를 지원한다.

인벤토리 모듈에서는 수요-공급량 정보를 제공하여 재고 부족을 예방하게 해주고, 조달모듈은 제품 조달의 전과정을 관리·통제한다. 이러한 관점에서 Maximo는 시설물 자산관리 시스템이라기보다는 조직의 전사적인 업무 프로세스를 지원하는 시스템에 가깝다고 할 수 있다.

Maximo를 자산관리 시스템으로 활용하고자 하는 경우 핵심성과지표(KPI), 성과 모니터링 등을 별도로 운영해야 될 필요가 있다고 판단된다.

3) Smallworldwide, SmallWorld 상수도시설 통합 시스템

SmallWorld 상수관망 통합관리 시스템은 Smallworldwide 사(2000년 GE가 인수)가 개발한 GIS 기반 차세대 상수관망 자산관리 프로그램이다. SmallWorld 상수관망 자산관리 시스템의 구성은 그림 8.6와 같으며, 제품 출시 이후 상수관망뿐만 아니라 전기나 가스 등 다양한 분야에서 사용하고 있다. 프로그램의 활용수요는 앞으로도 계속 증가할 전망이다.

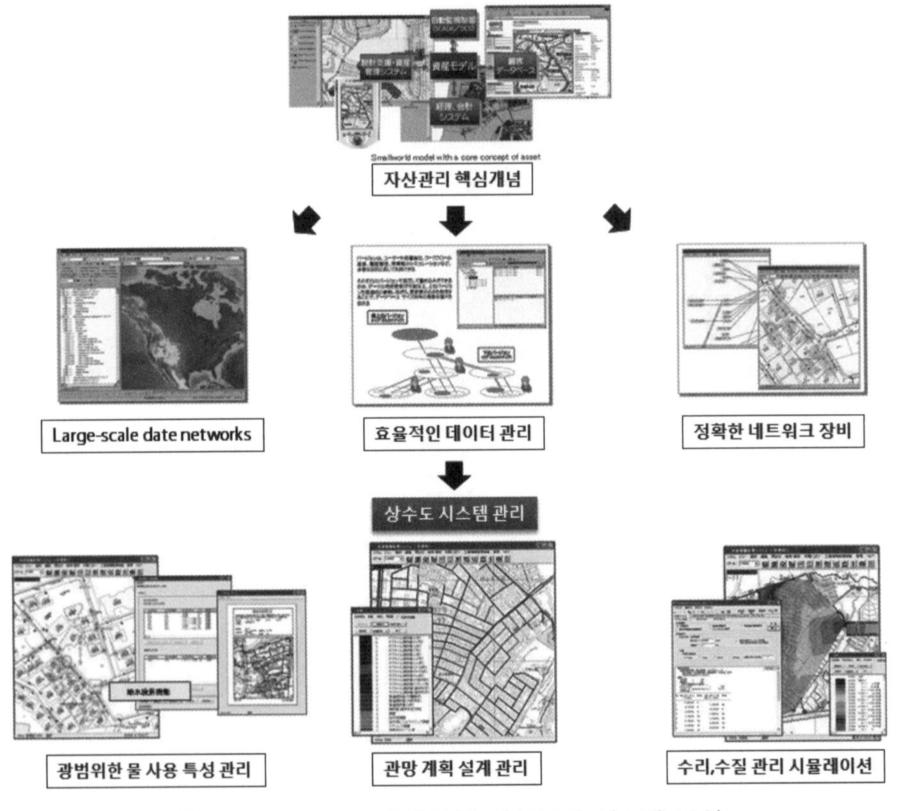

그림 8.6 SmallWorld 상수관망 자산관리 시스템 구성

SmallWorld는 빠른 처리속도와 시스템 운영비용 절감이라는 강력한 강점으로, 시설물/통신 분야에서 세계시장을 선도하고 있다. 고객의 서비스 요구수준이 증가함에 따라 이를 만족시키기 위해 기존의 느린 시스템 성능을 개선하고, 기존 시스템과의 통합으로 시설 관리 효율화를 도모하는 등 최신 프레임워크 기반의 다양한 IT 신기술을 제공하고 있다. 또한 다양한 관리업무의 시스템화를 실현하여 부서 간의 이상적인 데이터 공유를 실현할 수 있도록 시스템을 구성하였다.

또한 GIS 기술을 활용하여 상수관망과 같이 지하매설물뿐만 아니라 복잡한 다양한 시설(배수관, 급수관, 계량기, 전선, 변전소, 지하 케이블 등)의 관계를 시스템상에 실현 가능하도록 모델링하여 개발하였다. SmallWorld GIS 서브는 다중 플랫폼 GIS 서버를 지원하고 멀티-티어(Multi-Tier) 구조로서 개방적이고 확장성이 있는 시스템이다. 특히 다른 GIS 엔진과 달리 단일 객체(Single Object) 레이어가 복수 정보(Multiple Geometry) 필드를 가질 수 있어 현실의 복잡한 특성을 가진 객체 구현이 가능하도록 설계하였다. SmallWorld는 별도의 데이터 변환 없이 기업 내 Spatial RDBMS(Relational database management system)인 VMDS (Version Managed Data Store)를 그대로 Web GIS 기반 인터넷 환경으로의 서비스가 가능하며, Live Data 서비스를 통한 Up-to-Date Database 운영으로 모든 클라이언트에 대해 데이터의 일치성을 보장한다.

마지막으로 SmallWorld는 다양한 고객 요구사항에 만족하는 최신의 솔루션을 장착하고 있으며(GIS, OMS, DMS, SCADA, WFM, OSS 등), 이미 전 세계 고객들을 대상으로 오랜 기간 동안 안정적으로 서비스를 제공한 검증된 시스템이라 할 수 있다.

8.2.2 유럽연합

1) CARE-W 시설물 유지관리 시스템

유럽연합 집행위원회(European Commission)에서는 1999년부터 2004년까지 상수관망의 교체 및 갱생 최적시기에 대한 의사결정 지원 소프트웨어 CARE-W(Computer Aided Rehabilitation for Water Networks)를 개발하였다. CARE-W의 기능은 다음과 같다. 상수관망의 성과 지표(Performance Index)를 통해 상태를 평가하고, 관 파손 예측 및 급수 신뢰성 계산이 가능하다. 또한 장기 투자 필요성을 평가하고 갱생의 선택 및 순위 결정을 위한 일련의 과정을 포함한다. 이러한 CARE-W의 기능들의 결과는 프로토타입의 CARE-W에 연결되며, 프로토타입 CARE-W의 입력데이터인 관망에 대한 데이터베이스와 GIS 정보, 기타 자료 등을 기반으로 작업을 수행할 수 있다. CARE-W의 개요는 다음 그림 8.7과 같다.

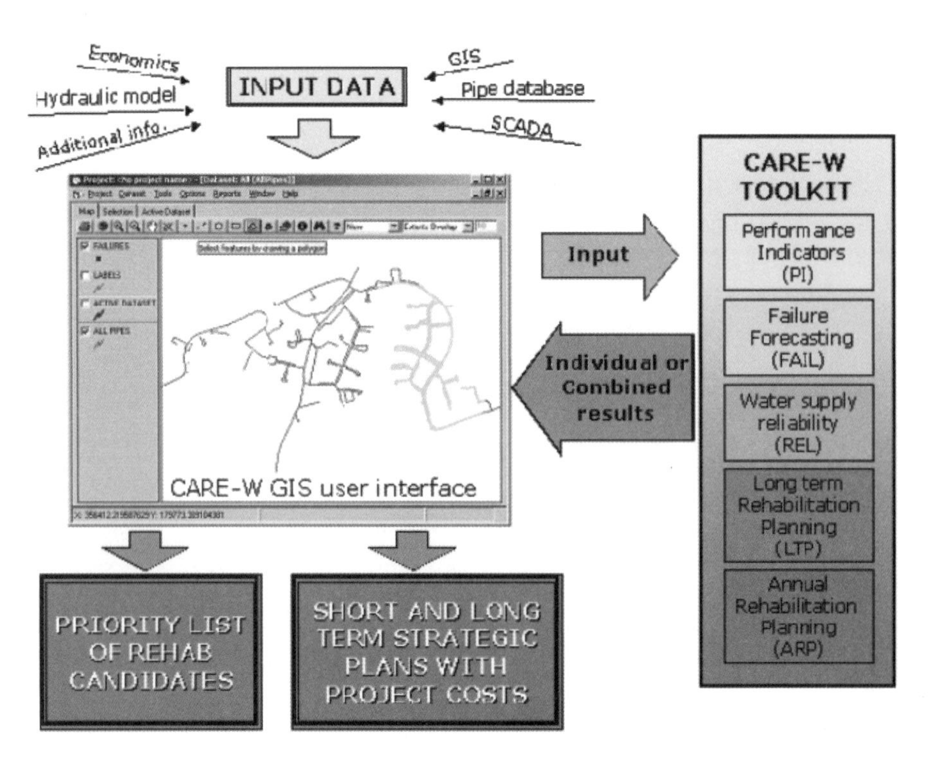

출처 : SINTEF, User Manual CARE-W Rehab

그림 8.7 EU의 CARE-W 시스템 개요

2) AWARE-P 자산관리 시스템

AWARE-P 자산관리 시스템은 유럽연합에서 개발한 CARE-W를 기반으로 2009년부터 2012년까지 추가적인 연구를 통해 개발한 시스템이다. AWARE-P 시스템의 화면은 그림 8.8과 같으며 CARE-W와 같이 PI(Performance Indicators), FAIL(Failure Forecasting), REL (Water supply reliability), LTP(Long term Rehabilitation Planning), ARP(Annual Rehabilitation Planning)의 총 5개의 툴킷으로 구성되어 있다.

AWARE-P은 GIS기반으로 상수도시설을 운영하고 있으며, 사회기반시설의 자산관리 수행을 위해 사용자들이 손쉽게 접근할 수 있도록 시스템의 구성과 운영방법을 설명한 매뉴얼, 오픈 소스, 사례뿐만 아니라 교육 과정을 운영하고 있다.

추가적으로 유럽연합에서 ICT기반 상수도시설물 운영관리 기술을 개발하기 위해 FP7프로젝트를 진행하고 있으며 이러한 프로젝트는 ICeWater, EFFINET, DAIAD, WATERNOMIC 등 최적 의사결정지원 시스템 개발을 중심적으로 진행하고 있다.

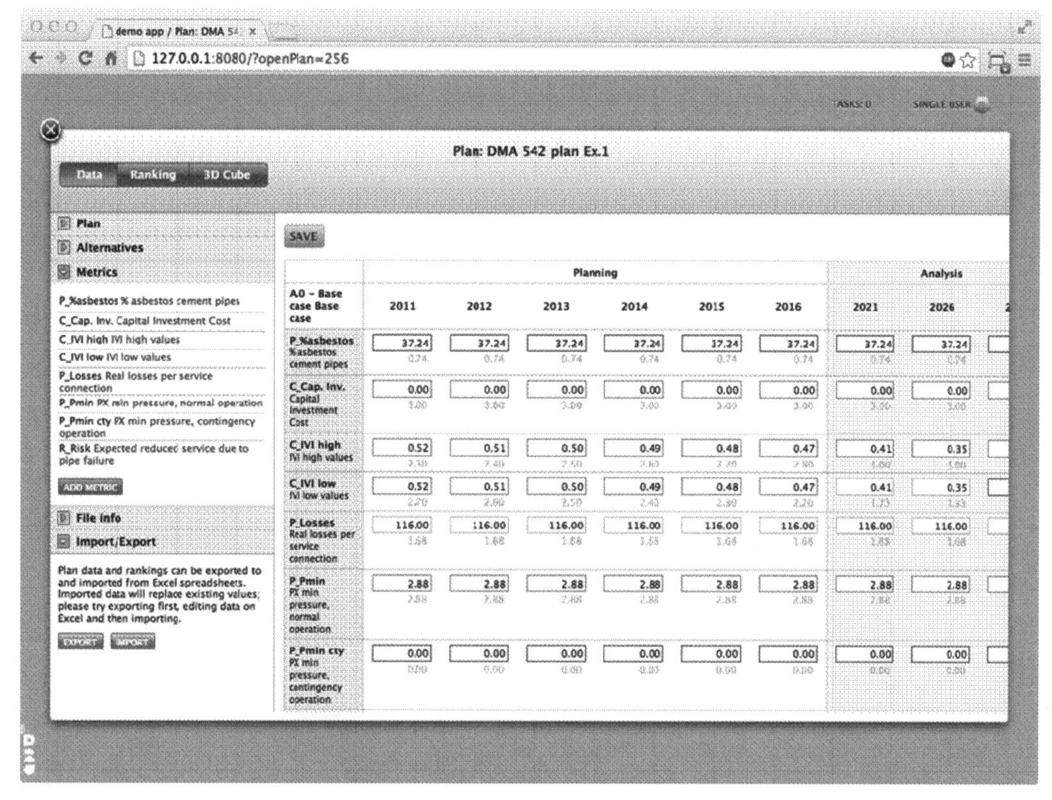

그림 8.8 EU의 AWARE-P 자산관리 시스템

포르투갈에서는 유럽연합에서 개발한 AWARE-P의 오픈 소스를 활용한 IVI (Infrastructure Value Index)를 개발하여 자산의 개량 계획 수립에 활용하였다. 그림 8.9는 IVI의 인터페이스로, 해당 화면에서는 서비스 기반(Asset-oriented) 접근 방법과 자산기반(Asset-oriented) 접근 방법을 활용한 다양한 시나리오 분석 결과를 보여주고 있다.

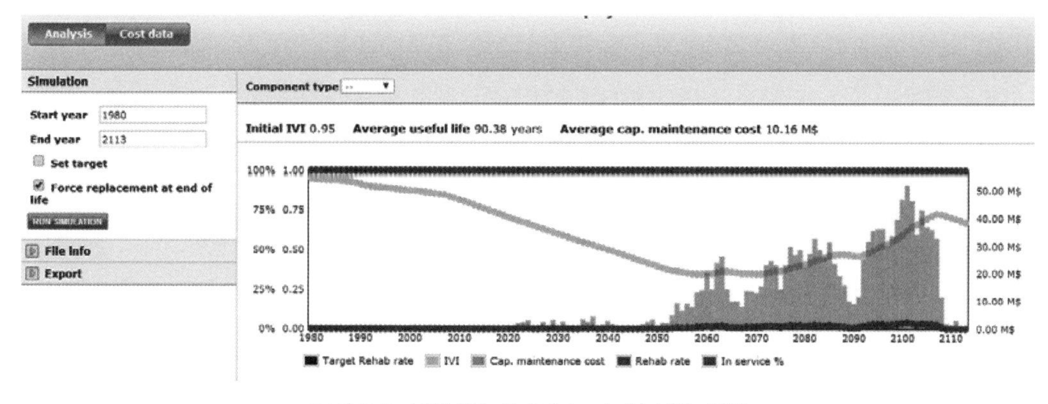

그림 8.9 AWARE-P IVI tool 시스템 화면

8.2.3 일 본

일본 후생노동성에서는 2008년 7월에 개정된 수도비전에서 상수도시설물에 대해 “지속”이란 개념을 목표로 달성하기 위해 자산관리 기법의 도입하였으며, 일본 후생노동성에서 제시한 상수도시설물의 자산관리 구성 요소는 다음 그림 8.10과 같다.

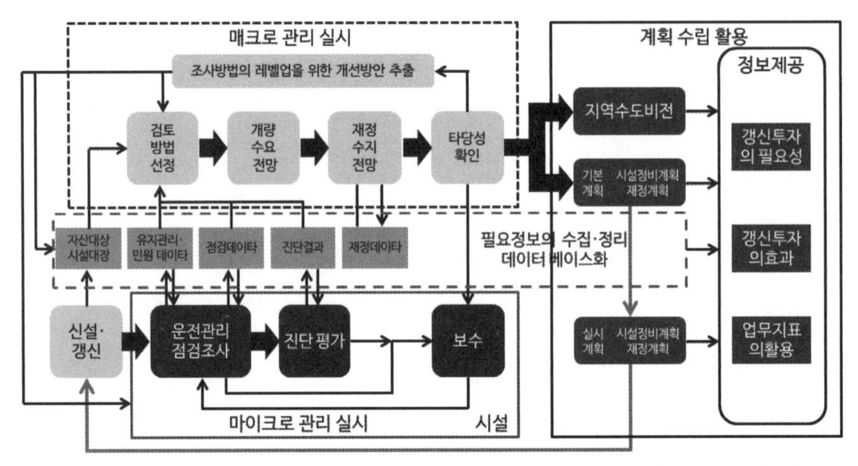

출처 : 일본후생노동성, 수도사업의 자산관리 지침(2009)

그림 8.10 상수도시설물의 자산관리 체계의 모식도

일본의 상수도시설물 자산관리 체계는 크게 4가지로 요약할 수 있다. 첫 번째는 필요한 정보의 수집·정리·데이터베이스화, 두 번째는 마이크로 관리 실시, 세 번째는 매크로 관리의 실시, 네 번째는 계획 수립 활용으로써, 각 체계별 상세 내용은 다음 표 8.1과 같이 요약할 수 있다.

표 8.1 일본 후생노동성에서 제안한 상수도시설물 자산관리 수행 체계

단계	내 용
1. 필요한 정보의 수집·정리·데이터베이스화	마이크로 관리 및 매크로 관리의 실시에 필요한 기본 정보를 수집·축적·정리하는 것이며, 두 요소 간을 유기적으로 연결시키는 역할
2. 마이크로 관리	개별 상수도시설마다 운전 관리·점검 조사 등의 일상적인 유지관리 및 시설 진단과 평가를 실시하고 매크로 관리의 실시에 필요한 데이터 수집과 정비 등을 실시
3. 매크로 관리	상수도시설 전체의 관점에서 각 시설의 중요도·우선순위를 고려한 중장기적인 관점에서 ‘개량수요 전망’ 및 ‘재정 수지 전망’에 대해 검토
4. 계획 수립 활용 및 진척관리	지역 수도 비전 등의 계획 작성이나, 수도 사용자 등에 대하여 사업의 필요성·효과를 설명하기 위한 정보 제공 및 매크로 관리의 구현을 통해 얻을 수 있는 ‘개량수요 전망’ 및 ‘재정수지 전망’에 관한 검토 결과를 활용

한편, 일본 후생노동성에서는 자산관리를 수행하기 위해 단계를 크게 마이크로 관리(미시적 관리), 매크로 관리(거시적 관리)와 계획 수립 활용으로 구성하고 있다. 마이크로 관리는 개별 시설관리자의 관점에서 개별 자산에 대해 운전관리, 진단 평가, 보수 등에 대해 관리를 하는 것이고, 매크로 관리는 경영자의 관점에서 전체적인 자산에 대해 중·장기적으로 개량 수요를 전망하고 재정수지를 전망하는 것으로 마이크로 관리와 매크로 관리에 대한 대한 비교 결과는 다음 표 8.2와 같다.

표 8.2 후생노동성 자산관리 수행체계 중 매크로 관리와 마이크로 관리의 비교

구분	매크로 관리	마이크로 관리
관점	경영자의 관점	개별 시설관리자의 관점
시설취급	시설을 그룹화하여 관리	각 시설마다 관리
주요활동	① 운영 목표 설정 ② 관리하는 사업자의 재무 분석을 실시 ③ 예산 제약 등의 제약 조건을 제시 ④ 운영 목표에 비추어 모든 시설을 앞으로 운영하는 데 필요한 미래 비용을 파악 ⑤ 제약 조건과 향후 소요되는 비용을 기반으로 유지관리 및 개량 계획을 작성	① 개별 시설이 보유해야 할 성능 및 건전도 등의 요구 조건을 설정 ② 개별 시설마다 점검을 실시 ③ 검사 결과를 바탕으로 시설의 건전도 및 가동률과 같은 성과를 평가 ④ 성능평가 결과를 바탕으로 미래의 비용 예측 ⑤ 보수·보강·갱신 중 하나를 수행

8.2.4 대한민국

1) 한국건설기술연구원, 상하수도 관망의 자산관리 시스템

'상하수도 관망의 자산관리 시스템'은 한국건설기술연구원의 '한국형 통합자산관리 시스템(KTAM-40)'개발의 하위항목으로써 크게 공학적 분석 시스템, 서비스 수준 목표선정 시스템, 재무적 분석 시스템으로 구분되며 GIS 기반의 상하수도 관로에 대한 통합자산관리 체계를 제공함으로써 상하수도 시설의 정보관리, 이력관리 및 자산관리에 활용할 수 있는 상하수도 관망의 자산관리 시스템이다.

공학적 분석 시스템은 상하수도 관망 GIS를 기반으로 상하수도 관망 노후화 모델을 적용하고 상하수도 관망에 대한 통합 지속적인 업데이트 최적화를 통해 예방적 유지관리를 수행하며 리스크 분석에 따른 최적 정비 의사결정을 제공한다.

또한 서비스 수준 목표선정 시스템은 상하수도 관망에 대한 고객관점의 서비스 수준 목표와 조직관점의 서비스 수준 목표간의 갭(Gap) 분석을 통해 통합적인 목표수준을 선정한다.

재무 분석 시스템은 상하수도 관망의 유지보수 및 갱생비용과 관련된 의사결정 기법들에 의한 효율적인 예산분배를 통해 최소 비용으로 최대 성능 유지를 목표로 한다. 다음 그림 8.11은 해당 시스템의 프레임워크를 나타낸다.

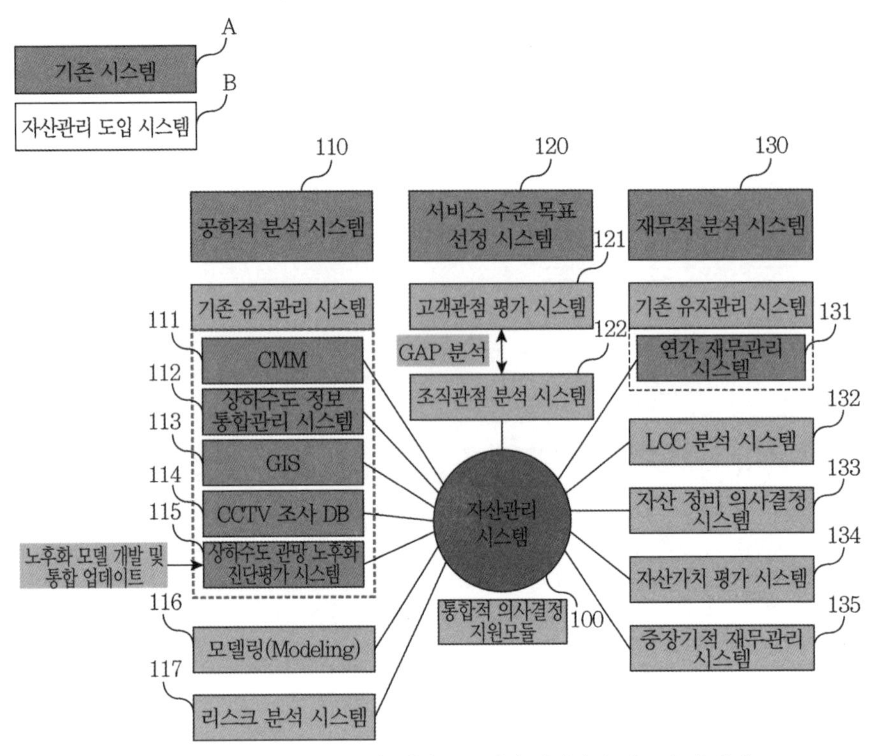

출처: 상하수도 관망 자산관리 시스템, 출원번호 1020100109412(특허)

그림 8.11 상하수도 관망 자산관리 시스템

그림 8.12는 KTAM-40의 실행화면을 나타낸다. KTAM-40을 이용해서 서비스 수준과 비용 편익분석에 따른 우선순위 산정 결과를 분석할 수 있으며, 비용투입에 따른 구역별 하수도 LoS의 의사결정 대안 전후의 서비스 수준 향상 결과를 예측할 수 있다.

서비스 수준 목표선정 시스템에서의 서비스 수준은 환경, 경제, 사회문화적 측면에서 7대 고객가치로 지속 가능성, 접근성, 비용 적정성, 건전도, 건강 및 안전, 신뢰 및 대응성, 고객서비스로 구분하였다. 시스템에서 설정한 상수도 LOS와 그에 대한 Key Performance Indicator에 대한 예시는 다음 표 8.3과 같으며 가중치는 설문조사 및 전문가 AHP(Analytic Hierarchy Process) 분석을 통해 산출한다. 다만, 해당 시스템은 상수도 자산관리에 대한 초기단계 연구 결과물이라는 의의가 있지만 자산의 범위를 상하수도 관망으로 국한하고, 정수시설에 대한 결과물을 제시하지 않았다는 부분에서 한계가 있다.

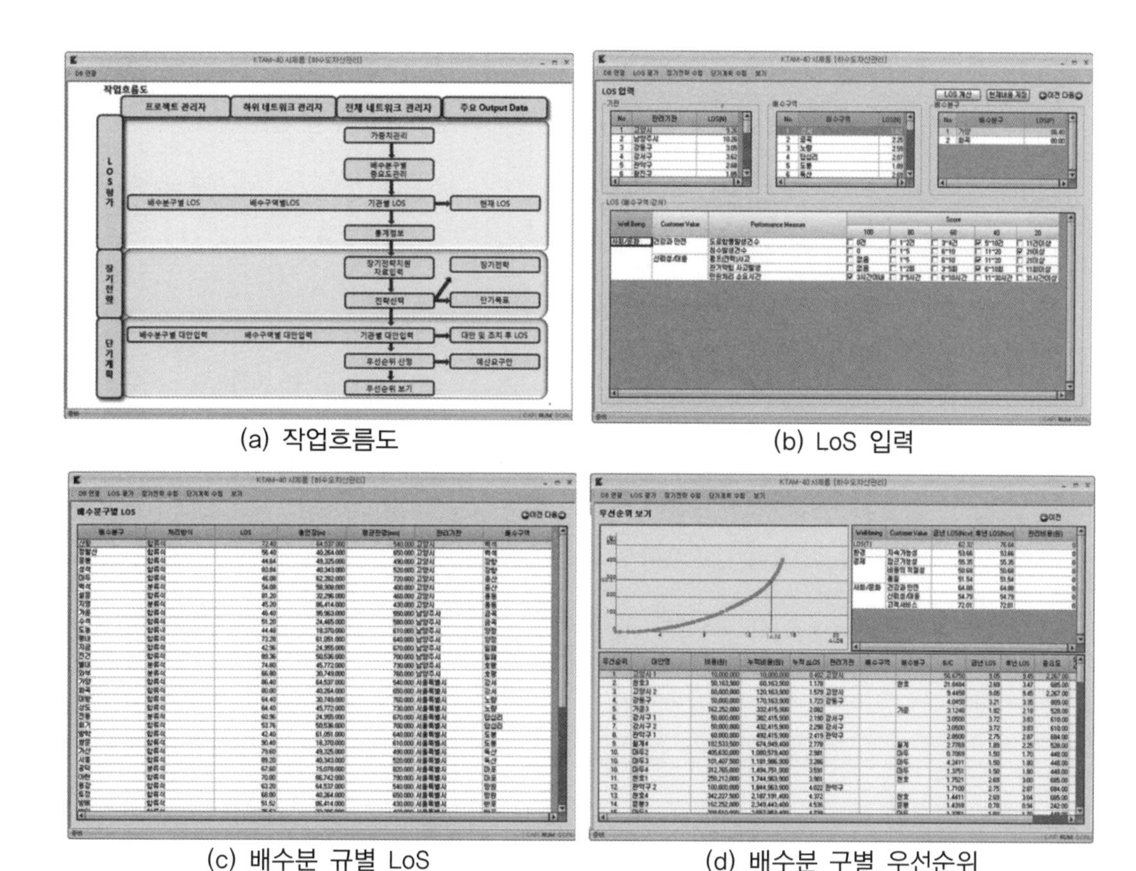

(a) 작업흐름도 (b) LoS 입력

(c) 배수분 규별 LoS (d) 배수분 구별 우선순위

출처 : 황환국 외, 상하수도 관로의 효과적 유지관리를 위한 자산관리기법 개발, (2010)

그림 8.12 KTAM-40 실행화면

표 8.3 상수도 서비스 수준에 따른 성능측정표

상수도(상수관로) LoS 총괄표			Key Performance Indicator				
Well-being	Customer value	LoS 정의	Performance Measures	적용	계산식	단위	성과판단척도 (현재는 5점 척도)
환경	지속 가능성 Sustainability	수환경 보전과 건전한 물 순환을 회복을 통한 지속적인 서비스 제공	취수원수수질	대블록	취수 원수수질	BOD mg/L	1점 : 10mg/L 이상 2점 : 6~10mg/L 3점 : 3~6mg/L 4점 : 1~3mg/L
경제	접근성 Accessibility	고객이 요구하는 상수관로의 서비스를 제공하는 것	급수보급률	대블록	급수인구/총인구×100	%	1점 : 81~85% 2점 : 86~90% 3점 : 91~95% 4점 : 96~99%
	비용의 적정성 Affordability	상수도 서비스 이용비용의 적정성	요금만족도 (수도요금 민원건수)	대블록	(연간수도요금 민원건수/급수인구)×1,000	건/천명	1점 : 11 이상 2점 : 5~10 3점 : 1~5 4점 : 0.5~1

표 8.3 상수도 서비스 수준에 따른 성능측정표(계속)

상수도(상수관로) LoS 총괄표			Key Performance Indicator				
경제	질 Quality (Performance)	상수도 기능에 적절한 유지 상태	관거의 유수율	소블록	연간유수 수량/연간 생산량×100	%	1점 : 70% 이하 2점 : 71~80% 3점 : 81~90% 4점 : 91~95%
			관거의 노후도	소블록	(관거 평균내용연수)	년	1점 : 50년 이상 2점 : 31~50년 3점 : 21~30년 4점 : 11~20년
사회/문화	건강과 안전 Health/Safety	공공의 안전에 위험요소가 없을 것	관로 사고 건수	대블록	(전체관로 사고건수/관로 총연장)×100	건/100 km-년	1점 : 11건 이상 2점 : 6~10건 3점 : 3~4건 4점 : 1~2건
		공공의 건강에 위해요소가 없을 것	음용수의 수질기준에 대한 만족도 (수질민원건수)	대블록	(연간 수질 민원건수/급수 인구)×1,000	건/천 명	1점 : 11 이상 2점 : 6~10 3점 : 1~5 4점 : 0.5~1
	신뢰성과 대응 Reliability/ Responsiveness	예측 가능하고 연속성 있는 서비스를 제공	연간 비계획적 단수시간	대블록	연간 비계획적 단수시간/100km	시간/100 km-년	1점 : 21시간 이상 2점 : 11~20시간 3점 : 6~10시간 4점 : 1~5시간
		상수도 서비스 요구에 대한 즉각적인 대응	민원처리 소요시간	대블록	민원처리 총 소요시간/전체 민원건수	시간/건	1점 : 31시간 이상 2점 : 11~30시간 3점 : 6~10시간 4점 : 3~5시간
	고객서비스 (Customer Service)	책임감 있는 시설의 운영 서비스 요구에 대한 친절한 응대	사이버민원 서비스 만족률	대블록	사이버 민원 3시간 이내 답변률/전체 민원접수건수 ×100	%	1점 : 50% 이하 2점 : 51~70% 3점 : 71~80% 4점 : 81~90%
			전화민원 서비스 응답률	대블록	민원서비스응답률/민원서비스제기율×100	%	1점 : 80% 이하 2점 : 81~85% 3점 : 86~90% 4점 : 91~95%

2) 환경부, INSAM(상수도시설 운영 및 자산관리 통합 시스템)

환경부(2017)는 '상수도시설 운영 및 자산관리 통합 시스템 개발' 연구에서 자산관리 방법론 정립에 더해 상수도시설 자산관리 통합 시스템인 'INSAM(INtegrated System for Asset Management of Waterworks Facilities)'을 개발하였다. INSAM은 자산관리 수행 7단계 체계를 근간으로 개별 S/W가 통합된 형태의 프로그램이라 할 수 있다. 개발한 상수도시설 자산관리 7 STEP 실무기본체계는 아래 그림 8.13과 같다. 상수도시설 자산관리 실무기본체계는 국내 수도사업자의 여건을 고려하여 기본형 자산관리와 상세형 자산관리로 구분하였으며, 수도사업자가 자산관리를 도입하고 실시하고자 하는 경우 참조할 수 있는 상수도시설 자산관리 추진 매뉴얼을 개발하였다.

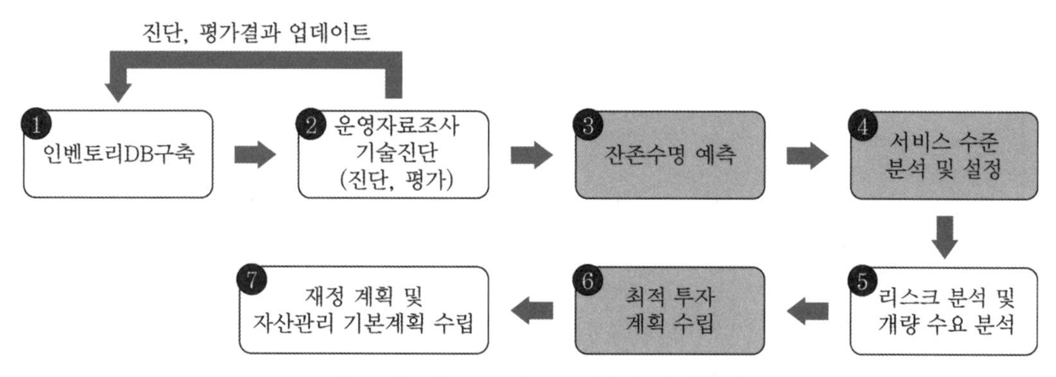

그림 8.13 상수도시설 자산관리 수행체계

또한 INSAM은 수도사업자의 주어진 예산 범위 내에서 상수도시설의 장래 개량수요에 대응하여 최적의 투자계획 수립을 지원할 수 있는 최적화 알고리즘 기반의 프로그램을 포함하고 있다. 최적투자관리 프로그램은 '상수도시설 자산관리 통합 시스템(INSAM)'에 연계하여 통합 시스템에서도 이를 활용할 수 있도록 하고 있다.

(단위 : 원)

BS	2010년	2011년	2012년	2013년	2014년	2015년	2016년	2017년	2018년	2019년	2020년
자 산											
I.유동자산	1,186,959,741	1,798,887,941	6,332,337,076	3,711,617,997	3,930,490,680	-10,301,102,148	-24,350,867,427	-38,423,127,059	-52,519,543,451	-66,645,644,625	-80,779,844,805
1.당좌자산	1,119,576,365	1,726,144,726	6,211,564,741	3,615,891,517	3,849,113,748	-10,301,102,148	-24,350,867,427	-38,423,127,059	-52,519,543,451	-66,645,644,625	-80,779,844,805
가.현금및현금성자산	1,003,343,655	990,759,914	5,875,343,846	3,303,920,582	1,287,249,603	-10,581,789,276	-24,637,729,671	-38,716,587,135	-52,820,046,569	-66,952,758,812	-81,461,804,546
나.영업미수금	116,232,710	239,834,365	345,627,725	322,390,285	364,779,605	286,516,331	292,819,690	299,554,543	306,743,852	313,492,217	701,309,799
대손충당금		-7,476,950	-9,406,830	-10,419,350	-953,460	-5,829,208	-5,957,446	-6,094,467	-6,240,734	-6,378,030	-19,350,058
다. 기타유동자산		503,027,397			2,198,038,000						
2.재고자산	67,383,376	72,743,215	120,772,335	95,726,480	81,376,932	0	0	0	0	0	0
가.저장품	67,383,376	72,743,215	120,772,335	95,726,480	81,376,932	0	0	0	0	0	0
II.비유동자산	58,116,083,992	65,111,461,704	73,103,981,785	88,210,794,760	90,602,603,247	91,992,036,358	93,874,526,332	98,999,577,499	98,195,963,085	97,503,392,123	97,944,864,447
1.유형자산	58,116,083,992	65,111,461,704	73,103,981,785	88,210,794,760	90,602,603,247	91,992,036,358	93,874,526,332	98,999,577,499	98,195,963,085	97,503,392,123	97,944,864,447
가.토지	411,756,481	411,756,481	411,756,481	411,756,481	2,485,745,481	2,485,745,481	2,485,745,481	2,485,745,481	2,485,745,481	2,485,745,481	2,485,745,481
나.임목						0	0	0	0	0	0
다.건물	1,896,704,312	1,896,704,312	1,896,704,312	1,896,704,312	1,605,105,342	1,605,105,342	1,605,105,342	1,605,105,342	1,605,105,342	1,605,105,342	1,605,105,342
감가상각누계액	-405,124,283	-453,722,266	-502,320,249	-550,918,232	-468,459,958	-495,174,021	-522,157,923	-549,141,825	-576,125,727	-603,109,630	-630,093,532
라.구축물	44,374,680,332	44,648,481,692	48,604,534,672	62,467,532,837	52,101,656,879	54,190,195,526	56,778,920,048	62,639,815,355	62,646,537,295	62,764,440,895	63,849,457,843
감가상각누계액	-9,361,789,580	-10,768,131,034	-12,212,472,259	-13,790,766,239	-9,283,655,251	-9,888,725,527	-10,499,907,624	-11,140,699,314	-11,839,101,509	-12,537,641,911	-13,237,444,278
마.기계장치	7,501,196,271	7,824,676,401	7,824,676,401	7,824,676,401	6,626,810,844	6,626,810,844	6,626,810,844	6,626,810,844	6,626,810,844	6,626,810,844	6,795,002,748
감가상각누계액	-2,793,049,565	-3,286,635,390	-3,810,386,052	-4,249,022,416	-3,922,829,119	-3,990,216,982	-4,058,285,531	-4,126,354,079	-4,211,304,337	-4,296,254,594	-4,381,204,852
바.차량운반구	27,064,000	27,064,000	27,064,000	27,064,000	27,064,000	27,064,000	27,064,000	27,064,000	27,064,000	27,064,000	27,064,000
감가상각누계액	-4,871,520	-10,284,320	-15,697,120	-21,109,920	-21,651,200	-21,651,200	-21,651,200	-21,651,200	-21,651,200	-21,651,200	-21,651,200
마.공기구비품	517,019,916	545,332,616	545,332,616	545,532,616	88,391,840	88,458,507	88,458,507	88,458,507	88,458,507	88,458,507	88,458,507
감가상각누계액	-451,801,534	-487,838,911	-510,130,943	-525,743,951	-70,876,960	-70,876,960	-70,876,960	-70,876,960	-70,876,960	-70,876,960	-70,876,960
바.기타가동설비자산	5,703,616,025	6,006,553,725	6,419,161,755	6,740,618,755	7,333,511,755	7,333,511,755	7,333,511,755	7,333,511,755	7,333,511,755	7,333,511,755	7,333,511,755
사.비가동설비자산	10,700,683,137	18,757,504,398	24,425,758,171	27,434,470,116	34,101,789,594	34,101,789,594	34,101,789,594	34,101,789,594	34,101,789,594	34,101,789,594	34,101,789,594
2.무형자산	0	0	0	0	0	0	0	0	0	0	0
가.기타의무형자산						-	-	-	-	-	-
3.기타비유동자산	0	0	0	0	0	0	0	0	0	0	0
가.기타비유동자산						0	0	0	0	0	0
자 산 총 계	59,303,043,733	66,910,349,645	79,436,318,861	91,922,412,757	94,533,093,927	[illegible]	[illegible]	[illegible]	[illegible]	[illegible]	[illegible]
부 채											
I. 유동부채	88,800,000	143,030,910	142,277,239	238,541,254	419,101,359	214,700,000	214,700,000	214,700,000	214,700,000	214,700,000	214,700,000
1.유동성장기부채	88,800,000	138,800,000	138,800,000	26,800,000	229,500,000	214,700,000	214,700,000	214,700,000	214,700,000	214,700,000	214,700,000
2.기타유동부채		4,230,910	3,477,239	211,741,254	189,601,359						
II.비유동부채	2,526,360,170	2,337,649,079	2,188,600,000	2,161,800,000	1,932,300,000	1,717,600,000	1,502,900,000	1,288,200,000	1,073,500,000	858,800,000	644,100,000
1.장기부채	2,516,200,000	2,327,400,000	2,188,600,000	2,161,800,000	1,932,300,000	1,717,600,000	1,502,900,000	1,288,200,000	1,073,500,000	858,800,000	644,100,000
2.기타비유동부채	10,160,170	10,249,079									
부 채 총 계	2,615,160,170	2,480,679,989	2,330,877,239	2,400,341,254	2,351,401,359	1,932,300,000	1,717,600,000	1,502,900,000	1,288,200,000	1,073,500,000	858,800,000
자 본											
I.자본금	10,968,400,455	10,968,400,455	10,968,400,455	10,968,400,455	10,968,400,455	10,968,400,455	10,968,400,455	10,968,400,455	10,968,400,455	10,968,400,455	10,968,400,455
II.자본잉여금	48,415,988,790	57,955,976,490	73,086,814,670	86,757,097,670	91,268,242,494	91,268,242,494	91,268,242,494	91,268,242,494	91,268,242,494	91,268,242,494	91,268,242,494
1.원시자본잉여금	45,846,140,000	55,047,255,000	69,734,345,150	77,924,345,150	79,587,477,744	79,587,477,744	79,587,477,744	79,587,477,744	79,587,477,744	79,587,477,744	79,587,477,744
2.국고지원금				4,999,000,000	7,090,217,000	7,090,217,000	7,090,217,000	7,090,217,000	7,090,217,000	7,090,217,000	7,090,217,000
3.지자체부담금	2,569,848,790	2,908,721,490	3,352,469,520	3,833,752,520	4,590,547,750	4,590,547,750	4,590,547,750	4,590,547,750	4,590,547,750	4,590,547,750	4,590,547,750
III.이익잉여금	-2,696,505,682	-4,494,707,289	-6,949,773,503	-8,203,426,622	-10,054,950,381	-10,655,967,860	-11,286,621,496	-11,969,379,077	-12,750,785,631	-13,562,015,175	-14,382,605,691
1.미처분이익잉여금	-2,696,505,682	-4,494,707,289	-6,949,773,503	-8,203,426,622	-10,054,950,381	-10,655,967,860	-11,286,621,496	-11,969,379,077	-12,750,785,631	-13,562,015,175	-14,382,605,691
자 본 총 계	56,687,883,563	64,429,669,656	77,105,441,622	89,522,071,503	92,181,692,568	91,580,675,089	90,950,021,453	90,267,263,872	89,485,857,318	88,674,627,774	87,854,037,258
부 채 와 자 본 총 계	59,303,043,733	66,910,349,645	79,436,318,861	91,922,412,757	94,533,093,927	93,512,975,089	92,667,621,453	91,770,163,872	90,774,057,318	89,748,127,774	88,712,837,258

그림 8.14 재정수지전망 tool

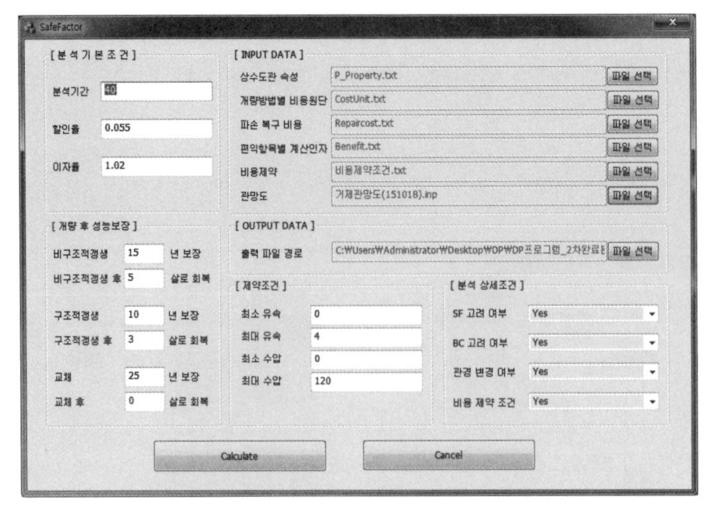

그림 8.15 최적투자관리 프로그램

8.3 상수도시설 자산관리의 핵심요소

미국의 환경보호국(EPA: Environmental Protection Agency)에서는 자산관리 가이드라인(Best practice guide)을 제시하고, 성공적인 자산관리의 수행을 위해서는 사회기반시설물의 규모에 관계없이 5가지 핵심요소 체계를 갖추어야 한다고 제시하였다. 5가지 핵심요소는 다음 그림 8.16와 같이 나타낼 수 있으며, 각 핵심요소별 상세 내용은 표 8.4와 같다.

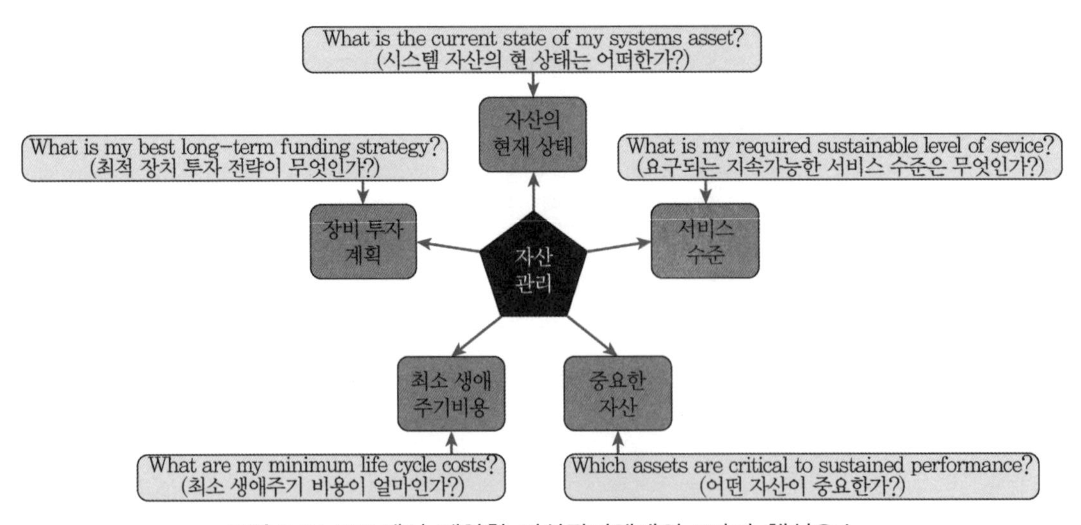

그림 8.16 EPA에서 제안한 자산관리체계의 5가지 핵심요소

표 8.4 EPA에서 제안한 자산관리체계의 5가지 핵심요소 세부내용

핵심요소	내 용
자산의 현재 상태 (Current State of Assets)	자산목록에 대한 상태평가, 등급화 등을 실시하여 소유자산, 자산의 위치, 자산의 상태, 자산의 사용수명 등 파악
서비스 제공 수준 (Level of Service)	고객 또는 자산관리 프로그램 지원자들이 요구하는 수준과 규제 사항을 파악하여 합리적이고 지속 가능한 서비스 수준 도출
중요 자산 (Critical Asset)	자산을 사고확률과 사고가 발생했을 시 결과(비용, 안전성과 관련된 사항)에 따라 판단하여 자산목록 중 중요한 자산을 결정
최소 생애주기비용 (Minimum Life Cycle Cost)	시설물의 갱생, 보수, 교체 등의 개량을 위해 사용되는 가장 합리적인 비용(유지관리비, 인건비 등) 분석
장기 투자 계획 (Long-term Funding Plan)	전체적인 비용과 상수도시스템 운영에 따른 수입을 파악하여 재정 예측을 기반으로 최적 장기 투자 계획 수립

출처 : EPA, Asset Management : A Best Practice Guide(2008)

한편, EPA의 'Best practice guide'에서는 자산관리체계의 5가지 핵심요소에 대하여 중점적으로 고려해야 하는 사항과 각 핵심요소를 활용하여 자산관리를 수행할 때 최적의 수행방법을 다음 표 8.5와 같이 제안하고 있다.

표 8.5 EPA에서 제안한 자산관리체계의 5가지 핵심요소별 고려사항 및 최적 수행방법

핵심요소	고려사항	최적 수행방법
자산의 현재 상태 (Current State of Assets)	소유한 자산은 무엇인가? 자산이 어디에 있는가? 자산의 상태는 어떠한가? 자산의 사용 수명(유효 수명)은 얼마인가? 자산의 가치는 무엇인가?	자산 목록과 시스템 지도를 준비한다. 상태평가와 그것을 등급화 하는 시스템을 개발한다. 계획된 사용수명표 또는 감쇠 곡선을 고려하여 잔존하는 사용 수명을 평가한다. 자산의 가치와 교체비용을 결정한다.
서비스 제공 수준 (Level of Service)	소비자들이 요구하는 서비스 수준은 무엇인가? 법적 규제 사항은 무엇인가? 실질적으로 수행해야 하는 것은 무엇인가? 자산의 물리적인 크기는 얼마인가?	현재 상태를 분석하고, 고객이 시스템을 만족하는 수준의 요구사항을 예상한다. 현재와 장래 예상되는 규제 사항을 파악한다. 일반 대중들과의 의사소통을 통해 시스템의 수행 목표와 합리적인 서비스 수준을 도출한다.
중요 자산 (Critical Asset)	자산에 사고가 어떻게 발생하는가? 자산 사고의 가능성과 그 결과는 무엇인가? 자산을 보수하기 위해 투입되는 비용은 얼마인가? 자산 사고로 인해 발생하는 다른 비용(사회적, 환경적)은 얼마인가?	시스템 운영에 대한 중요도에 따라 자산을 목록화한다. 사고분석을 수행한다(근본 원인 분석, 사고 분석). 사고 가능성을 결정하고, 사고의 유형에 따라 자산을 목록화한다. 사고 위험도와 그 결과를 분석한다. 자산 감쇠 곡선을 이용한다. 시스템의 취약한 부분을 평가한 것을 검토하고 개량한다.

표 8.5 EPA에서 제안한 자산관리체계의 5가지 핵심요소별 고려사항 및 최적 수행방법(계속)

핵심요소	고려사항	최적 수행방법
최소 생애주기비용 (Minimum Life Cycle Cost)	유지관리비, 인건비, 지출 예산을 대체할 방법이 존재하는가? 시스템에 가장 적합한 방법은 무엇인가? 중요 자산의 갱생, 보수, 교체 비용은 얼마인가?	사고 대응적 유지관리가 아닌 사전 예방적 유지관리로 전환한다. 갱생과 교체 사이의 비용 및 편익을 파악한다. 중요 자산의 생애주기비용을 조사한다. 자산의 상태를 근거로 재원을 효율적으로 분배한다. 특정한 대응 계획을 수립하기 위하여 자산의 사고 원인을 분석한다.
장기 투자 계획 (Long-term Funding Plan)	요구되는 서비스 수준을 제공하기 위해 소요되는 유지관리 비용이 충분한가? 시스템의 장기간 요구사항을 지속할 수 있는 재정구조를 갖고 있는가?	재정구조를 개정한다. 현 수입에서 예비 자금을 마련한다. (예를 들어 기금 등) 대출 또는 다른 재정적 보조를 통하여 자산의 갱생, 보수, 교체의 재원을 마련한다.

출처 : EPA, Asset Management : A Best Practice Guide(2008)

8.4 상수도시설 자산관리의 수행절차

효과적인 자산 관리를 위해 상수도시설 관리자는 자산관리의 기본 방향을 수립하고, 목표로 설정한 서비스 수준 및 수요를 충족시키기 위한 지속적 모니터링을 실시하여야 한다. 또한 구축된 모든 자산의 상태를 파악하고 사고 발생을 대비하여 잠재적 위험 및 결과를 확인한다.

이를 위한 전문 자산관리 수행 팀이 마련되어야 하며, 시설의 지속 가능성을 보장하기 위해 자산의 생애주기적 관점에서의 관리 전략을 수립하여야 한다. 자산관리 수행 구조에 대한 상세 내용은 다음 그림 8.17과 같다.

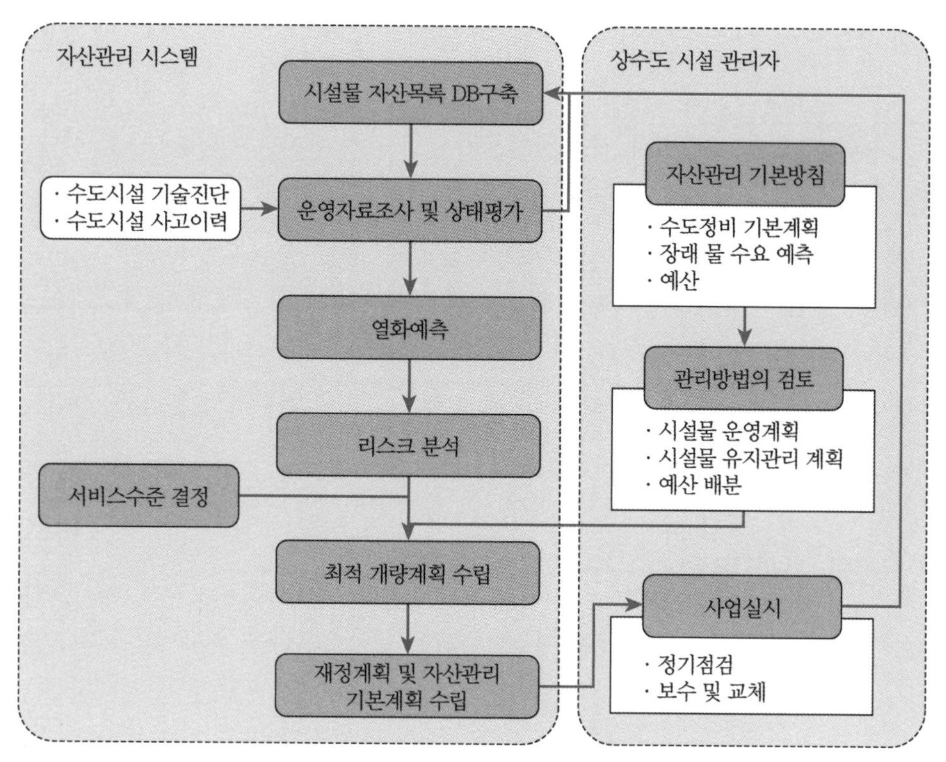

그림 8.17 상수도 시설 자산관리 절차

8.4.1 자산관리 기본 방침의 설정

수도사업자는 조직 전체가 자산관리의 중요성을 이해하여 자산관리 기본 방침 및 방향을 설정하여야 한다. 자산관리의 기본방향은 자산관리 수행에 있어 최우선적으로 고려되어야 한다. 자산관리 계획과 전략에 의해 뒷받침되는 상수도시설의 자산 관리 기본 방침은 장래의 물수요 예측, 수도정비기본계획, 예산 등을 고려하여 수립함으로써 수도시설의 효율적인 관리 및 안정적인 용수공급을 위한 중장기적인 정책방향을 제시할 수 있다. 자산관리 기본 방향 설정 예는 다음 표 8.6과 같다.

표 8.6 자산관리 기본 방향 설정의 예

자산관리 기본 방향의 설정
수도사업자는 항상 다음과 같은 최고수준의 자산관리를 실천하도록 노력하여야 한다.
수요예측, 수도정비기본계획과 서비스 수준 등을 토대로 자산 계획을 수립하여야 한다.
생애주기비용 계산, 자산 상태 모니터링, 리스크 평가를 기초로 하는 자산의 유지보수, 갱신 및 교체계획을 수립하여야 한다.
자산의 취득부터 보안, 운영, 검사, 유지보수 및 폐기에 대한 명확한 책임을 인식하여야 한다.

출처 : ADB, Water Utility Asset Management(2013)

장래 물 수요를 예측하는 것은 자산관리에서 핵심사항 중 하나라 할 수 있다. 물 수요예측 결과를 통해 수도사업자는 목표로 설정한 서비스 수준을 유지하기 위해 시스템 확장 또는 개·대체에 필요한 계획을 수립할 수 있다. 수도사업자는 여러 가지의 시나리오에 기초한 하나 이상의 물 수요 예측 결과를 검토하여야 한다. 여기서 핵심사항은 물 수요 예측 결과 및 이를 토대로 수립된 계획에 대하여 신뢰할 수 있는 정보를 얻는 것이다.

개발사업의 승인, 인구의 증가, 기존 배수구역 내 타지역 인구 유입과 같이 상수도 서비스 수요를 증가시키거나 감소시키는 요인의 정보가 함께 검토되어야 한다. 정확한 물 수요 예측이 이루어지지 않으면, 자산의 개·대체를 적시에 진행할 근거를 확보하지 못할 뿐 아니라, 불필요한 시설 확장 등을 수행하게 될 수 있다.

8.4.2 시설물 자산 목록 DB 구축

상수도시설의 자산관리는 체계적인 상수도시설의 데이터베이스 관리 없이는 불가능하다. 이를 위해 수도사업자는 데이터베이스를 지속적으로 업데이트하고 비교·분석하며 기록할 수 있는 절차 개발에 노력해야 한다. 또한 과거 이력 데이터를 축적하고 상수도시설 자산의 분류 방법을 확립해야 한다.

미국 EPA에서는 상수도시설의 자산목록을 구축하기 위해서는 수도사업자가 보유하는 자산을 취합하여 관리가 반드시 필요한 자산과 그렇지 않은 자산으로 분류 한 후 계층분류를 통해 자산목록을 구축해야 한다고 강조하고, 절차로 다음 표 8.7과 같이 6단계를 제시하였다.

표 8.7 미국 EPA 인벤토리 구축 6단계

인벤토리 구축 단계	내용
자산취합	현재 인벤토리 DB 상태를 검토하고, 자산으로 인정 가능한 모든 것을 검토하여 취합
자산정의	인벤토리에 기록하여 관리해야 하는 자산과 그렇지 않은 자산에 대해 정의
자산명칭 및 관리번호 부여	자산의 최적관리를 위한 기본적인 데이터베이스화
자산분류	자산의 계층화를 위해 자산을 그룹화하고 분류
자산관리 데이터 기준 수립	의사결정 지원에 필요한 데이터 속성을 정의하고, 자산에 관한 속성을 상세화
자산 계층화	자산의 쉬운 구분을 위해 자산 계층도 개발

출처 : EPA, The Fundamental of Asset Management Workshop Material(2012)

시설물 자산을 목록화하는 것은 자산이 갖고 있는 가치를 평가하고 유지관리 의사결정에 활용하여 중장기적인 유지관리비용의 투입시기 결정 및 자산관리 최적화를 위함이라 할 수 있다.

인벤토리 DB 구축 단계에서는 소유하고 있는 모든 자산을 기록하고 자산과 관련된 모든 대상들과 연결하여야 하며 자산에 대해 개별 요소들과 복합적인 자산, 즉 자산그룹으로 평가할 수 있는 구조를 형성하고 있어야 한다. 또한 종합적으로 자산 계획 및 취득, 기록 관리 및 자산 교체 일정 수립과 같은 여러 주요 모듈을 포함하는 통합 시스템을 구성하여야 한다. 다음 그림 8.18은 Asian Development Bank(ADB)에서 제안한 자산관리 통합 시스템 모듈과 그 구성을 나타낸다.

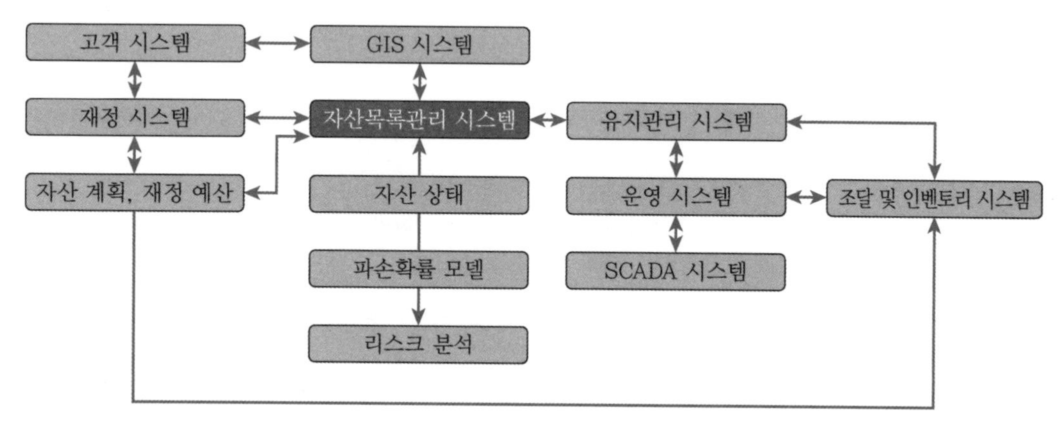

출처 : ADB, Water Utility Asset Management(2013)

그림 8.18 자산관리 시스템 모듈

자산목록 관리 시스템에는 카드 색인, 스프레드시트, 주요 공급 업체의 사용자 지정 소프트웨어 또는 사내에서 개발된 컴퓨터 응용 프로그램이 포함되어 있다. 이와 같은 시스템은 수도사업자의 관리환경을 반영하여 맞춤형으로 설계될 필요가 있다. 이때 수도사업자는 시스템 구축시 데이터 보안, 보고서 출력, 시스템 유지보수 등을 종합적으로 고려하여 수도사업자에 가장 적절한 시스템을 구축하여 활용하는 것이 바람직하다.

한편 일부 수도사업자들은 지하에 매설된 상수도 자산의 위치를 정확하게 파악하지 못하여, 유지관리에 어려움을 겪을 수 있다. 이와 같은 문제점은 지리정보 시스템(GIS) 기반의 자산관리 통합 시스템을 도입하여 해결하는 것이 적절하다. GIS와 연계한 시스템의 구축 및 활용을 위해서는 자산 취득 날짜, 자산 관리번호, 유지보수 이력, 취득원가, 현재 상태평가 결과, 자산 유형, 예상 수명, 검사 빈도, 위험 등급, 위치(GIS), 성능 정보 및 고유 식별자 등이 포함된 자산목록을 구축할 필요가 있다.

8.4.3 운영자료 조사 및 상태평가

상수도시설의 현재 상태를 파악하기 위해서는 상수도시설에 대한 진단·평가를 수행하여야 하며, 진단·평가를 위한 운영 관련 정보가 필요하다. 상수도 시설의 상태파악이 수행되면 조사된 정보는 DB에 축적되며, 관리자는 이를 근거로 개보수 계획을 수립한다.

자산의 상태는 노후화가 상당히 진행된 자산부터 새로운 자산까지 매우 다양하다. 시설의 자산관리를 수행함으로써 적절한 시기의 보수 및 개량을 통해 자산 상태가 개선되기도 하며, 시설의 파손 리스크 예측을 통해 사전에 서비스를 중단하거나 피해비용(Consequence of failure)을 최소화할 수 있다. 이러한 예방적 보수나 리스크 관리는 전략적이고 지속적인 상태 모니터링과 정보관리가 뒷받침 되어야 한다.

다음 표 8.8은 자산의 상태를 분류하고, 어떠한 조치가 필요한지를 예시로써 나타낸 것이다. 한편, 자산분류의 기준 및 분류체계의 설정은 각 수도사업자마다 다르며, 자산의 상태에 따른 유지보수에 대한 의사결정은 자산관리 통합 시스템에서 제공하는 정보를 기반으로 결정하는 것이 바람직하다.

표 8.8 자산의 상태 분류

상태분류	필요한 조치
1	즉시 수리
2	1년 안에 수리
3	3년 안에 수리
4	7년 안에 수리
5	편리할 때 수리
6	수리 불필요

출처 : ADB, Water Utility Asset Management(2013)

8.4.4 열화예측(잔존수명예측)

자산의 잔존수명을 예측하고 결정할 때 물리적 수명과 경제적 수명의 개념이 사용된다. 물리적 수명이란 '부품이나 자산이 만들어질 때 설정된 자산 고유의 수명'이라 할 수 있다. 경제적 수명은 '부품이나 자산이 취득되는 시점에서부터 요구되는 서비스를 만족시키면서 제공하는 시점까지의 시기'를 지칭한다.

일반적으로 시설물 자산의 경제적 수명은 물리적인 수명보다 짧거나 같게 된다. 이는 노후로 인해 손실되는 비용을 고려할 때 일정시기 이후로는 손실비용이 개·대체 비용보다 크게 나타나는 경향이 발생하기 때문이다. United States Environmental Protection Agency(USEPA)에서는 자산의 잔존수명을 표 8.9의 4가지 절차를 통해 결정하도록 하고 있다.

표 8.9 잔존수명 파악을 위한 수행 절차

단계	내용
1	자산의 설계수명 검토
2	설계수명과 관계한 요소에 대한 가중계수 설정
3	직접 관찰된 자료 활용
4	상태평가 및 수명감소곡선 개발

출처 : USEPA, The Fundamental of Asset Management Workshop Material(2012)

한편, USEPA에서 발간한 「금속 송배수관로의 상태평가에 관한 최신 기술 검토 보고서(600/R-09/055)(2009)」(Condition Assessment of Ferrous Water Transmission and Distribution System State of Technology Review Report)에서는 잔존수명을 예측하기 위해 자산의 내용연수가 아닌 상태평가에 근거한 내구연수를 활용해야 한다고 강조하고 있으며, 이를 통해 자산의 수명감소곡선을 개발해야 한다고 제안하고 있다. EPA에서 제안하고 있는 자산관리에서도 마찬가지로 상태평가 기반의 잔존수명예측이 반드시 필요하다고 강조하고 있다. 다음 그림 8.19는 자산의 상태평가 결과와 자산의 감쇠곡선과의 관계를 나타낸다.

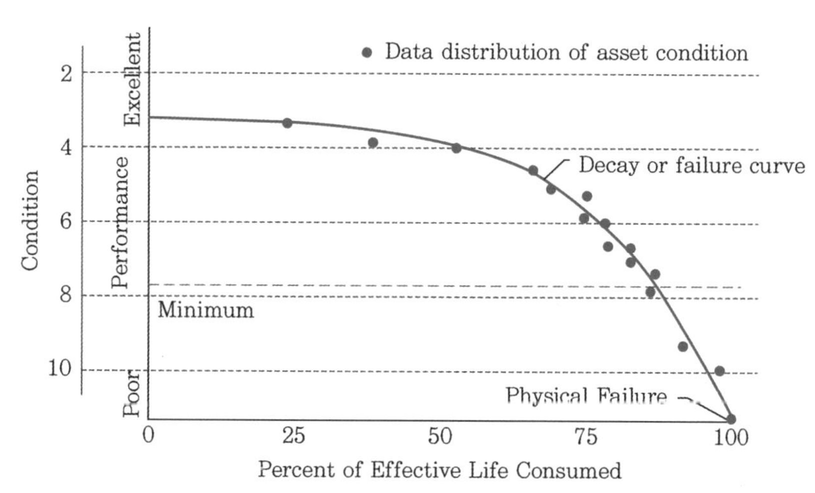

출처 : EPA, The Fundamental of Asset Management Workshop Material(2012)

그림 8.19 자산의 상태와 자산 감쇠곡선과의 관계

8.4.5 서비스 수준의 설정

서비스 수준(LoS: Level of Service)은 고객이 제공받길 바라는 서비스와 그 서비스를 제공하기 위해 소요될 비용, 제공할 수 있는 서비스와 그로 인해 발생할 수 있는 리스크 사이의 균형을 조절하는 것이며, 이와 같은 개념을 모식도로 나타내면 다음 그림 8.20과 같다.

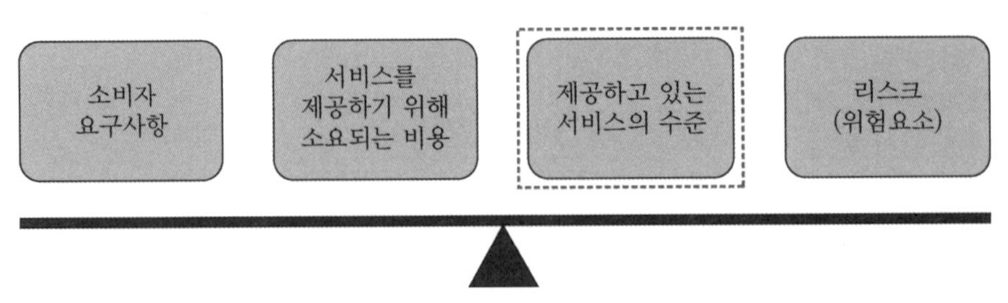

그림 8.20 자산관리에서의 서비스 수준

서비스 수준을 정의하고 문서화함으로써 서비스 수준과 서비스 비용의 관계를 정립하며 서비스 비용을 잘 숙지하게 되면, 더 나은 프로세스와 위험 경감조치를 통해 효율성을 개선할 수 있다. 서비스 수준을 선정하기 위해서는 서비스를 제공하는 입장과 서비스를 받는 입장 모두를 각각 고려하여야 한다. 서비스를 제공하는 입장에서는 서비스 수준을 문서화하여 현재와 미래의 서비스 수준을 개발할 필요가 있다. 이를 통해 현재 제공할 수 있는 서비스의 수준과 미래에 제공할 수 있는 서비스의 목표를 설정하여야 한다. 미래에 제공할 수 있는 서비스 수준을 설정할 때에는 미래 목표 비용, 목표달성에 실패하였을 때의 리스크, 이해관계자들의 기대 변화 등을 고려해야 한다. 여기서, 서비스 수준 설정을 위한 기준은 상세하게 측정 가능하여야 하며, 현실적으로 달성 가능하고, 적용시기가 적합하여야 한다.

다양한 서비스 수준 항목을 고려한 서비스 수준 목표 설정의 예 및 성과 모니터링의 과정 예는 표 8.10과 같다. 상수도시설의 경우 소비자 서비스 수준은 단수 횟수 또는 누적 시간, 품질, 수압, 공급 중단 횟수 및 복구 시간으로 판단할 수 있는 24/7(하루 24시간 1주 7일 동안) 서비스 수준으로 설명할 수 있다. 소비자와 공급자 입장에서 서비스 수준에는 SMART(구체성, 측정 가능성, 달성 가능성, 관련성, 시간제한) 기준에 따라 지표가 필요하다. 이러한 지표의 예는 표 8.11과 같다.

표 8.10 서비스 수준 설정의 예

서비스 수준의 예
• 공공기관, 정책결정자 및 규제기관에 수도사업의 목표 및 실제 성과를 알린다. • 관리자는 자산 취득 및 관리방안을 결정할 수 있다. • 다른 지자체의 상수도시설의 정보와 비교할 수 있게 한다. • 최고의 서비스 수준 지표와 강화된 자산 성과 지표 및 자산의 직무와 관련된 교육을 실시한다.

출처 : ADB, Water Utility Asset Management(2013)

표 8.11 단계별 서비스 수준 기준

레벨	서비스 수준	지표	기준
1	24/7 서비스	단수 횟수	X번 이하/년
2	시스템	파손횟수/100km/년	10 이하
3	자산 상태	조건 평가	3 이상
4	자산 모니터링	조사	1분기
5	유지보수 직원	조사횟수/직원	횟수/직원

출처 : ADB, Water Utility Asset Management(2013)

8.4.6 리스크 분석

상수도시설을 통한 물 공급에는 리스크(Risk)가 존재한다. 수도사업자가 상수도시설을 예산 범위 내에서 운영 및 유지관리하면서 목표로 설정한 서비스 수준을 달성하기 위해서는 자산의 리스크를 정량화하여 평가하고 관리해야 한다.

리스크는 파손 확률(POF: Probability of Failure)과 파손 영향(COF: Consequence of Failure), 그리고 여유도(Redundancy)의 함수로 산정된다. 파손 확률과 파손 영향이 모두 높으면 리스크가 매우 커서 허용 가능한 수준으로 리스크를 저감하기 위한 대책을 마련하여야 한다. 반면에 파손 확률과 파손으로 인한 영향이 크지 않다면, 즉 리스크가 허용 가능한 수준 이내이면 리스크가 허용 가능한 수준 이상이 될 때까지 리스크를 저감하기 위한 대책을 적용할 필요가 없다. ADB에서는 리스크 관리 수행 절차를 그림 8.21과 같이 나타냈다.

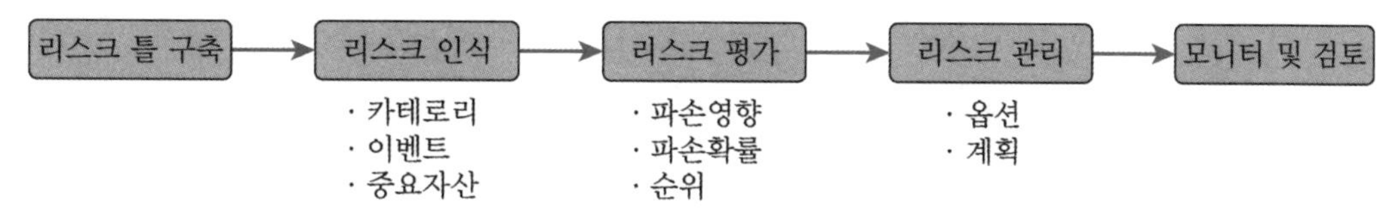

출처 : ADB, Water Utility Asset Management(2013)

그림 8.21 리스크 관리 절차

리스크 관리기준은 수도사업자가 설정한 기준에 따라 이루어진다. 다음으로 상수도시설의 리스크 측면에서 각 수도사업자가 수용할 수 있는 리스크의 한계를 넘지 않도록 지속적으로 평가를 수행하여야 하며, 이때 평가 절차는 단순한 수준부터 복잡한 수준까지 수도사업자의 정보요구 수준에 따라 다양하게 존재할 수 있다.

파손의 영향이 매우 높고 파손 확률이 평균 이상인 자산은 중요도가 높은 자산(Critical Asset)이라고 할 수 있으며, 이는 그림 8.22의 색칠된 부분에 위치한 자산을 의미한다. 핵심자산에 포함된 자산에 의해 초래되는 리스크를 완화하기 위해서는 파손에 신속하게 대응하기 위한 비상대응 시스템이나 여유시설의 주요 예비 부품을 보유하는 등의 방법이 있다.

수도사업자는 자산의 획득, 유지 관리 및 갱신을 결정하기 때문에 리스크에 영향을 주는 요인들을 명확히 이해해야 할 필요가 있다. 또한 여러 가지 방법으로 자산의 파손확률과 파손영향이 산정될 수 있다는 것을 고려해야 한다.

Probability of Failure (PoF)		Consequence of Failure (CoF)				
		Very Low	Low	Medium	High	Very High
		1	2	3	4	5
Very Low	1	1	2	6	4	5
Low	2	2	4	2	8	10
Moderate	3	3	6	9	12	15
Quite Likely	4	4	8	12	16	20
High	5	5	10	15	20	25
Very High	6	6	12	18	24	30
Almost Certain	7	7	14	21	28	35

출처 : ADB, Water Utility Asset Management(2013)

그림 8.22 리스크 평가의 예

위의 그림에서 35개의 셀 각각에는 고유한 그룹이 있을 수 있지만 동일한 점수를 가진 셀을 그룹화하면 범주 수가 35개 이하로 줄어들어 작업을 보다 쉽게 할 수 있다. 즉, 리스크 저감 및 관리를 위해 단순화를 실시하는 것이다. 예를 들어, 수도사업자의 수도경영 수준을 고려하여 정성적 그룹화를 3가지 또는 4가지의 범주로 낮춰 단순화할 수 있다.

8.4.7 최적 개량계획 수립

상수도시설의 자산관리 시 어떤 자산을 갱신하고 또 적당한 교체 시기는 언제인가, 유지보수를 수행해야 하는가, 무슨 자산을 취득해야 하는가 등과 같은 각 과정은 수도사업자의 의사결정을 기반으로 수행되어야 하는 과정이라 할 수 있다. 이때 생애주기비용(LCC: Life Cycle

Costing)' 계산을 수행함으로써 잘못된 의사결정을 내리는 위험을 줄일 수 있다.

생애주기비용은 자산의 전 생애주기 동안 가장 적은 비용으로 최대한의 서비스를 받는 것을 의미하며 초기취득·유지보수·개량·폐기 비용 모두를 계산하여 산정한다. 그림 8.23은 두 가지의 생애주기비용 경향을 나타내는 그래프를 보여준다. 실선은 초기에는 투자비용이 낮지만 시간이 지남에 따라 운영비용이 증가하는 자산을 나타낸다.

반면에 그림 8.23에 나타낸 점선은 초기 투자비용이 높지만 시간이 지남에 따라 운영비용은 낮은 자산을 나타낸다. 이러한 생애주기누적비용 그래프는 초기 비용이 높다고 해서 반드시 자산의 생애주기비용이 높음을 의미하는 것은 아님을 보여준다.

한편, 그림 8.24는 다른 방법으로 자산의 생애주기비용을 표현한 결과를 나타낸다. 운영 및 유지보수비용은 시간에 지남에 따라 상승하지만 자산을 개량을 하여 유지보수 비용을 줄인다면 전체적인 자산의 생애주기비용을 절감할 수 있음을 나타낸다.

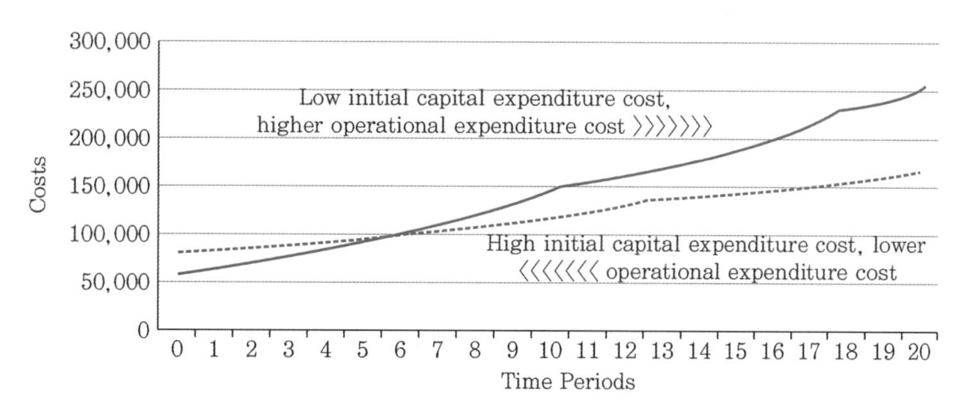

그림 8.23 자산 특성별 생애주기비용의 비교

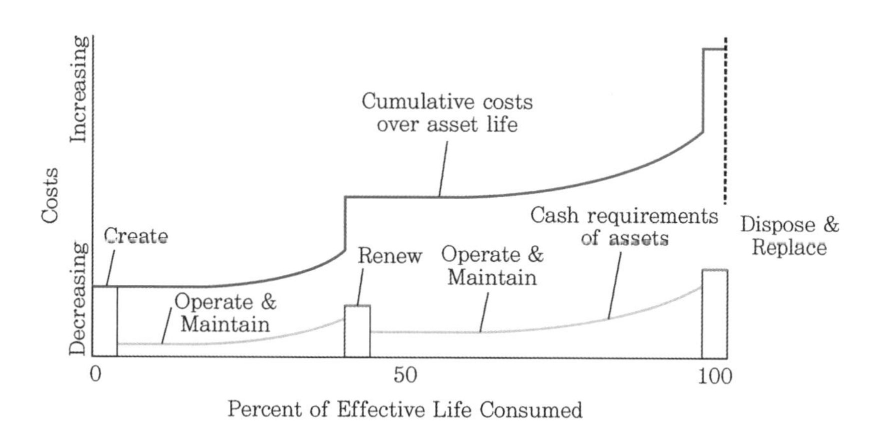

출처 : ADB, Water Utility Asset Management(2013)

그림 8.24 시설물 개·대체에 따른 생애주기비용 패턴

8.4.8 시설물 운영 계획의 수립

효과적으로 자산을 운영하기 위해서는 다음 표 8.12와 같은 고려사항을 고려하여 시설물의 운영 계획을 수립할 필요가 있다. 다만, 적용되는 기술에 관계없이 여러 핵심 요소에서 항상 불확실성이 존재하게 된다. 따라서 계산 결과에 대한 민감도를 철저히 평가하는 것이 중요하다. 또한 수도사업자 간 협력도 중요한 요소이다.

표 8.12 상수도시설 운영 계획 수립 시 고려사항 예

구분	내용
시설물 운영 시 고려사항	자산 활용의 비효율성 방지(ex. 펌프가압장 후단의 누수로 인한 펌프 비효율성) 과도한 수요 절감 자산 활용 목표 범위 설정 후 성과 측정 실시 자산관리에 대한 관리자의 확실한 이해 권고

출처 : ADB, Water Utility Asset Management(2013)

8.4.9 시설물 유지관리 계획의 수립

상수도시설의 유지관리 목적으로는 자산의 감가상각을 낮추고 잔존수명을 증가시킴에 있다. 수도사업자는 자산을 수리 및 유지보수만 하는 것이 아니라 예방도 고려해야 한다. 하지만 대다수의 수도사업자들은 예방차원의 접근을 대부분 고려하지 않는다. 이는 단기적 관점에서의 선제적 개·대체는 서비스 수준의 저하 및 생애주기비용의 증가로 이어질 수 있기 때문이다. 그러나 장기적 관점에서는 기존에 계획되지 않은 유지 관리 비용은 동일한 작업에 대해 계획된 유지 관리 비용보다 2~3배 이상으로 많은 비용이 들며 또한 관리하기가 어렵다. 따라서 적절한 유지·보수관리 시스템을 구축하여 목표 서비스 수준을 만족시키기 위한 업무를 수행하는 것이 타당하다. 다음 그림 8.25는 상수도시설의 유지관리 개요를 나타낸다.

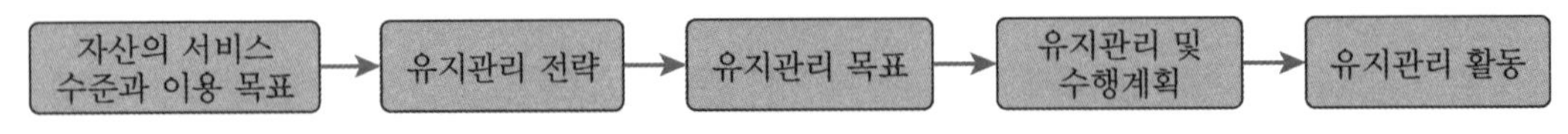

출처 : ADB, Water Utility Asset Management(2013)

그림 8.25 상수도시설의 유지관리 계획 수립 절차

상수도시설의 유지관리 전략으로써 ADB는 다음 표 8.13에 나타낸 고려사항을 고려하도록 하고 있다.

표 8.13 상수도시설 유지관리 계획 수립 시 고려사항 예

구분	내용
시설물 유지관리 시 고려사항	유지·보수가 어떻게 구성될 것인가? (기술기반 또는 위치기반) 서비스는 어떠한 방법으로 제공할 것인가? (사내 또는 외주) 기대할 수 있는 자산의 기능적 성능은 어떠한가? 다른 자산과의 상호 작용이 있는가? 정보 및 이력 데이터 등 요구사항으로는 무엇이 있는가? 유지관리 우선순위는 어떻게 되는가?

8.4.10 재정계획 및 자산관리 기본계획 수립

1) 투자계획의 수립

운영계획과 유지관리계획이 도출되면 어떻게 투자하는 것이 효율적인지에 대한 계획을 수립하여야 한다. 투자계획을 수립하는 과정은 다음 그림 8.26과 같다. 투자계획은 기본적으로 자산의 잔존수명이 모두 다르고 자산 취득 및 작업에 오랜 시간이 필요하므로, 짧게는 3~5년, 길게는 20년 이상으로 설정할 필요가 있다. 일부 국가에서는 10년 및 20년과 같이 장기간의 투자계획을 수립하기도 한다.

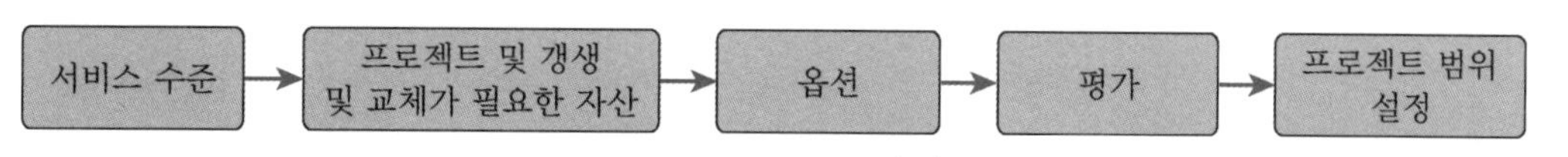

출처 : ADB, Water Utility Asset Management(2013)

그림 8.26 투자계획 수립 절차

투자계획 수립 시에는 수요예측, 기존 자산에 대한 데이터베이스, 기설정 및 장래에 예상되는 서비스 수준을 설정하는 과정부터 시작된다. 그림 8.26의 표현된 '옵션'이란 투자 연기, 허용 가능한 리스크 수준 등과 같은 내용을 말한다. '평가'에서는 선호되는 절차를 결정하기 전에 위험분석, 비용/편익 분석 및 생애주기비용 계산과 같은 기법을 사용하여 설정한 옵션을 평가하는 것을 말한다. 평가에서 가장 중요하게 고려할 사항은 투자비용, 운영 및 유지관리비용, 투자의 경제성, 리스크 및 서비스 지속성 간의 최적의 균형을 달성하는 것이다. 이를 종합적으로 고려하여 투자 전략을 결정하는 것이 바람직하다.

투자 전략은 개량 전략과 유지보수 전략(예방적 유지관리, 자산의 현 상태 기반의 유지관리 등)을 결정하는 것을 말한다. 미래자금계획을 구축하는 것은 장기적인 자금 소요계획을 만들어 적절한 비용의 사용과 합리적인 의사결정을 유도하기 위한 작업이다. 이 단계에서는 감가상각에 의한 자산가치 평가가 아니라 실제적인 개·대체 비용을 미래 의사결정에 활용한다는 것이 중요하다.

다음 그림 8.27은 투자전략 결정에 따른 개량비용을 예상한 사례이다.

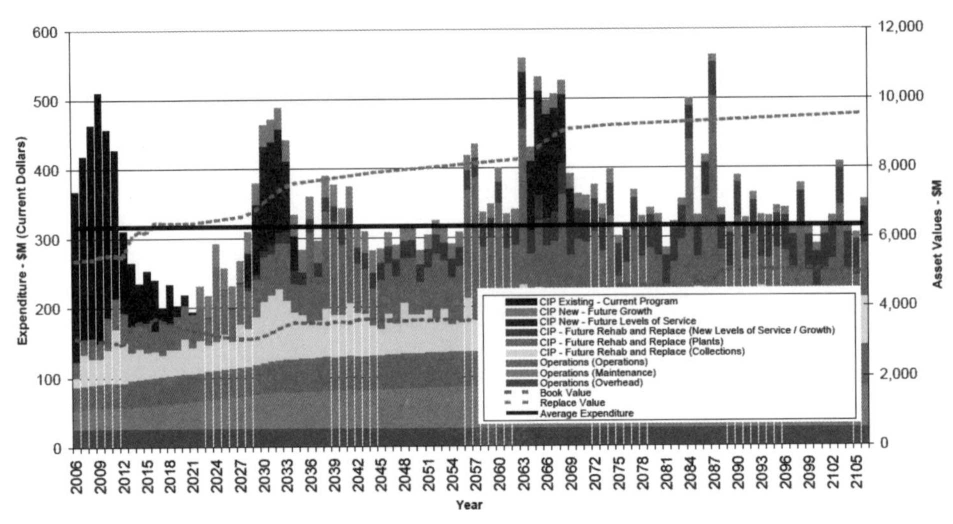

출처: EPA, The Fundamental of Asset Management Workshop Material(2012)

그림 8.27 투자전략에 따른 개량비용 추산의 예

2) 재정 및 자금조달 전략

유형자산이 총 자산의 85% 이상을 차지하는 상수도시설 같은 경우에는 재무관리를 위한 전문적인 기술이 필요하다. 신규 자산과 기존 자산의 개량 및 교체에 대한 연간 비용은 상당하며 운영비용(감가상각, 에너지, 유지·보수)의 대부분은 자산에 규모에 따라 결정되기 때문이다. 다음 표 8.14는 ADB에서 제안한 상수도시설 재정 및 자금조달 전략 수립 시 고려해야 할 사항을 나타낸다.

표 8.14 상수도시설 재정 및 자금조달 전략 수립 시 고려사항

구분	내용
상수도시설 재정 및 자금조달 전략 고려사항	현금 흐름을 보다 효율적으로 관리하고 적시에 자산을 취득 및 갱신 할 수 있도록 장기적인 재무 예측을 준비한다. 자본계획을 위한 자금 부족분을 확인한다. 예측에 따라 차입금을 협상한다. 다양한 수익 시나리오의 영향을 평가한다. 자금조달 및 운영을 위한 민간투자가 가능한지 여부를 평가한다. 다양한 가정을 통해 현금 흐름의 민감도를 분석한다.

3) 자산관리 계획 수립(Build Asset Management Plan)

자산관리 계획은 다음 5가지와 관련된 합리적인 프레임워크를 제공하기 위해 사용되는 장기적인 계획문서이다.

① 기업이 소유하고 있는 것과 관리하고 있는 자산을 구분
② 현재 서비스 수준과 요구되는 서비스 수준을 정의
③ 미래 요구되는 재정 투입량을 예측
④ 사업상 위험 노출을 분석
⑤ 사업 목표와 서비스 수준을 연계

이러한 자산관리 계획은 사회기반시설물 자산과 서비스 전달 프로그램을 통해 현재 활용 가능한 정보를 결합하고 문서화하게 된다.

CHAPTER 09

드론을 이용한 기반시설의 자산관리

사회기반시설의 자산관리 중요성이 높아지면서 효율적인 관리방안에 대한 다양한 방법적 접근이 이루어지고 있다. 특히 위치, 방향, 자세, 온도, 시각화 등 다양한 센서(Sensor) 기술과 제어 및 하드웨어 기술, 영상분석기술, 인공지능 등의 상용화로 다양한 기술들을 적용한 자산관리 기술들이 연구 및 적용되고 있다. 본 장에서는 기반시설 관리의 방법 중 드론(Drone)을 이용한 측량, 수치지형도제작, 3D 공간정보 데이터구축 개념을 학습하고 활용방안에 대해 알아본다.

CHAPTER 09 드론을 이용한 기반시설의 자산관리

9.1 개 요

최근 드론과 관련한 항법, 통신, 센서 기술 등의 비약적인 발전으로 이를 이용한 재난, 안전, 방재, 물류, 수송 등 다양한 분야의 융합 시장이 급성장하고 있다. 특히 드론은 건설, 에너지, 농업, 통신, 물류 수송, 보험 등 다양한 분야에서 적용되고 있다. 도로 분야의 경우, 미국을 비롯한 주요국에서는 효율적 도로 산업 추진을 위해 도로의 건설, 유지관리, 재난관리 분야에 드론을 활용하고 있다. 본 장에서는 기반시설 관리의 방법 중 드론(Drone)을 이용한 자산관리의 활용방안에 대해 소개하고자 한다. 또한 드론에 대한 정의와 운용방법, 데이터의 획득과 처리 및 분석방법에 대해 소개하고자 한다.

9.2 드론(Drone)의 정의

9.2.1 드론의 개념

드론이란 사람이 탑승하지 않고 전파를 이용하여 지상에서 비행기나 헬리콥터 등의 기체를 조정하는 무인비행기들을 총칭하여 드론(Drone)이라 한다. 드론이란 말은 '벌이 윙윙거리는 소리'를 뜻하는 것으로 무인비행체의 비행하는 소리와 날아다니는 모습에서 생겨난 이름이다. 드론의 정식 명칭은 무인항공기(Unmanned Aerial Vehicle)라고 부른다.

처음에는 드론을 사격연습의 표적으로 사용하기 위해 개발하는 등 군사용으로 주로 사용하였으나 최근에는 다양한 최첨단 장비와 GPS 기술을 탑재하여 공간정보를 수집하거나 정확한 지역탐사와 3차원 지형측량 등이 가능하게 되었다. 이를 통한 드론의 적용 분야는 고영상의 지도 제작, 농업·산림·군사·건설엔지니어링 분야, 컴퓨터 사이언스·상업용 물류 서비스·재난구조·영화산업 분야 등으로 다양하게 적용 가능하게 되었다(이강원·손호웅·김덕인, 2017).

9.2.2 분 류

1) 비행형태에 다른 분류

드론은 비행형태에 따라 고정익(Fixed Wing)과 회전익(Rotary Wing) 그리고 이 두 가지 특성을 모두 사용하는 틸트로터형(Tilt-Rotor)과 동축반전형(Co-axual)으로 분류할 수 있다.

표 9.1 비행형태에 따른 드론의 분류

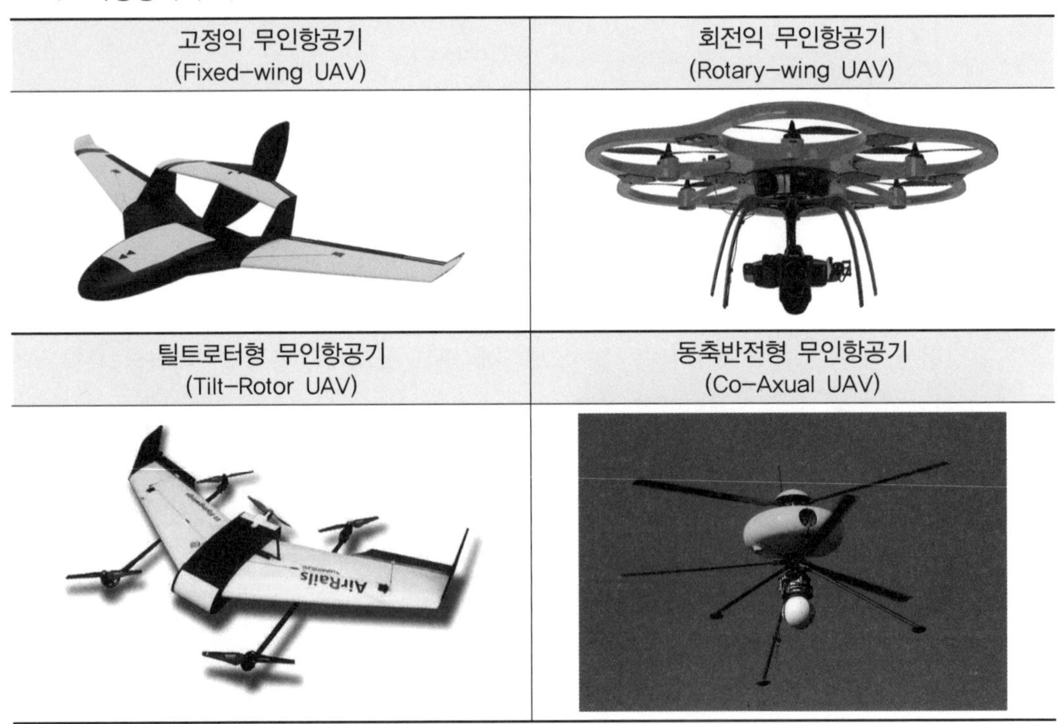

고정익 무인항공기 (Fixed-wing UAV)	회전익 무인항공기 (Rotary-wing UAV)
틸트로터형 무인항공기 (Tilt-Rotor UAV)	동축반전형 무인항공기 (Co-Axual UAV)

고정익 방식(Fixed Wing)은 일반적인 비행기와 같이 고정형의 날개 형태의 무인항공기 시

스템으로서 연료소모가 상대적으로 적어 장시간 비행이 가능하다. 그러나 활주로나 넓은 개활지가 필요하며 정지비행이 불가능하고 이륙 및 착륙이 어려운 단점이 있다.

회전익(Rotary Wing) 방식은 헬리콥터형 비행체로서 좁은 공간에서 수직이착륙이 가능하며 정지비행과 급선회가 가능하다. 하지만 연료효율이 낮아 단거리 임무수행에 적합하다.

틸트로터형(Tilt-Rotor) 방식은 이륙 및 착륙 시 로터를 이용하여 수직양력을 발생시켜 수직 이륙을 하고, 로터를 가변하여 천이(transition)비행 단계를 거쳐 고정익 비행체 형태로 비행을 하는 방식이다. 주로 단시간에 고속으로 임무를 수행할 때 적합하다. 하지만 이륙 및 착륙시 풍향 및 풍속의 변화에 취약하고, 연료효율성이 낮아 체공시간이 짧다는 단점이 있다.

동축반전형(Co-axual) 방식은 한 개의 축에 상부와 하부에 두 개의 로터를 반대방향으로 회전하는 방식으로 기체의 균형적인 회전과 동력전달의 효율성이 높아 무거운 장비를 탑재하여 장기간 체공이 가능하다.

2) 무게 기준에 따른 분류

국내에서는 드론을 150kg 이하로 규정하고 비행금지구역을 제외한 곳에서 150m 고도 내에서 주간에 운용할 수 있도록 규정하고 있다. 하지만 국제적으로는 중량기준이 없으며 나라마다 적용하는 기준이 상이하다.

표 9.2 무게기준에 따른 분류

구분	무게범위(kg)	해당 무인 항공기
대형 UAV	150kg 초과	일반적으로 형식승인 필요
소형 UAV	150kg 이하	• 지표면 400ft 내에서만 비행 • 외부조종사의 육안범위(500m) 내에서 비행 • 최대 속도는 70kts로 제한 • 운동에너지가 95kJ(KiloJoules)을 초과해서는 안 됨

9.2.3 드론의 구조

드론은 총 3개 부문으로 나눌 수 있으며 지상의 데이터 통신부(원격조정), 제어부(FC, MCU), 구동부(모터, 프로펠러, 베터리 등)로 구성되어 있다.

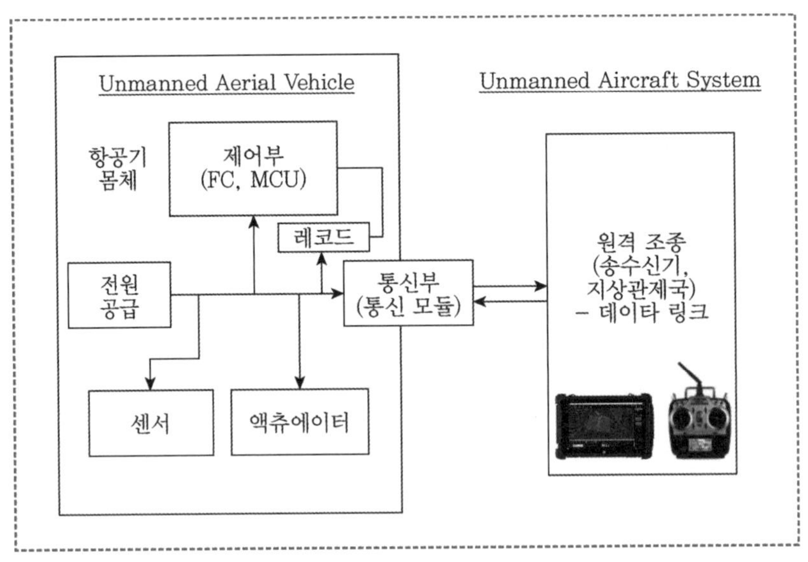

출처 : https://en.wikipedia.org

그림 9.1 드론의 구성

'통신부'는 지상의 원격조정기로부터 명령을 수신하는 RC 수신기와 위치, 속도, 배터리 잔량 등의 비행정보를 지상으로 송신하는 송신기로 구성된다.

'제어부'는 비행제어기, 센서융합기(센서정보수집장치) 및 각종 센서들로 구성되어 있으며 안정적인 비행을 위해서는 드론에 장착된 각종 센서들을 이용해 자신의 비행상태를 확인한다. 드론의 비행상태는 위치, 고도, 속도를 알 수 있는 GPS 센서와 고도센서, 자세정보를 알 수 있는 자이로센서, 가속도센서, 지자기센서 등 다양한 센서를 이용한다.

센서융합기는 각종 센서들이 측정한 상태측정치들을 적절히 융합해 오차를 최소화한 상태추정치를 계산하여 비행제어기로 전달한다.

드론은 지상에서 원격조정기를 이용해 비행을 조정하거나, 드론에 미리 입력한 비행경로 정보를 자체 GPS를 통해 현재 비행위치와 비교하여 자동비행을 할 수도 있다.

'구동부'는 모터, 프로펠러, 모터변속기 및 리튬폴리머 배터리 등 드론이 비행하기 위한 장치들을 말한다. 모터변속기는 비행제어기로부터 신호를 받아 배터리의 직류 전원을 모터로 공급하여 모터를 구동시킨다.

9.2.4 드론의 분석용 센서

드론은 다양한 분석 센서들이 탑재되면서 다양한 분야에 적용되어 발전하고 있다. 특히 건설, 측량, 농업, 임업 등 다양한 분야에서 분석을 위한 전문용 센서 들이 드론에 탑재되어 활용되고 있다. 드론은 목적에 따라 촬영용 광학 센서, 거리측정 센서, 라이다 센서, 레이더 센서 등 다양한 센서들을 탑재, 활용하고 있다. 여기서는 거리측정 및 물체인식과 관련된 최신 기술들을 간단히 소개하고자 한다.

1) 적외선 거리센서

적외선 거리센서(IR Sensor)는 적외선을 이용하여 거리를 측정하는 방식으로 반사광측정방식과 삼각측량방식이 있다. 반사광측정방식은 900nm 이상의 파장을 갖는 적외선 LED를 이용하여 적외선을 방사하고, 물체에 맞고 되돌아오는 적외선량을 측정하여 거리를 측정하는 방식이다. 삼각측량방식은 적외선 LED로 적외선을 방사하고, 반사된 광원을 렌즈를 통해 집광하고, 후면의 CCD 센서에 투광시켜 가장 반사광이 집중되는 위치를 측정하는 방식이다. 삼각측량방식은 반사광측량방식에 비해 외부 환경과 상관없이 매우 정밀한 거리를 측정할 수 있는 장점이 있다.

그림 9.2 적외선 센서

2) 초음파 거리센서

초음파 거리센서는 초음파의 반사 도달시간을 분석하여 거리를 측정하는 센서이다. 주로 초음파를 발생하는 송신기 부분과 반사되어 돌아오는 초음파를 검출하는 수신기로 구성되며, 송수신기가 일체형으로 제작되기도 한다. 최근 드론의 이착륙 또는 장해물 회피를 위한 단거리 거리계로 사용되고 있다.

3) 라이다(Lidar) 센서

라이다(Light Detection And Ranging) 센서는 Lidar 또는 '라이다'로 불린다. 라이다 센서는 레이저를 목표물에 주사하여 목표물의 거리, 방향, 속도, 온도, 물질 분포 및 농도 특성 등을 감지할 수 있는 기술이다. 라이다 센서는 일반적으로 높은 에너지 밀도와 짧은 주기를 가지는 펄스 신호를 생성할 수 있으며 정밀한 대기 중의 물성 관측 및 거리 측정 등에 활용이 된다. 라이다(Lidar)의 원리는 펄스화 된 레이저 빔을 방출하고 다시 검출기 물체로부터 반사 시간을 스캔하는 방식의 원격센서 기술이다. 이때 반사 시간 측정은 수 m부터 수 km 거리에서 사용될 수 있으며 검출 범위를 넓히기 위해 보이지 않는 근적외선 레이저 펄스가 사용된다. 이러한 근적외선 레이저펄스는 안구에 주사될 경우 안전하면서도 기존 연속 웨이브 레이저에 비해 훨씬 높은 레이저 출력이 가능하다는 장점이 있다. 최근 드론을 이용한 측량 및 원격탐사가 본격적으로 시작되면서 초경량 라이다가 개발되어 적용 되고 있다(이강원·손호웅·김덕인, 2016).

표 9.3 드론탑재 Lidar 센서

이미지				
제조사	Velodyne VLP-16 PUCK	Routescene UAV Lidar Pod	YellowScan Surveyor UAV Lidar Sensor	Geo-MMS SAASM
정확도	1cm	2cm	4cm	0.25cm
스캔 스피드	300,000point/sec	700,000point/sec	300,000point/sec	300,000point/sec
무게	3.5kg	2.5kg	1.6kg	1.6kg
크기	227 × 180 × 125mm	320mm length × 100mm diameter	100 × 150 × 140mm	470 × 390 × 220mm

출처 : http://vctec.co.kr/product

출처 : https://en.wikipedia.org

그림 9.3 라이다를 이용한 3D관측 데이터

4) 레이더 센서

레이더(Radar) 센서는 고주파 칩을 이용하는 고가의 장비로 지금까지는 드론용 레이더의 수요가 크지 않았다. 최근 단거리 레이더의 감지거리가 늘어나면서 장거리 레이더와 유사한 성능을 낼 수 있는 보급형 레이더가 개발됨으로써 점차 수요가 늘어 날 것으로 예상된다. 레이더 시스템의 장점은 주간 및 야간, 악천후를 가리지 않고 감지해낼 수 있는 것으로 대표적인 레이더는 합성개구레이더(SAR: Synthetic Aperture Radar)가 있다. 합성개구레이더는 군사용으로 처음 개발되었으며 점차 민간 분야로 적용이 확대되어가고 있는 중이다.

5) 영상처리센서

드론에 탑재되는 카메라는 소형화·정밀화·경량화가 필요하며 고공에서 고속 촬영이 가능하여야 한다. 드론을 이용한 영상처리는 주로 카메라로부터 들어오는 영상을 통해 영상 내에서 거리를 측정하는 방식이 많이 사용된다. 드론에서 촬영한 영상에서 물리적인 거리를 측정하기 위해서는 우선 카메라의 렌즈 특성과 센서 간의 관계가 명확히 파악되어 있어야 하며 카메라의 내부 파라미터(Intrinsic Parameters) 값이 결정되어 있어야 한다. 또한 카메라 좌표계와 지상에서 기준으로 잡고 있는 좌표계(World Coordinate) 사이의 관계(Extrinsic Parameter)도 계산되어야 한다. 이와 같은 파라미터를 파악하는 과정을 카메라 보정(Camera Calibration)이라고 하며, 3차원 또는 2차원의 물체를 이용해서 여러 장의 영상을 중첩하여 분석을 수행하는 것이 일반적인 방법이다.

이러한 영상처리 방식의 장점은 넓은 영역을 매우 조밀하게 거리를 측정할 수 있으며, 분석 알고리즘의 운영에 따라 매우 정밀하게 거리를 측정할 수 있다는 장점이 있다.

표 9.4 드론 탑재 대표적 영상 카메라 센서

이미지				
제조사	Sony alpha 7RII	DJI Zenmuse X4S	Sony RX1R MarkII	GoPro Hero5
사진해상도	42.4MP	20MP	42.4MP	12MP
동영상 해상도	4K	4K	4K	4K

6) 적외선 열화상 센서

적외선 열화상 센서는 촬영 대상의 반사 적외선 파장을 감지해 온도 변화를 시각적인 색변화와 수치 등으로 나타내는 장비이다. 적외선 열화상 센서는 최근 안전진단, 시설안전, 태양광관리, 재난·구조 분야 등 점차 사용이 다양해지고 있다. 특히 전기시설의 경우 결함부위를 찾아내거나 건축 및 시설물의 진단에 적용되고 있다. 적외선 열화상 센서는 마이크로 볼로미터를 사용하며 '열 분해능'을 통해 온도 차를 감지하여 분석한다.

출처 : http://www.mako.co.kr, FLIR demo with DJI Zenmuse XT

그림 9.4 적외선 열화상센서를 이용한 활용 예

7) 초분광 센서

초분광(Hyper) 센서는 처음 군사적인 목적에서 시작하였으나, 현재 해양, 농업, 산림, 환경, 수자원, 지질 및 광물 판독 등 다양한 분야에 사용되고 있다. 지금까지 초분광센서는 무게가 무거워 인공위성, 항공기 등의 탑재 목적으로 개발하여 사용되어왔으나 최근 경량화와 기술 집약화로 드론용 초분광센서가 개발되면서 점차 다양한 목적으로 활용되고 있다.

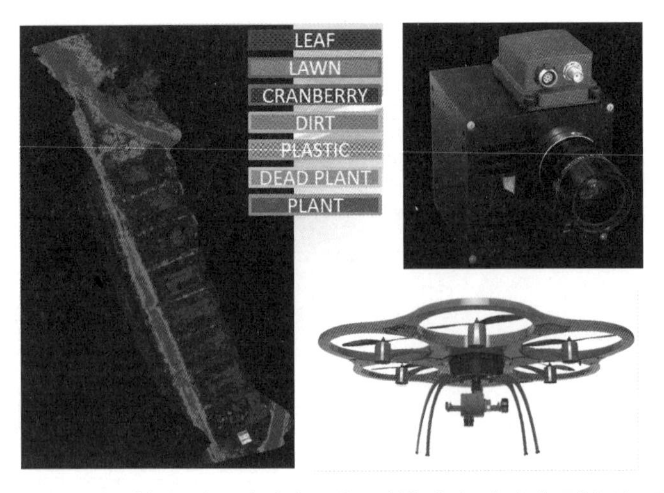

그림 9.5 헤드월의 나노하이퍼스펙트럴센서와 라이카 짐벌시스템

표 9.5 드론 탑재용 초분광 센서

센서	Nano-Hyper	Shark	FX-10
제조사	Headwall(미국)	Corning (미국)	Specim (핀란드)
파장대(nm)	400-1,000	400-1,000	400-1,000
밴드 수	270	180	220
밴드 폭	6	3.3	-
센서사진			

9.3 드론(Drone)을 이용한 공간 분석

9.3.1 드론 측량

드론 측량은 드론을 이용하여 촬영한 데이터를 분석하고 가공하여 필요한 기초자료를 얻기 위해서는 다양한 과정으로 이루어져 있다. 드론 측량은 데이터를 얻기 위한 '비행촬영과정'과 촬영한 데이터를 분석하기 위한 '처리 및 분석과정', 그리고 분석한 데이터를 이용한 '공간정보 제작과정'으로 나눌 수 있다. '비행촬영과정'에서는 비행 촬영 후 현장에서 영상정합과정을 속성으로 정합하여 보완 및 재촬영 유무를 결정하는 것이 경제적으로나 시간적으로 업무효율이 높다.

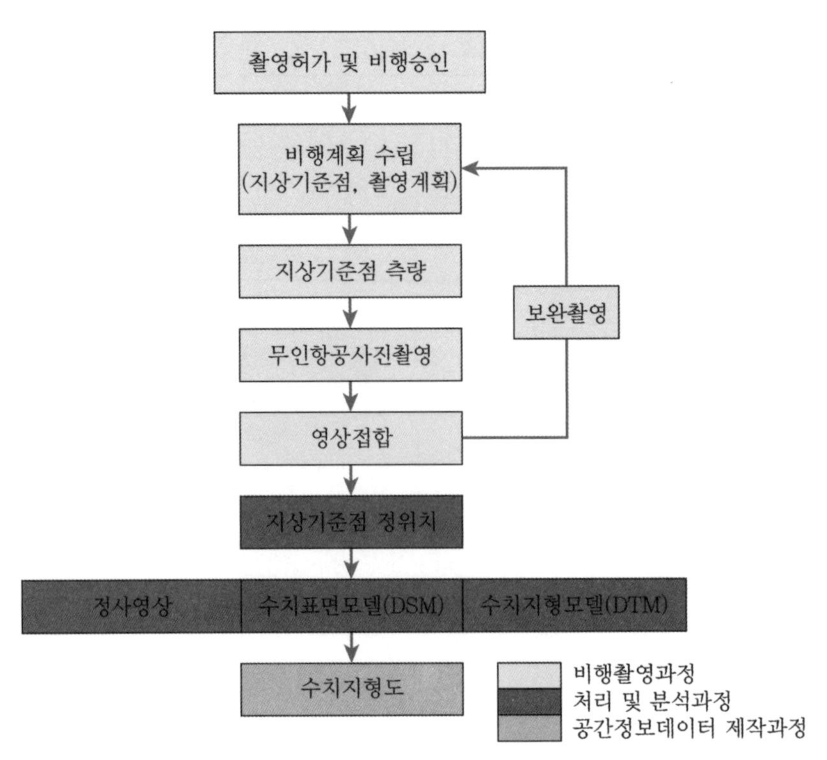

그림 9.6 드론 측량 업무흐름도

1) 비행촬영과정

비행촬영은 첫 번째로 우선 촬영지역의 비행 가능 유무를 확인하고 촬영 및 비행 허가(항공기운항 스케줄 원스탑 시스템: www.onestop.go.kr)를 받아야 한다.

두 번째로 승인 후 비행계획 수립을 위해 촬영지역의 지형을 수치지형도, 항공영상, 웹 지도 등을 통하여 지형특성과 고도 등의 정보를 수집한다.

세 번째로 비행할 드론의 비행계획프로그램을 이용하여 수집한 정보를 바탕으로 비행노선, 해상도, 촬영 고도, 중복도, 셔터 속도, 간격 등을 고려하여 비행노선 프로젝트를 작성한다. 특히 촬영영상의 품질은 정확도와 직결되는 중요한 요소이다.

❐ 드론 영상의 품질

촬영사진(영상)의 품질은 드론의 비행고도와 촬영기기의 품질에 좌우된다.

촬영 시 사진의 품질을 결정하는 공간 해상도(Spatial Resolution)와 지상 해상도(Ground Resolution)는 지상표본거리(Ground Sample Distance)를 기준으로 판단할 수 있다.

일반적으로 지상표본거리와 픽셀(Pixel) 및 렌즈의 초점거리(f), 드론의 비행고도(H)에 따른 관계를 비례식으로 표시하며 다음과 같이 나타낼 수 있다.

GSD : Pixel = H : f

GSD = Pixel Size × Fligth Height)/초점거리(f)

비행고도는 지상표본거리와 밀접한 관계가 있다. 위 지상표본거리 식을 유도하면 다음 식과 같다.

비행고도(Flight Height) = GSD × 초점거리(f)/픽셀 크기(Pixel Size)

여기서, 비행고도는 설계(계획) 비행고도이다. 즉, 사진측량 계획단계에서 산정하는 드론의 비행고도이다.

지상표본거리가 10cm이고, 초점거리가 4.5mm이며, 픽셀크기가 0.00154mm인 상황에서 (설계)비행고도(Flight Height)는 0.1m(GSD) × 4.5mm(f)/0.00154mm(픽셀 크기) = 292m이다. 여기서, 292m는 설계상의 비행고도이다.

국내 항공법상 드론의 최대 비행고도는 150m이므로, 150m 이하의 고도에서 사진영상을 찍으면 GSD는 10cm 이하가 되며, 드론에 탑재된 디지털사진기의 향상으로 항공사진의 해상력과 품질이 비행항공영상 이상으로 높아지고 있다.

❒ 비행노선의 간격과 수

드론을 이용하여 촬영 시 항공사진과 동일한 방법으로 사진의 중복도를 주어 촬영한다.

드론은 항공기와 달리 기후와 풍향의 영향으로 촬영의 품질이 떨어지는 경우가 많다. 특히 중복률은 영상정합의 중요한 요소로 중복률이 떨어질 경우 재촬영으로 이어지는 문제가 발생할 수 있다. 일반적으로 항공영상의 중복률은 종중복도가 60% 횡중복도가 30%이다. 드론의 경우 경험적으로 산지와 평지가 함께 있는 복합지형을 기준으로 종중복도를 80% 이상 횡중복도를 60% 이상 세획하여 비행하는 것이 정합성과 영상품질을 높이는 데 좋다.

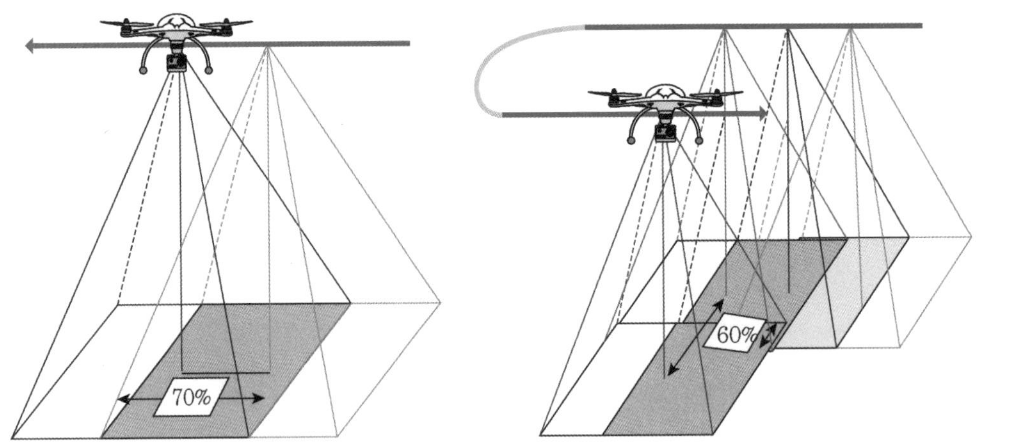

출처 : https://www.slideshare.net

그림 9.7 드론의 종중복 및 횡중복도

따라서 조사지역의 비행노선을 계획할 때에는 드론의 노선 간격과 수를 계산하여야 한다. 비행노선 간격(SP)과 노선 수는 다음식과 같다.

> 비행노선 간격(SP)=가로 폭(W)×[(100−횡중복도[%])/100]
> 비행 노선 수(NFL)=[가로 폭(W)/비행노선 간격(SP)]+1

만약 촬영영역의 가로길이가 400m이고 세로길이가 300m인 지역의 종중복도를 80%, 횡중복도를 60%로 드론 노선을 계획한다면 간격(SP)는 400m×(100−60[%])/100=160m이다. 또한 비행노선 수(NFL)=(400m/160m)+1=3.5이다. 이때 소수 값이 나오면 올림으로 계산하여 비행노선수를 결정한다(ex. 비행노선수가 3.1면 노선 수는 4.0으로 계획한다).

다음으로 촬영계획이 수립되면 지상기준점(GCP: Ground Control Point)을 설치하고 측량을 실시한다. 지상기준점은 항공사진측량에서 대공표지(Signal for aerial survey)라고 하는데 지상기준점 설치는 현장의 지형지물을 이용하거나 정밀측정을 위해 별도의 지상기준점을 설치하여 측량한다.

「항공사진측량 작업규정」 제2조제2호에서 '대공표지'란 항공삼각측량과 세부도화 작업에 필요한 지점의 위치를 항공사진상에 나타내기 위하여 그 점에 표지를 설치하는 작업으로 정의되어 있다. 본 교재에서는 대공표지를 지상기준점으로 용어를 통일하여 설명하기로 한다.

그림 9.8 지상기준점(GCP) 설치 및 측량

지상기준점 측량이 끝나면 계획 및 비행프로그램에서 작성한 비행프로젝트를 현장에서 지형 여건, 날씨, 풍향에 따라 비행계획을 수정하여야 한다. 특히 지형의 특성에 따라 무인항공기와의 통신 가능 거리, 바람의 강도에 따른 비행 가능 유무 및 배터리 예상소모량 산정, 시간에 따른 태양위치와 그늘방향 등을 고려하여 비행계획을 수립하여야 한다.

드론의 비행에 있어 가장 중요한 것은 안전이다. 이를 위해 현장에서 충분한 사전 준비가 필요하며, 사용 드론의 성능을 충분히 인지하고 비행하여야 한다. 특히 고정익 드론의 경우 회전익 드론과 달리 이착륙 장소의 선정과 풍속 및 풍향 등 고려되어야 한다. 드론 비행 시 고려사항은 다음과 같다.

첫 번째는 이륙 및 착륙 또는 수동착륙을 위한 위치지역을 선정한다. 특히 고정익의 경우 선회 위치지역을 선정하여 비상 또는 수동착륙 시 조종자가 조정할 수 있는 준비 시간을 주는 것이 좋다.

두 번째로 이륙 및 착륙 시 배터리 소모량과 비행 촬영시간외에 복귀 가능한 충분한 배터리 양을 고려하여야 한다. 특히 이륙 시 계획된 촬영고도로 상승할 때 가장 많은 배터리 양이 소모되고 비행 시 풍속에 따라서도 배터리 소모량이 발생하는데, 이를 고려하지 않을 경우 추락으로 인한 인명피해와 장비의 파손, 화재 등의 2차사고가 발생할 수 있다.

세 번째는 풍속에 따른 비행 가능 유무를 결정하여야 한다. 일반적으로 무인항공기는 풍속에 따른 비행 가능 성능이 모두 다르다. 따라서 무인항공기가 비행 가능한 풍속을 파악하고, 현장 풍속이 비행한계치를 넘을 경우 안전을 위해 비행을 취소하는 냉정한 결정이 필요하다.

네 번째는 지형·지물의 위치 및 고도를 고려하여야 한다. 무인항공기 비행사고의 많은 부분이 지형·지물을 인지하지 못하거나 높이를 파악하지 못하여 비행 중 추락하는 경우가 많다.

다섯 번째는 무인항공기센서 및 통신에 영향을 줄 수 있는 주변 전파방해요소를 체크하여야 한다. 특히 회전익의 경우 GPS, 자이로센서, 고도센서, 충돌방지센서 등 많은 기능의 센서 들이 내장되어 있는데 다양한 주변 환경에서 나오는 전자파와 자기장 등의 영향으로 무인항공기의 이상 현상이 발생하여 조정불능, 추락으로 인한 사고가 발생할 가능성이 있다.

❒ 비행촬영

비행촬영은 다양한 형태의 드론에 탑재된 촬영센서를 이용하여 촬영할 수 있다. 하지만 측량에 사용되는 드론은 비행시스템을 가지고 있는 것이 대부분이며 프로그램상에서 계획을 작성하여 운용한다.

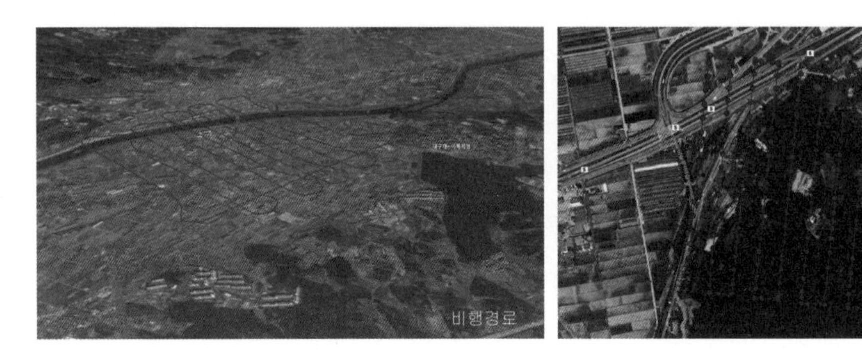

그림 9.9 고정익 드론(좌)과 회전익 드론(우)의 비행노선

드론 운용 프로그램은 드론을 제작하는 회사마다 노트북PC, 태블릿 PC, 모바일기기 및 휴대폰 등과 같은 다양한 방법으로 지원되고 있다.

Mission Planner

구분	사양
개발사	오픈소스
개발국가	미국
특징	비행정보 추출가능
주요기능	Flight Planning Simulate

AutoPilot

구분	사양
개발사	QuestUAV
개발국가	영국
특징	빙맵 연동 비행정보추출
주요기능	Flight Planning Simulate

PC Ground Station

구분	사양
개발사	DJI
개발국가	중국
특징	구글맵과 연동 비행정보 추출
주요기능	Flight Planning Monitor

그림 9.10 비행노선 계획프로그램

2) 처리 및 분석과정

❐ 영상정합

드론에서 촬영된 디지털사진에서 여러 장의 사진유사점 및 동일지점에 대하여 하나의 좌표계에 동일위치점으로 결정하여 만들어지는 영상처리과정을 영상정합(Image Matching)이라고 한다. 데이터처리/가공 소프트웨어에서는 촬영된 사진자료들을 영역기준 영상정합(Area-Based Matching), 형상기준 영상정합(Feature-Based Matching) 등의 여러 가지 수치적 방법으로 정합을 수행한다.

영역기준 영상정합(Area-Based Matching)이란 밝기값 상관법(GVC: Gray Value Correlation)과 최소제곱 정합법(LSM: Least Square Matching)을 이용하는 정합방법이 있다.

형상기준 영상정합(Feature-Based Matching)은 점, 선, 면 등의 형상을 각 영상에서 먼저 추출하여 인접형태들과 구분하여 분석한다. 형상추출은 많은 양의 데이터처리가 필요하며 형상관련 매개변수 및 정합이전에 결정되어야 하는 임계값(Threshold)을 필요로 한다.

형상기준 영상정합은 크게 점을 이용하는 방법과 선을 이용하는 방법으로 분류할 수 있다. 점을 이용하는 방법은 수치화된 영상에서 어떤 영상함수의 특성을 갖는 특정점을 추출하고 이들 간에 영상정합을 실시하는 방법인데, 이 중 특정점을 추출하는 방법은 Hans Moravec, Hannah, Förstner 등이 각각 제안했는데, 이 중에서 Förstner가 제안한 추출연산자가 가장 많이 쓰인다. 이 연산자는 모퉁이(Corner), 특정점, 원형물체의 중심 등을 추출한다.

그림 9.11 형상기준 영상정합의 예(Pix4D Mapper)

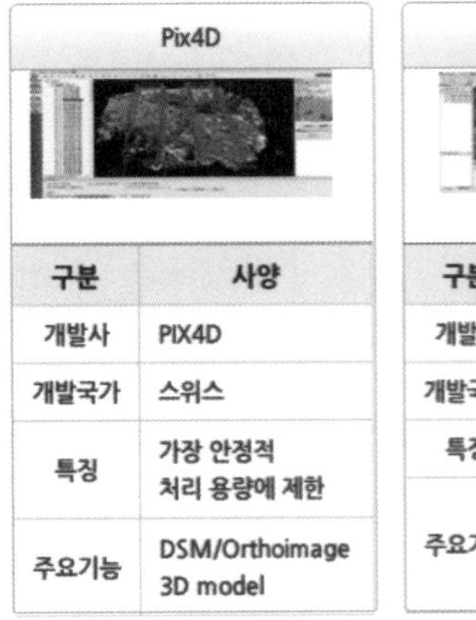

Pix4D

구분	사양
개발사	PIX4D
개발국가	스위스
특징	가장 안정적 처리 용량에 제한
주요기능	DSM/Orthoimage 3D model

PhotoScan Pro

구분	사양
개발사	Agisoft
개발국가	러시아
특징	가장 저렴
주요기능	DSM/Orthoimage 3D model

ContextCapture

구분	사양
개발사	acute3D
개발국가	프랑스
특징	다양한 카메라 가능 웹 지원
주요기능	3D Model Mesh model

그림 9.12 데이터 처리/가공 소프트웨어

❒ 영상기준점 작업

다음 과정으로 3D 공간정보를 구축하기 위해 영상의 값에 좌표 값을 등록시켜주는 지상기준점(Ground Control Point) 입력 작업을 시행한다. 영상정합 및 분석프로그램에 따라 차이는 있으나 대부분 영상과 함께 카메라의 외부표정요소 값을 이용하여 영상을 먼저 정합한다. 먼저 정합된 영상에서도 카메라의 위치를 알 수 있는 드론 자체의 GPS 값(X, Y, Z)이 있으며 고가의 드론일 경우 자이로나 IMU(Inertial Measurement Unit) 장비를 장착하여 개략적인 회전량(ω, φ, κ)을 알 수 있다. 하지만 대부분 드론이 가지고 있는 장비의 초기 값으로 지도 제작이나 정밀한 공간정보 데이터를 만들기에는 오차가 크다. 특히 영상의 속성정보에 위치정보와 드론의 자세정보가 없을 경우 영상의 스케일에 오차가 발생하기도 하며 영상정합에 많은 시간이 걸리기도 한다.

영상에서 위치정보가 지상기준점 정보와 일체화시키기 위해서는 동일점의 사진에 정확한 위치점을 입력시켜야 한다. 이때 여러 영상에 정확한 위치점을 입력시키는 작업은 작업자의 숙련도와 경험, 영상의 해상도에 따라 정밀도가 차이가 있다.

그림 9.14는 Pix4D Mapper 프로그램상에서 지상기준점의 위치 값(X, Y, Z) 입력과 사진상 위치점을 선정하는 과정을 나타낸 것이다. 이때 여러 사진상의 지상기준점 간의 이론적인 오차값(Theoretical Error)을 산정하여 오차를 판단하고 줄일 수 있다.

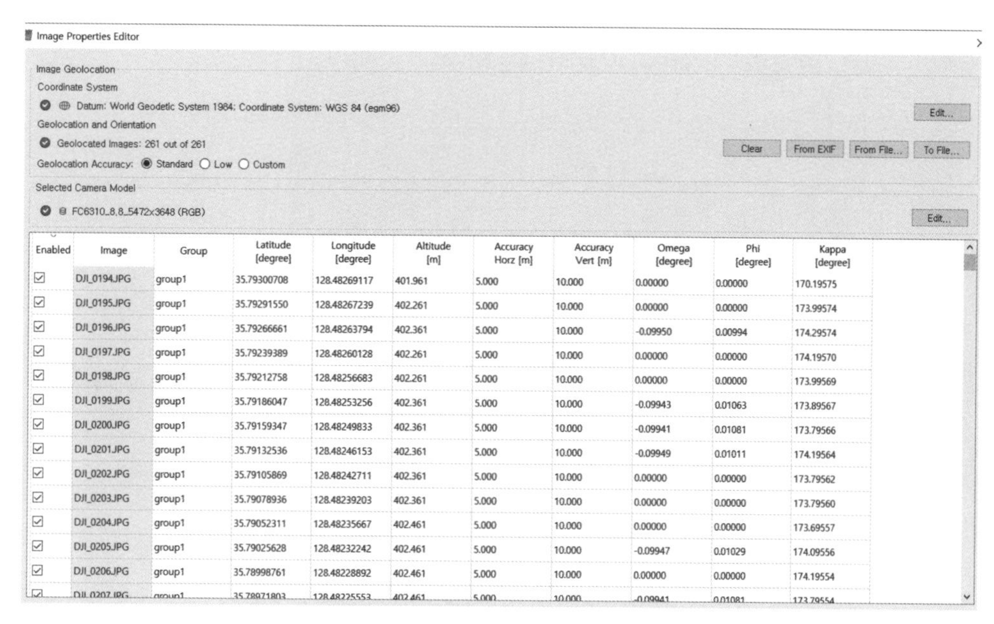

Enabled	Image	Group	Latitude [degree]	Longitude [degree]	Altitude [m]	Accuracy Horz [m]	Accuracy Vert [m]	Omega [degree]	Phi [degree]	Kappa [degree]
☑	DJI_0194.JPG	group1	35.79300708	128.48269117	401.961	5.000	10.000	0.00000	0.00000	170.19575
☑	DJI_0195.JPG	group1	35.79291550	128.48267239	402.261	5.000	10.000	0.00000	0.00000	173.99574
☑	DJI_0196.JPG	group1	35.79266661	128.48263794	402.361	5.000	10.000	-0.09950	0.00994	174.29574
☑	DJI_0197.JPG	group1	35.79239389	128.48260128	402.261	5.000	10.000	0.00000	0.00000	174.19570
☑	DJI_0198.JPG	group1	35.79212758	128.48256683	402.261	5.000	10.000	0.00000	0.00000	173.99569
☑	DJI_0199.JPG	group1	35.79186047	128.48253256	402.361	5.000	10.000	-0.09943	0.01063	173.89567
☑	DJI_0200.JPG	group1	35.79159347	128.48249833	402.361	5.000	10.000	-0.09941	0.01081	173.79566
☑	DJI_0201.JPG	group1	35.79132536	128.48246153	402.361	5.000	10.000	-0.09949	0.01011	174.19564
☑	DJI_0202.JPG	group1	35.79105869	128.48242711	402.361	5.000	10.000	0.00000	0.00000	173.79562
☑	DJI_0203.JPG	group1	35.79078936	128.48239203	402.361	5.000	10.000	0.00000	0.00000	173.79560
☑	DJI_0204.JPG	group1	35.79052311	128.48235667	402.461	5.000	10.000	0.00000	0.00000	173.69557
☑	DJI_0205.JPG	group1	35.79025628	128.48232242	402.461	5.000	10.000	-0.09947	0.01029	174.09556
☑	DJI_0206.JPG	group1	35.78998761	128.48228892	402.461	5.000	10.000	0.00000	0.00000	174.19554

그림 9.13 촬영사진의 속성데이터

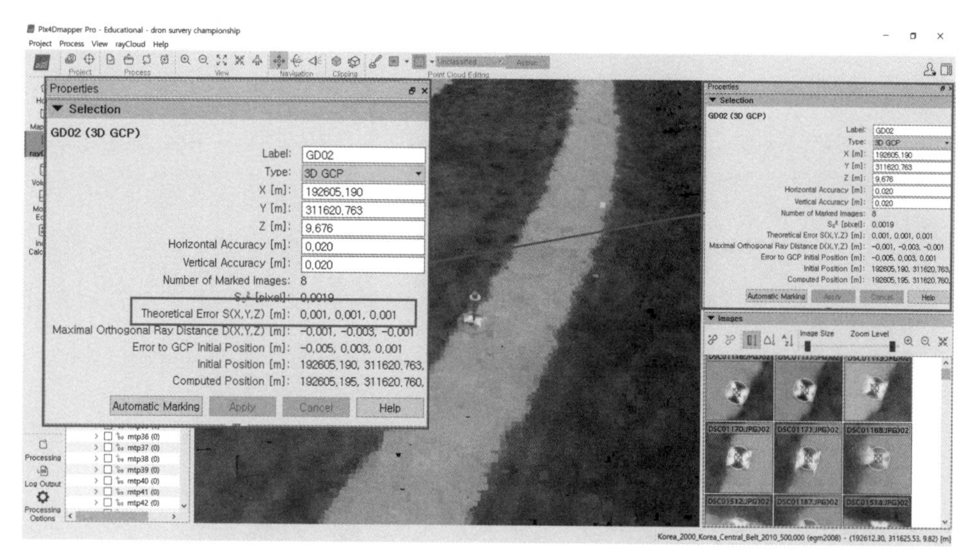

그림 9.14 영상에서의 지상기준점 입력 및 일체화 작업(Pix4D)

❒ 3D 공간정보 구축 및 점군 생성

지상기준점(Ground Control Point) 입력 작업이 완료되면 3D 공간정보 기준점들을 최적화(Optimize)와 재일체화(Rematch) 과정을 수행하여 최종 점군(Point Clouds)자료를 생성하게 된다. 점군이란 3D 공간정보에서 일반적으로 좌표(X, Y, Z)로 정의되며 사진상 지형지물의 외부표면을 나타낸다.

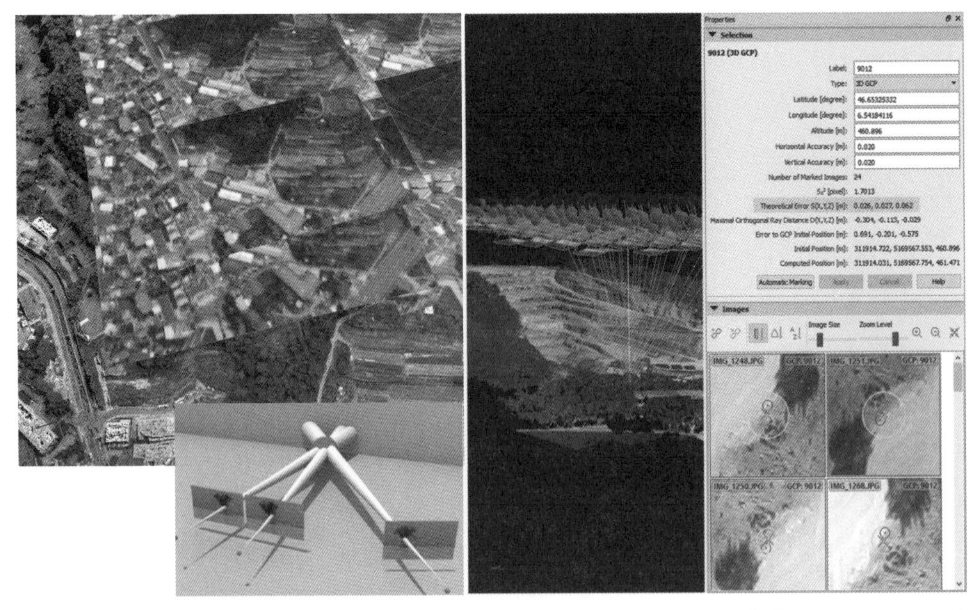

출처:https://support.pix4d.com

그림 9.15 사진상의 위치정보 계산 및 점군(Point clouds) 생성

❒ 수치표면 모델(Digital Surface Model) 및 수치지형 모델(Digital Terrain Model)

수치표면 모델(DSM)과 수치지형 모델(DTM)은 지형의 3차원 점군(Point-Cloud) 분석을 통하여 자동 생성된다. 수치표면 모델이란 인공지물(건물 등)과 지형지물(식생 등)의 표고 값을 함께 나타내며 3D 시뮬레이션, 경관분석, 산림관리 등에 사용된다.

수치지형 모델이란 수치표고 모델(Digital Elevation Model)과 유사한 뜻으로 사용되며 수치표면모델에서 인공지물 및 식생 등과 같은 표면의 높이를 제거한 자료를 말한다.

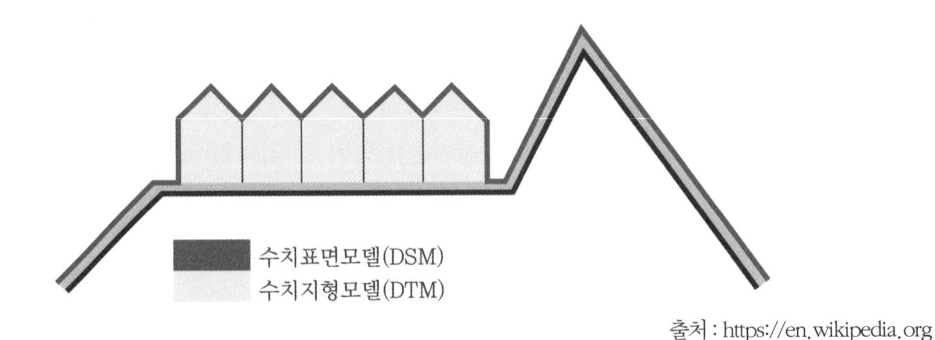

출처 : https://en.wikipedia.org

그림 9.16 DSM과 DTM

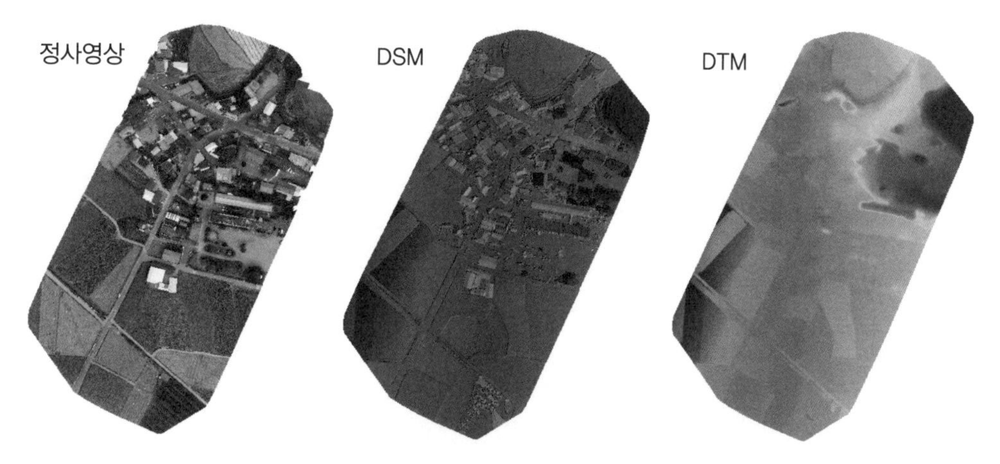

그림 9.17 정사영상의 DSM과 DTM

❐ 수치표고 모델(Digital Elevation Model)

수치표고 모델은 측량데이터에 의한 높이 값을 표현하는 일반적인 용어로써 DEM(Digital Elevation Models)이라고 한다. 식생과 인공지물을 포함하지 않는 지형만의 표고 값을 나타내며, 수중지형의 높이 값을 제외한 물표면의 표고 값까지만 표현된다.

❐ 정사영상의 제작

정사영상이란 항공영상, 인공위성영상, 드론영상 등의 영상정보 등에 대하여 높이차나 기울어짐 등 지형 기복에 의한 기하학적 왜곡을 보정하고 모든 물체를 수직으로 내려다보았을 때의 모습으로 변환한 영상으로 일정한 규격으로 집성하여 좌표 및 주기 등을 기입한 영상지도를 말한다.

정사영상은 드론 촬영영상, 카메라 검정 자료, 지상기준점 정위치, 수치표고 모델 자료를 이용하여 제작한다. 정사영상은 촬영한 드론 사진 별로 제작하게 되는데 전체 지역을 하나의 영상으로 제작하기 위해서 각 사진별 정사영상의 외곽부분을 왜곡이 발생하지 않도록 절단한 후 전체 영상을 하나의 영상으로 만든다. 이를 모자이크(mosaic) 영상이라 한다. 모자이크 영상은 각 사진을 부분그룹으로 모자이크 작업하고 부분그룹을 하나의 정사영상으로 제작된다. 제작된 영상은 형태 및 색상에 대한 검수를 통해 왜곡이 심한 영상의 경우 모자이크 영상에 대해 수정편집 작업을 할 수 있으며 최종 정사영상을 완성할 수 있다.

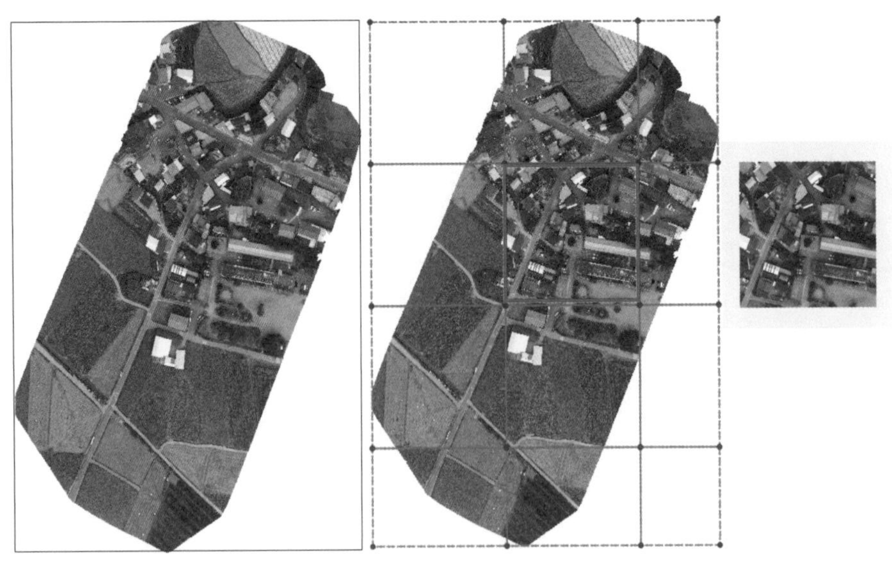

그림 9.18 드론 정사영상과 모자이크 영상

3) 공간정보제작과정

항공촬영 및 영상처리 과정을 거쳐 만들어진 정사영상과 수치표면모델, 수치지형도델 데이터를 이용하여 현황평면도나 수치지형도와 같은 공간정보 기초데이터를 제작할 수 있다. 하지만 국가기본도를 만드는 지형도 및 수치지형도의 경우 시험적용 및 사용연구 사업이 진행 중에 있으며 법제화 및 검증사업이 진행 중에 있다.

그러나 다양한 분야에서 드론의 기술적 접목과 사업화 진행 중에 있다. 특히 국공유지불법점유, 사전조사 및 측량기본계획, 하상변동조사, 지작물조사, 토공량산출, 산림조사, 농업, 통계 등에 사용하고 있으며 앞으로 더욱 다양한 분야로 확대될 것으로 예상된다.

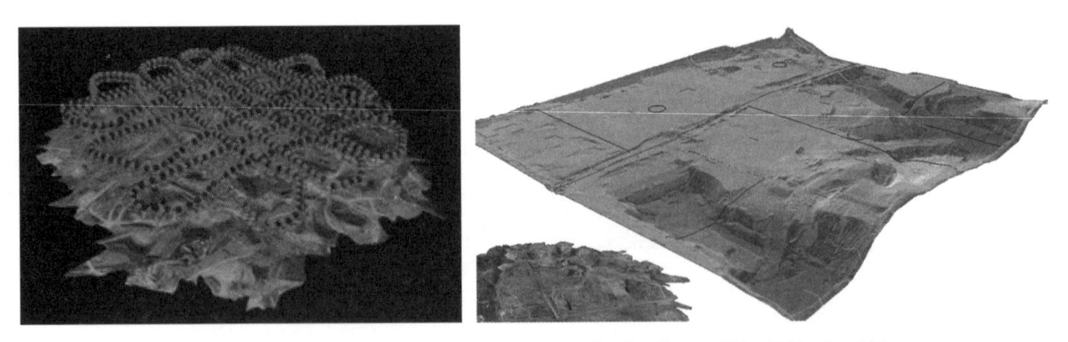

그림 9.19 드론측량을 이용한 산업단지측량 및 토공량 산출의 적용

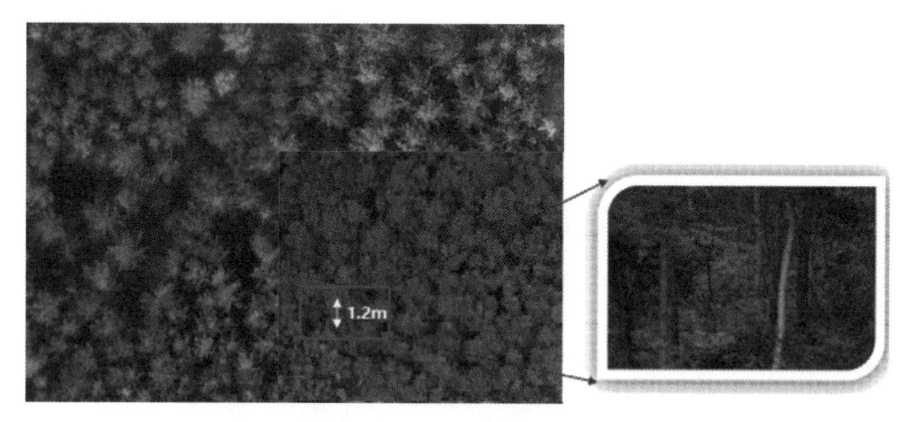

그림 9.20 드론 정사영상을 이용한 소나무재선충병 예찰

❒ 수치지형도의 제작

수치지형도란 측량 결과에 따라 지표면 상의 위치와 지형 및 지명 등 여러 공간정보를 일정한 축척에 따라 기호나 문자, 속성 등으로 표시하여 정보 시스템에서 분석, 편집 및 입력·출력할 수 있도록 제작된 지도를 말한다.

수치지형도는 수치지도 제작방법과 동일하며 지상측량에 의한 방법, 디지타이징/벡터라이징을 통한 제작방법, 항공사진측량을 이용한 제작방법, 고해상도인공위성을 이용한 제작방법, 라이다(Lidar)에 의한 방법, GPS-VAN에 의한 방법 그리고 드론을 이용한 방법 등이 있다.

표 9.6 지도의 종류

종류	설명
지도	「측량·수로조사 및 지적에 관한 법률」 지도는 측량 결과에 따라 공간상의 위치와 지형 및 지명 등 여러 공간정보를 일정한 축척에 따라 기호나 문자 등으로 표시한 것을 말하며, 정보처리 시스템을 이용하여 분석, 편집 및 입력·출력할 수 있도록 제작된 수치지형도(항공기나 인공위성 등을 통하여 얻은 영상정보를 이용하여 제작하는 정사영상지도 포함)와 이를 이용하여 특정한 주제에 관하여 제작된 지하시설물도·토지이용현황도 등 수치주제도를 포함한다.
수치지도	지표면·지하·수중 및 공간의 위치와 지형·지물 및 지명 등의 각종 지형공간정보를 전산시스템을 이용하여 일정한 축척에 의하여 디지털 형태로 나타낸 것을 말한다.
수치지형도	「수치지형두 작성 작업규정」 측량 결과에 따라 지표면 상의 위치와 지형 및 지명 등 여러 공간정보를 일정한 축척에 따라 기호나 문자, 속성 등으로 표시하여 정보 시스템에서 분석, 편집 및 입력·출력할 수 있도록 제작된 것(정사영상지도는 제외)을 말한다.

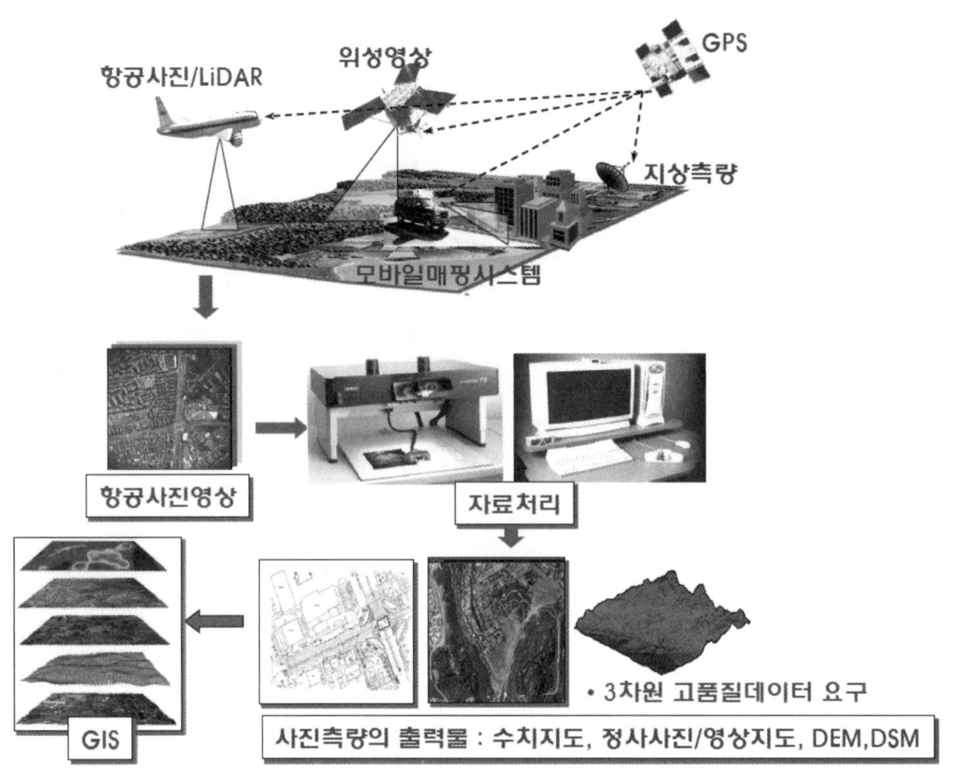

출처 : (구)한진정보통신

그림 9.21 수치지도제작 자료처리과정

4) 공간정보의 활용

지금까지 드론을 이용한 공간정보의 생성과 제작과정에 대해 알아보았다. 드론 데이터는 3차원 고품질데이터이다. 이러한 고품질데이터의 활용 가능한 분야는 다양하며 앞으로 더욱 늘어날 것으로 예상된다. 특히 사회기반시설의 자산관리에 있어 기존 관리방식과 융합 적용된다면 효율성은 더욱 높아질 것으로 예상된다.

우리나라에서는 2016년부터 국가에서는 드론을 이용한 도로시설물 관리의 효과적인 관리를 위한 연구가 시작되었으며 최근에는 연구 고도화가 진행 중에 있다. 연구 및 대상시설물로는 교량관리를 위한 3D모델링, 비탈면 및 도로사면 유실측정, 국공유지 및 도로점용 조사 등이 있다.

도로사면의 경우 접근하기 힘든 비탈면은 다수의 드론촬영사진으로 생성된 3차원 모델링 데이터를 이용하여 비탈면의 제원(입단면, 경사도 등) 산정 및 3차원 뷰어에서 단일사진의 위치를 확인할 수 있다.

그림 9.22 3D 모델링 및 교량상태 모니터링

또한 도로와 인접한 계곡 및 산지의 경우 집중호우 시 산사태가 일어나 토석이 물과 함께 밀려 내려오는 계곡형 토석류와 사면형 토석류 등의 문제가 발생하고 있다.

이러한 토석류는 파괴력이 엄청나 도로파손의 원인이 되는 등 심각한 피해를 미치기 때문에 사전 예방이 필요하다. 하지만 사람의 접근이 힘든 계곡이나 산지에 위치하고 있어 토석류의 관측이나 예상이 힘들다.

이러한 토석류 예상지역 및 피해지역은 드론을 이용하면 면적대비 시간과 비용이 절감되고 기존 방법에 비해 안전하고 정밀하다는 장점이 있다.

그림 9.23 토석류 발생지역

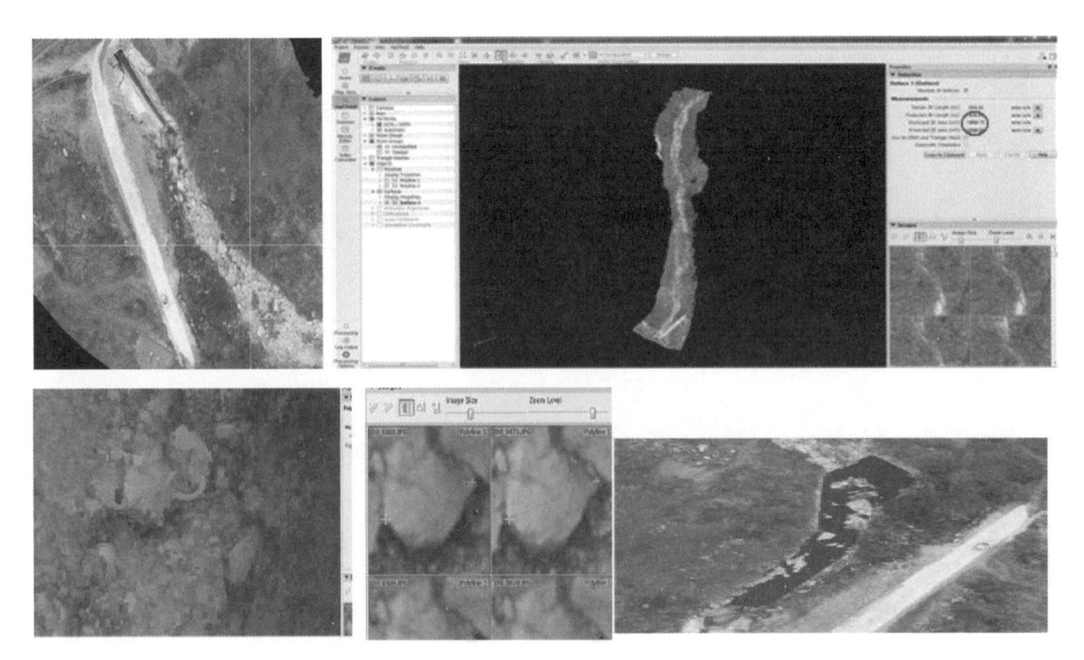

그림 9.24 드론 영상을 이용한 토석류 분석

사면의 경우 사람의 접근이 힘들고 붕괴 위험 지역을 드론이 촬영 및 분석하여 더욱 세밀한 현황 및 단면 정보를 얻을 수 있으며, 사면파괴에 의한 피해규모 산정 등에 활발히 사용되고 있다.

그림 9.25 사면조사방법

그림 9.26 드론을 이용한 사면조사 및 분석

그림 9.27 다양한 형태의 드론

농업 분야에서는 인력을 대체할 수 있는 대체수단으로 농작물병충해 모니터링, 작물재배현황통계조사, 농약살포 등 관리와 방재수단으로 활발히 이용되고 있다.

이밖에 산업 분야에서도 드론을 이용한 응용 솔루션 기술이 점차 확대되고 있다. 그 예로

화력발전소의 석탄연료장의 물량관리와 제철소의 고철물량 파악을 위한 비중산정 등에도 사용되고 있다.

또한 다양한 형태의 용도별 무인드론들이 개발되고 있으며 이를 이용하여 공중, 지상, 수상 및 수중 등에 센서, 인공지능, 자율주행기술 등을 접목하여 시험 및 적용되고 있다. 향후 사회기반시설인 도로, 철도, 항만, 댐, 공항, 하천, 상수도, 국가어항, 교량, 철탑, 기타 시설 등에서 상세조사, 모니터링, 유지관리 분야에 핵심 기술이 될 것으로 기대된다.

미래의 드론산업은 인공지능, 드론자율주행기술 등의 첨단기술과 사회 및 공학기술의 융합을 통해 다양한 분야에 접목되고 활용되며 산업성장에 주도적인 역할을 할 것으로 보인다.

9.4 자산관리를 위한 공간분석 실습

지금까지 드론을 이용한 공간분석과정과 분석 데이터의 활용에 대해 알아보았다. 본 장에서는 지상기준점 데이터와 드론 촬영영상, 처리 및 분석 프로그램(Pix4D mapper Pro)을 이용하여 정사영상, 수치표면 모델, 수치지형 모델을 만들어보고 지형도 제작과정을 학습하고자 한다.

우선 학습을 위한 실습 데이터는 씨아이알 홈페이지의 커뮤니티에 있는 자료실에서 다운받을 수 있다(http://www.circom.co.kr / 커뮤니티 / 자료실).

1) 실습 데이터 구성

- 실습 데이터는 01. DATA 폴더와 02. RESULT폴더 2개의 파일로 구성되어 있다.

이름	수정한 날짜	유형	크기
01. DATA	2018-01-09 오후 1...	파일 폴더	
02. RESULT	2018-01-09 오후 1...	파일 폴더	

(1) DATA 폴더

▶ 01_IMAGES 폴더

- 총 24개의 공원지역 드론촬영이미지 파일

▶ Coordinate

- Korea 2000 Korea West Belt 2010 : 세계측지계 서부원점

• Korea 2000 Korea Central Belt 2010 : 세계측지계 중부원점

• Korea 2000 Korea East Belt 2010 : 세계측지계 동부원점

• Korea 2000 Korea East Sea Belt 2010 : 세계측지계 동해원점

▶ 지상기준점 데이터(GCP.txt)

• 지상기준점 데이터가 기록된 문서화일

(2) RESULT

▶ 정사영상 결과파일(정사영상.jgw)

• 실습과정을 완료후 생성되는 정사영상 결과물

▶ 현황도(현황도면.dwg)

• Pix4D Mapper 프로그램 및 정사영상을 이용한 현황도 작성 실습

2) 실습을 위한 사전작업

• CD 구성 모든 파일을 컴퓨터 지정 드라이브에 옮긴다.
D:₩Project_park 폴더를 생성하여 옮긴다.

• 단 Pix4D mapper Pro 최소운영 컴퓨터 사양을 확인하고 소프트웨어를 설치한다.

• 프로그램 설치 파일은 https://Pix4D.com에서 FREE TRIAL 버전을 다운받아 회원가입 하고 설치 후 실습이 가능하다.

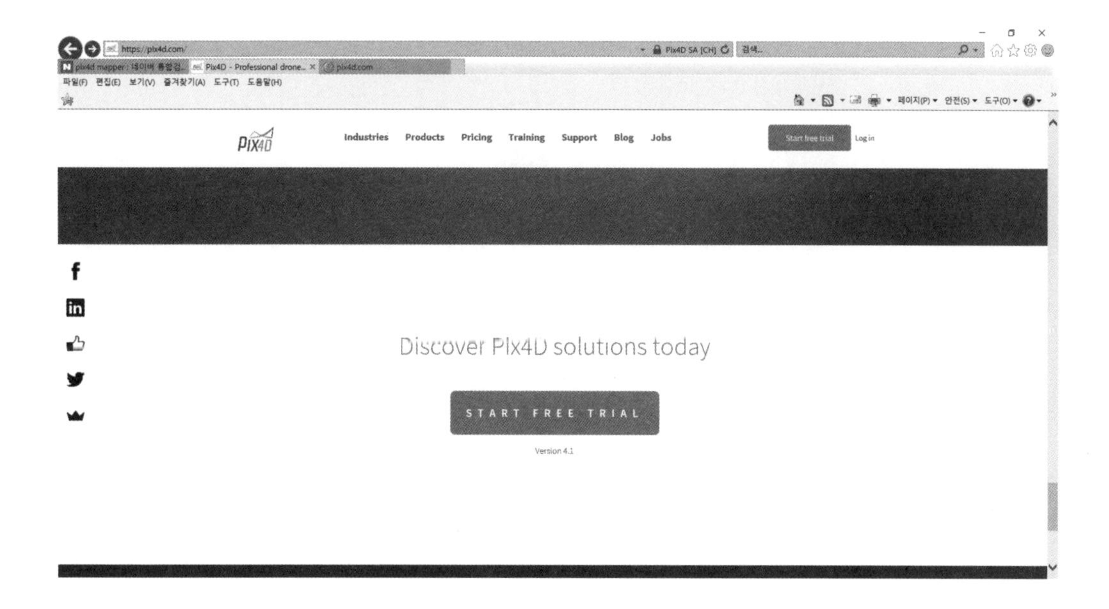

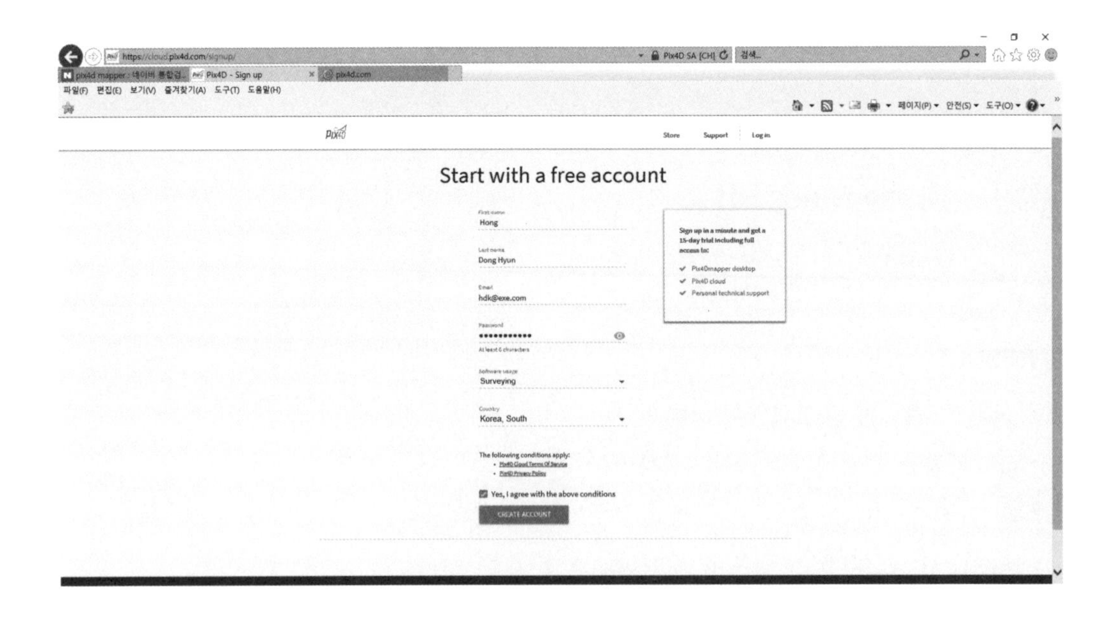

3) Project 실습

1. Pix4Dmapper를 실행한다.
2. New Project를 선택한다.
   - 혹은 오른쪽 그림과 같이 Project 메뉴에서 New Project을 클릭한다.
   - 기존 프로젝트는 Open Project에서 경로를 찾아서 실행한다.
   - 최근 열람한 프로젝트는 빠른 선택을 할 수 있도록 아래와 같이 제공된다.

3. Name에 새로운 프로젝트 이름을 입력한다. (프로젝트 이름 / PARK)
4. Create in의 Browse를 클릭하여 프로젝트를 저장할 경로를 선택한 후 Select folder를

클릭한다. (지정경로 : Browse... / D:/UAV PROJECT)

5. Next를 클릭한다. (Next > / 클릭)

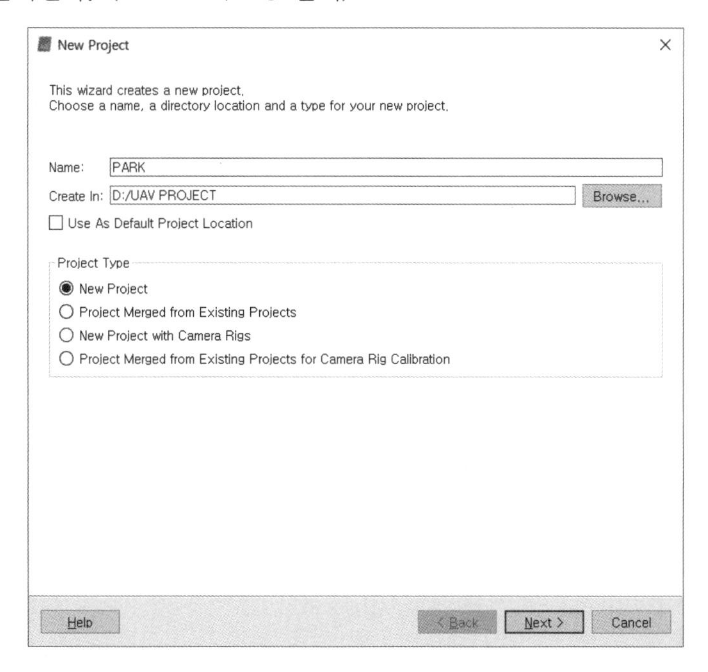

▸이미지 가져오기

1. Add Images 클릭하여 이미지를 추가한다. (Add Images / 클릭)
2. 이미지 선택 팝업에서 이미지가 저장되어 있는 image 폴더를 선택하여 가져올 이미지를 선택한다. 이후 Open을 누른다. (Add Images... / 이미지선택 / 열기 / Next)
   - Add Images : 사진 불러오기
   - Add Directories : 사진이 있는 폴더 불러오기
   - Remove Selected : 불러온 사진 선택 후 삭제
   - Clear List : 불러온 사진 전부 삭제

3. (선택 사항) 이미지 목록을 선택(Ctrl+click이나 Shift+click으로 여러 이미지 선택)하거나 Remove Selected를 클릭하여 이미지를 삭제할 수 있다.
   - 이미지는 *.jpg, *.jpeg, *.tif, *.tiff 파일만 불러올 수 있다. 기본적으로 지원되는 모든 이미지 형식은 선택 가능하지만 이미지를 필터링하려면 이미지의 형식을 JPEG(*.jpg, *.jpeg)혹은 TIFF(*.tif, *.tiff)로 변경하여야 한다.
   - 다른 폴더에 저장된 이미지를 선택하는 것이 가능하다. 즉, 일부 이미지는 어느 한 폴더에서 불러오고, Add images를 클릭하여 다른 폴더의 이미지를 추가할 수 있다.
   - 소프트웨어는 이미지가 촬영된 순서로 EXIF의 촬영 날짜별로 영역을 설정하도록 되어 있다.

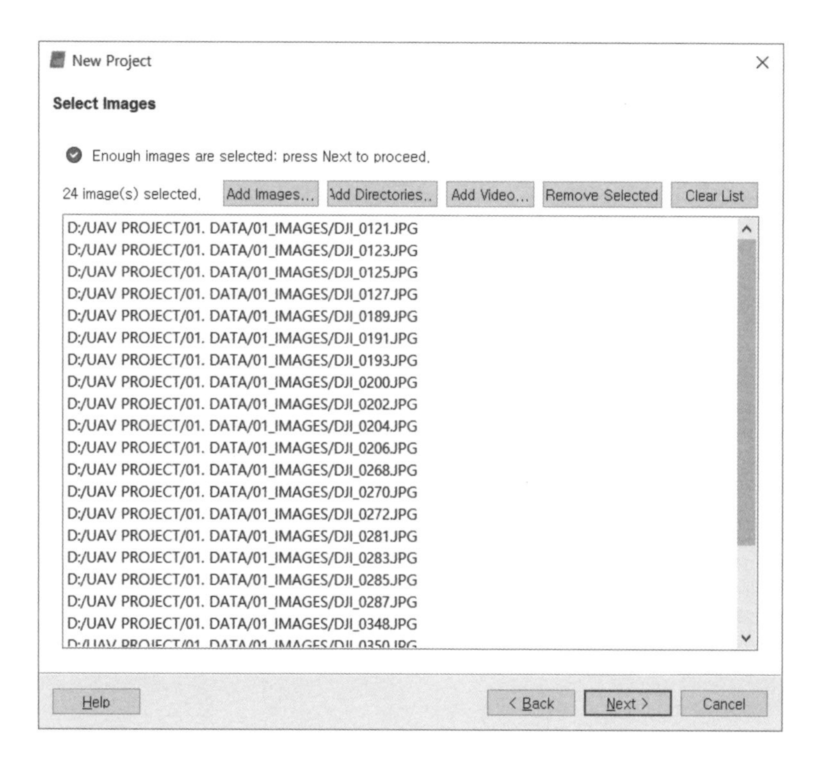

▸이미지 속성 및 결과물 좌표계 선택

1. 이미지 속성을 확인한다.
   - Coordinate System : WGS84 좌표계
   - Geolocated Images : 사진 수량이 24 모두 불러왔는지 확인

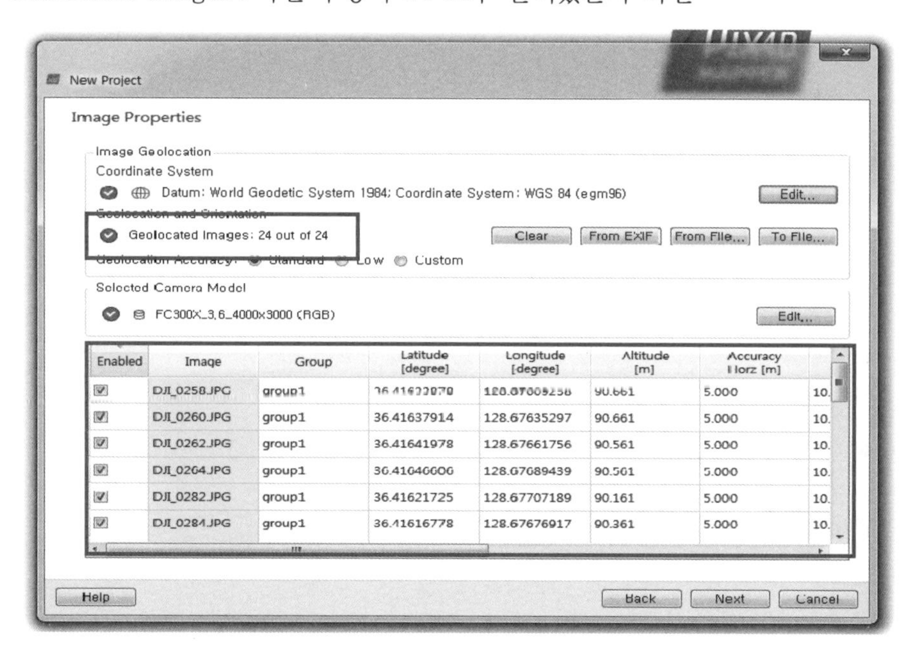

2. 좌표계 설정

- 이미지에 지리적 위치가 있다면, 기본적으로 Auto detected(자동 감지)가 선택되어 이미지의 동일한 코디네이트 시스템을 표시한다.
- 이미지에 지리적 위치가 없다면, 기본적으로 Arbitrary Coordinate System(임의적인 코디네이트 시스템)이 선택된다.
- 본 실습지역은 경주지역 공원으로 기준원점은 동부원점을 사용하며, 세계측지계로 좌표계를 설정하기로 한다. (Known Coordinate System 선택 / Advanced Coordinate Options 체크 / From PRJ... 클릭)

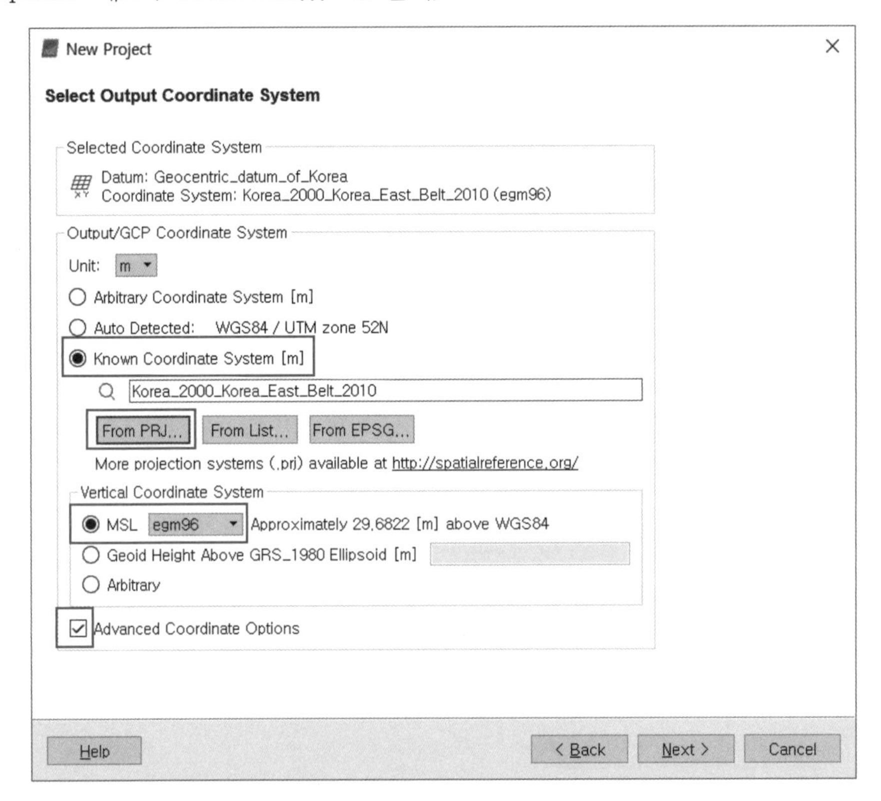

- PRJ 파일 경로 선택(D:₩UAV PROJECT₩01. DATA₩Coordinate / Korea 2000 Korea East Belt 2010 선택 / 열기)

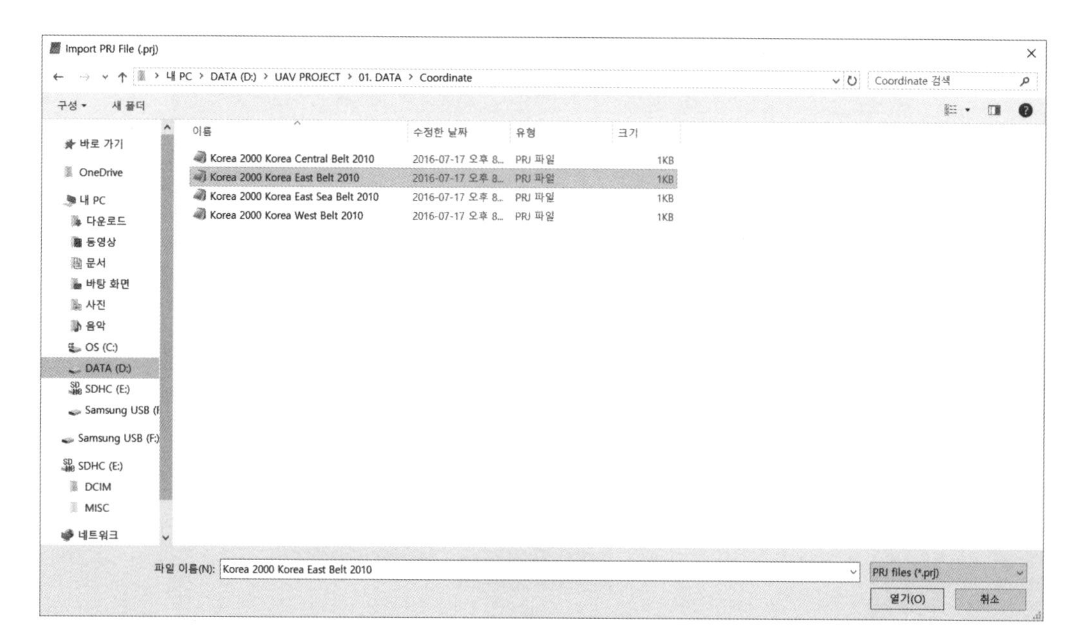

- Vertical Coordinate System을 설정한다. (MSL EGM96 설정 선택)
- 다음을 선택한다. (Next > / 클릭)

▶ 실행 옵션 템플릿 선택

1. DSM, 정사영상, 3D 모듈(점군, 3D 메쉬) 생성을 위하여 3D Maps를 선택한다.

Processing Options Template	특성(Characteristics)
3D 지도	DSM, 정사영상, 3D 모듈(점군, 3D 메쉬) 생성 전형적인 출력 : 비행사진이 격자무늬 적용 예시 : 지적도, 채석장 등
3D 모델	3D 모델 생성(점군, 3D 질감 메쉬) 전형적인 출력 : 높은 중복의 이미지 어플리케이션 예시 : 건물, 물체, 지형 이미지, 실내 이미지와 시각화 등의 3D 모델
농업(다중 분광 스펙트럼/NDVI)	식생지수(NDVI) 등의 다양한 지수, 반사율 등 제공 전형적인 출력 : 다중스펙트럼 이미지, 카메라 어플리케이션 예시 : 농업관리
3D 지도−빠른/저해상	3D 지도 견본을 빠르게 처리하지만 결과물의 정확도와 해상도는 낮음
3D 모델−빠른/저해상	3D 모델 견본을 빠르게 처리하지만 결과물의 정확도와 해상도는 낮음
농업(다중분광스펙트럼/NDVI) −빠른/저해상	다중 분광 스팩트럼, NDV 등을 빠르게 처리하지만 결과물의 정확도와 해상도는 낮음

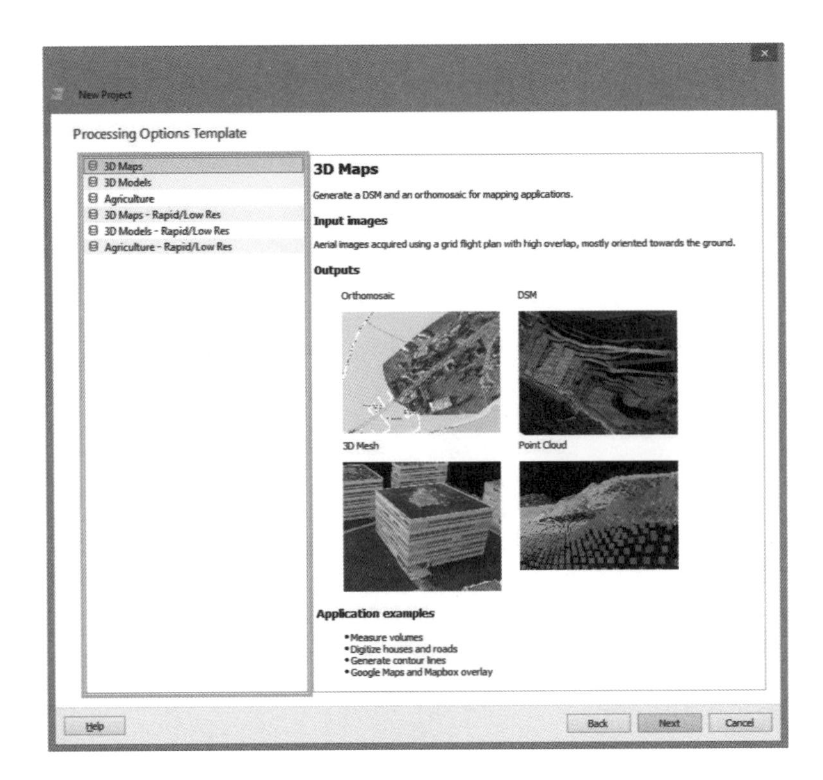

2. Finish를 선택하여 프로젝트 생성한다. (Finish / 👆 클릭)

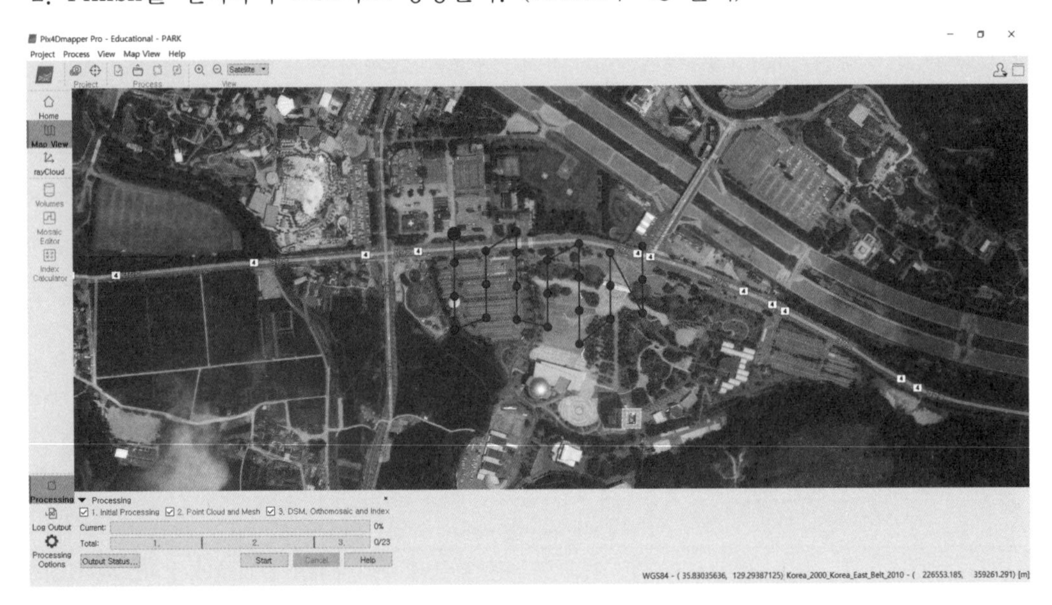

▸프로젝트 생성확인 및 프로세싱 옵션 선택

1. 프로젝트가 생성됐는지 확인한다.
   - 드론의 촬영위치(●)를 확인한다.

2. 위 그림에서 Processing Options를 선택, 혹은 아래 그림과 같이 메뉴바 Process에서 선택한다. (Processing Options / Process 선택)

3. 아래 우측과 같이 Resources and Notifications : 컴퓨터 사양 사용 및 e-mail 알림 창이 생성된다.

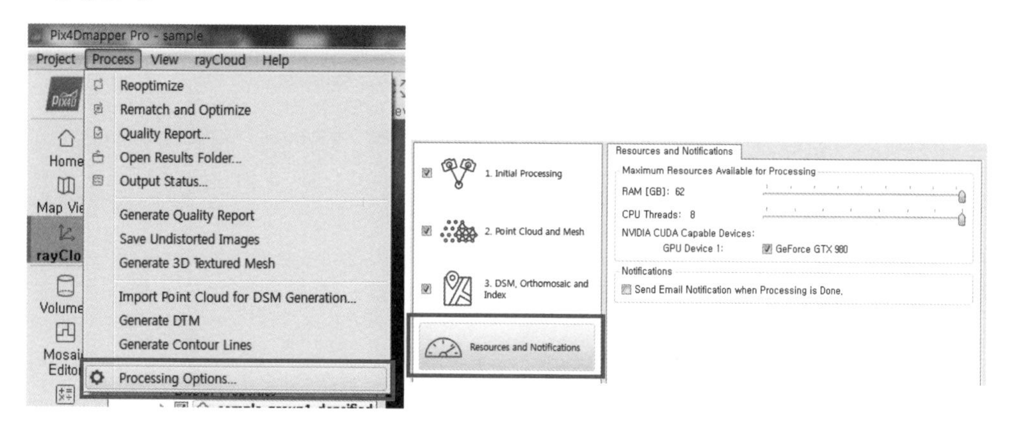

▶ Initial Processing

1. General
   - Keypoint image Scale은 full을 선택한다. (Keypoint image Scale / Full 선택)
   - Quality Report : 결과보고서 생성 선택(Quality Report / 선택)

2. Matching

- Aerial Grid or Corridor(항공 그리드)를 선택한다.
- Matching Strategy(매칭 방법)은 기하학적으로 검증된 매칭을 위해 선택한다.

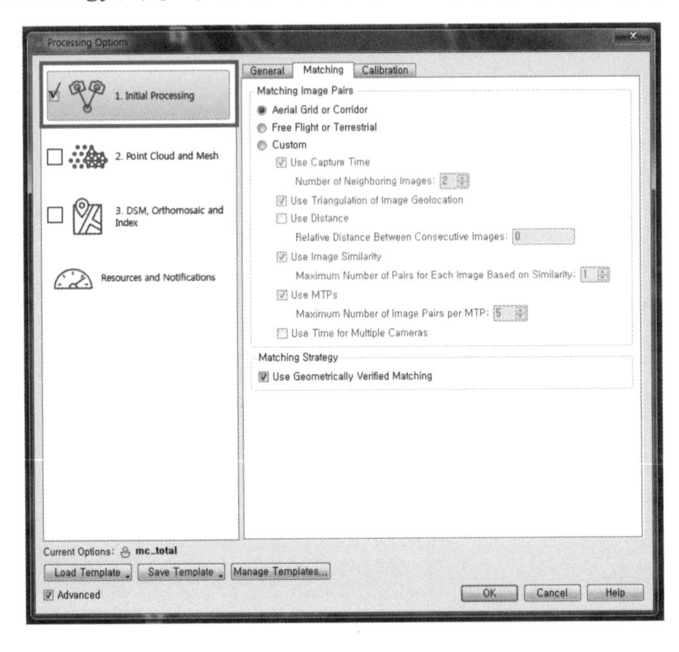

3. Calibration

- 키포인트 타켓팅은 자동으로하고 Calibration은 표준을 선택한다.
- 또한 Rematch도 자동으로 선택하고, 필요에 따라 Pre-Proceessing과 Export를 선택한다.

- Initial Processing : Initial Processing만 클릭 후 Start. (Processing / Initial Processing 체크 / Start 클릭)

※ Initial Processing 과정을 진행 후 지상기준점(GCP) 정보를 영상에 입력 후 2. Point Cloud and Mesh와 3. DSM, Orthomosaic and Index 과정을 진행한다.

4. Initial Processing 완료 화면

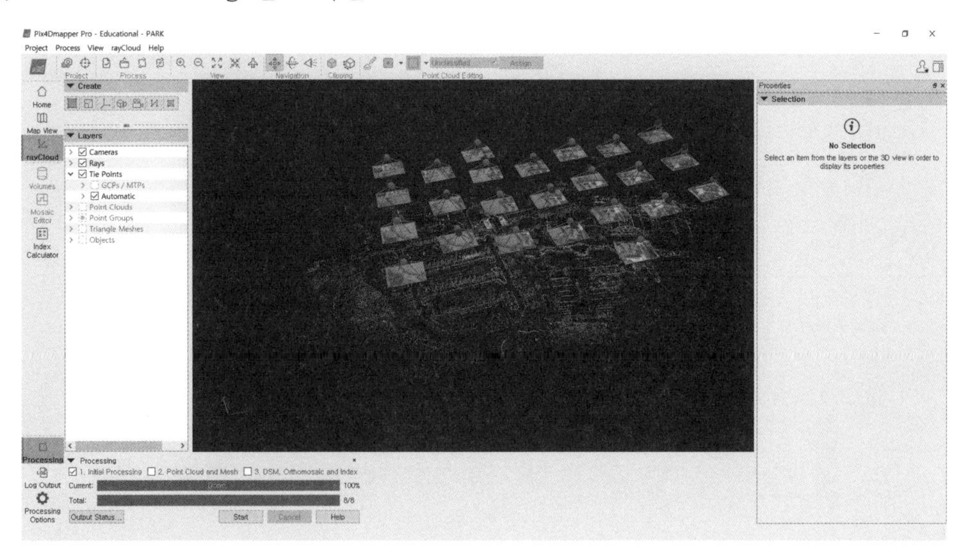

▶GCP 입력

1. GCP입력방법은 리본메뉴의 를 선택하여 GCP 측량 값(GCP.txt)을 이용하여 GCP 값을 일치시킬 수 있다.

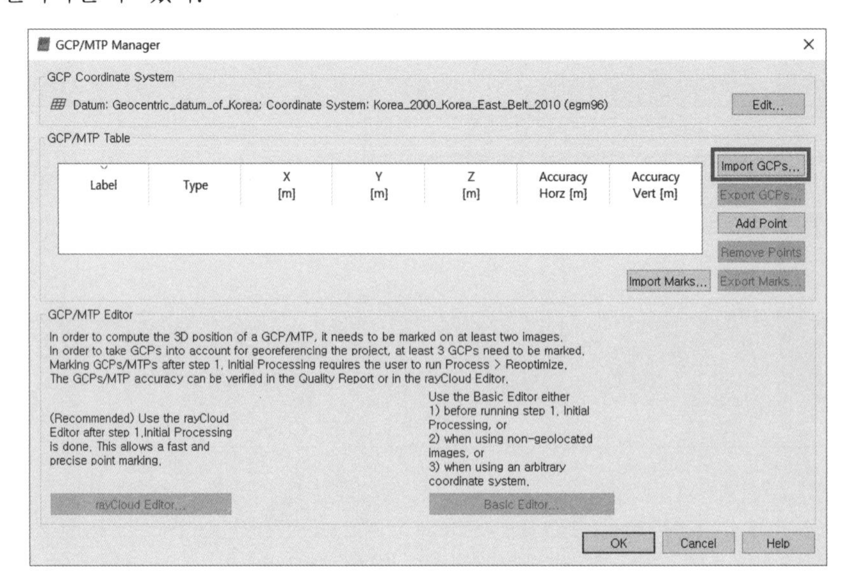

- Import GCPs... 클릭

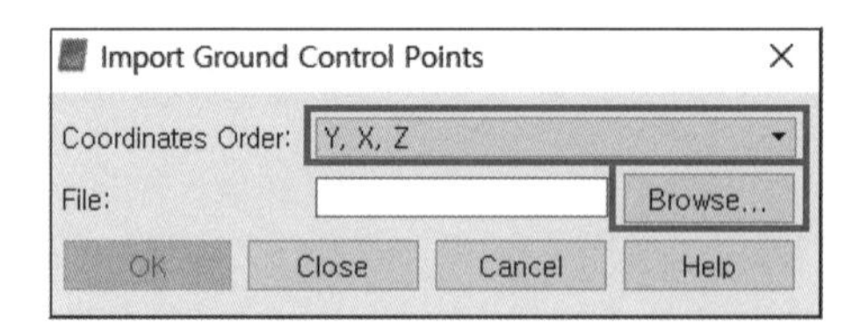

- GCP 좌표는 Pix4D 의 경우 Autocad와 같은 좌표형식을 가지고 있다. 즉, 실제 측량 좌표 값이 X, Y, Z이면 Pix4D와 Autocad는 Y, X, Z 값으로 인식시켜야 한다. (Coordinates Order / Y, X, Z 선택)
- 01. DATA에 있는 GCP.txt 선택(D:₩UAV PROJECT₩01. DATA / GCP 선택 / OK 클릭)

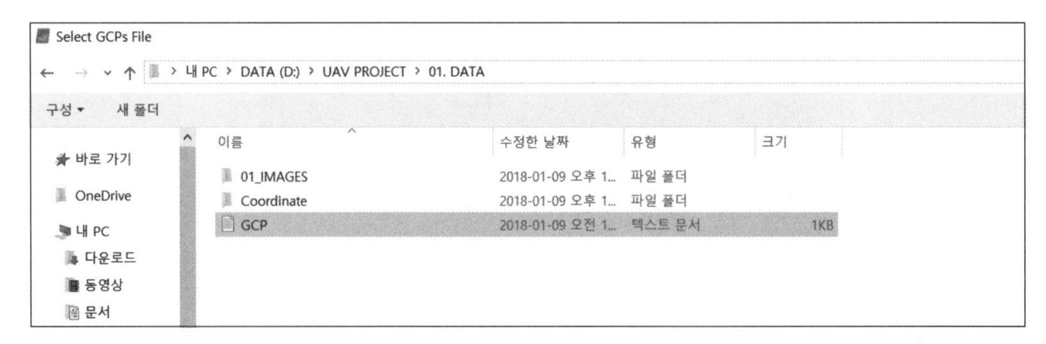

2. Tie Points 화면상에 파란색 위치표시(▮)가 나타나고, 좌측 Layers에 GCP01~05번이 생성된다.

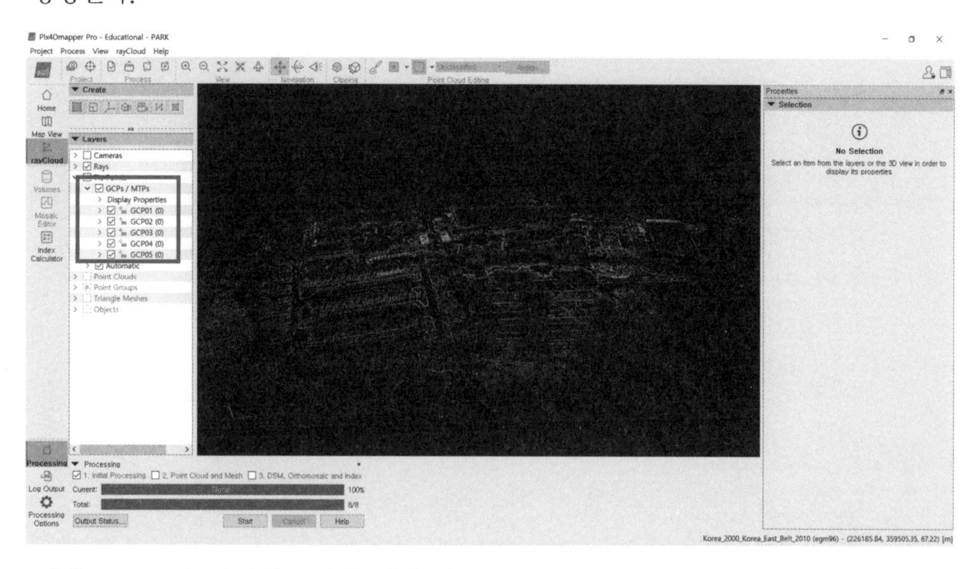

- 좌측 GCP01을 선택하고 우측 하단의 Images에 있는 사진에서 GCP의 정확한 위치점을 마우스 왼쪽 버튼을 더블클릭하여 선정한다. 이때 3점 이상 사진상 GCP를 선정 후 Automatic Marking 기능으로 사진들의 GCP 위치를 찾을 수 있다.

※ F:₩드론실습₩UAV PROJECT₩01. DATA / GCP 위치도 참조

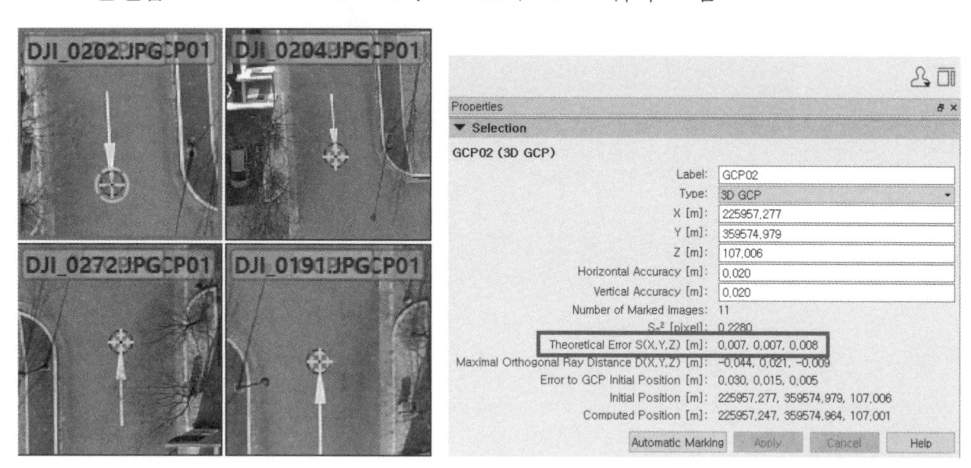

- GCP가 얼마나 정확하게 선정되었는지 확인은 Selection의 Theoretical Error 값을 보고 확인할 수 있다. (Theoretical Error: 0.007, 0.007, 0.008이면 수평(X,Y) 0.007, 0.007과 수직(Z) 0.008의 이론적 오차가 발생한 것을 알 수 있다)

3. GCP 입력 완료 후 메뉴바 Process에서 Reoptimize를 선택한다. 만약 정합되지 않는 값이 존재한다면 Rematch and Optimize 선택 실행한다.

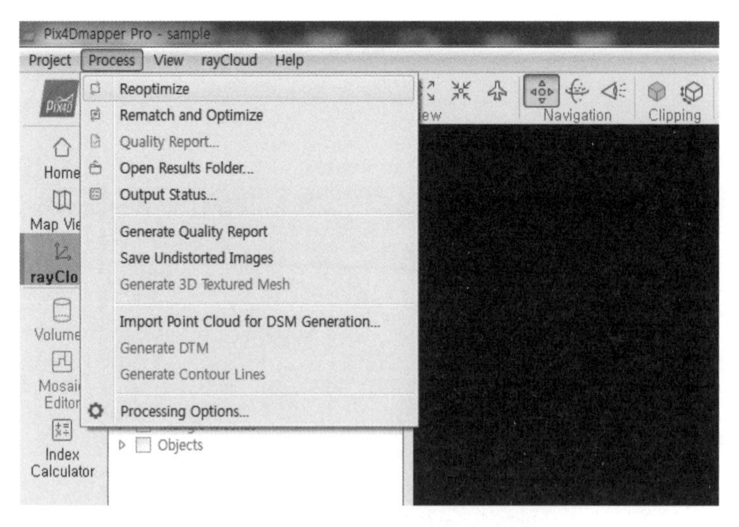

결과 화면에 GCP점이 정확히 좌표점과 일치하는지 확인한다.

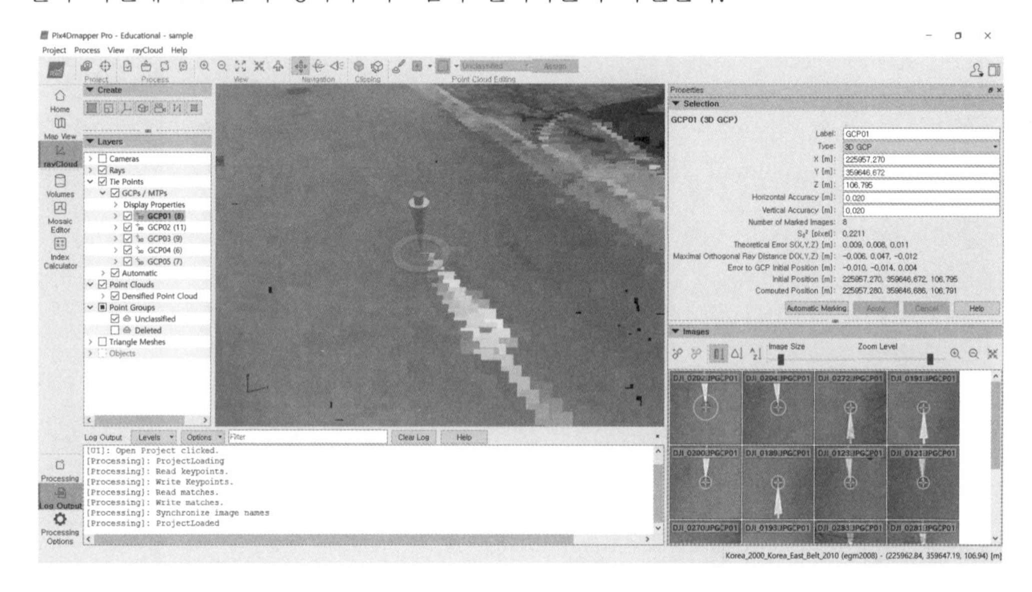

▶ Point Cloud and Mesh,

1. Point Cloud
   - image Scale은 1/2 default 값을 선택하고, 포인트 밀도는 Optimal(최적)으로 Matches는 3으로 지정한다.
   - 파일을 내보낼 필요가 있을 때 파일 형태를 선택하여 내보낸다.

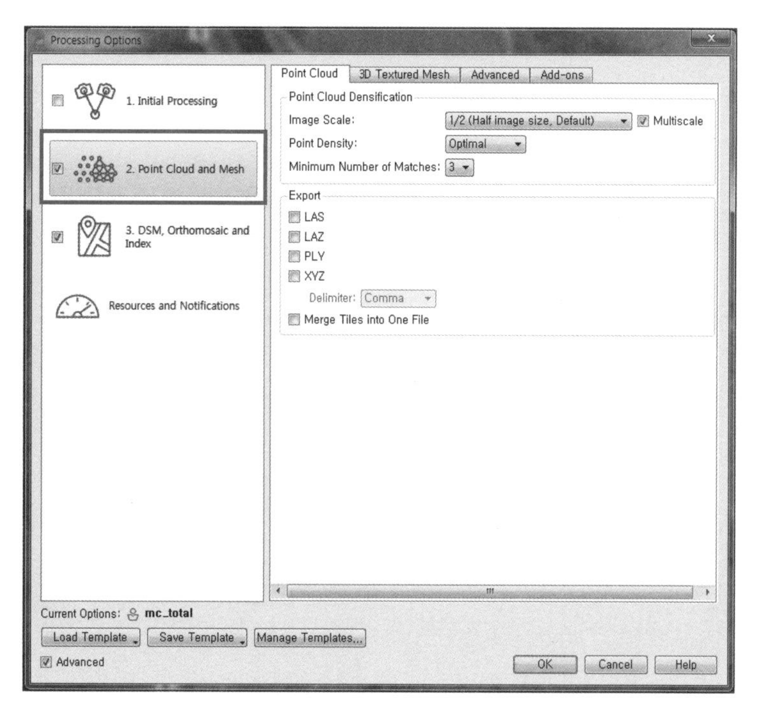

2. 3D Textured Mesh

- Generate 3d Textured Mesh을 선택하고, 세팅은 중간(default)으로 선택한다.
- 파일을 내보낼 필요가 있을 때 파일 형태를 선택하여 내보낸다.

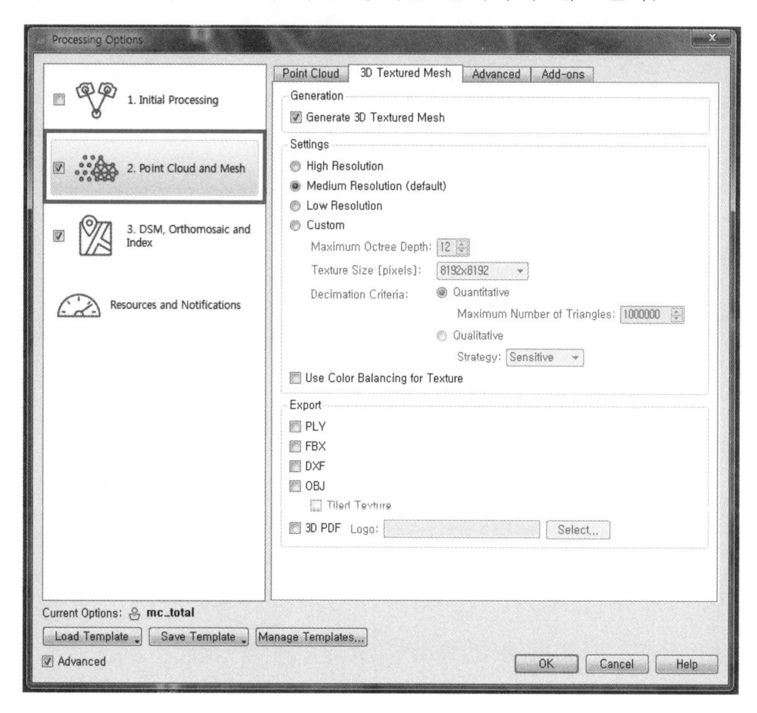

3. Point Cloud 및 3D Textured Mesh 분석 결과

- Point Cloud는 점군 데이터를 말하는데, 이를 통하여 3차원 VR(Virtual Reality) 모델링 작업을 수행할 수 있도록 아래와 같이 수많은 point를 생성하는 것을 말한다.

- Mesh는 Point Cloud의 경우 점군으로 이루어져 점들로 표현이 되어 있고 점이 없는 곳은 위 그림의 왼쪽 하단, 오른쪽과 같이 빈 공간으로 표현되는데, 이를 삼각보정을 통하여 값을 생성하여 부드러운 형태의 표면을 생성한 것을 말한다.

▸ DSM, Othomosaic and Index

1. DSM and Othomosaic
   - Resolution에서 픽셀당 크기는 자동으로 선택한다. 필요시 Custom으로 지정한다.
   - 최적의 영상자료 취득을 위하여 DSM Filters도 모두 체크하고, Raster DSM과 Orthomosaic에서 GeoTIFF을 선택하여 결과물을 생성한다.

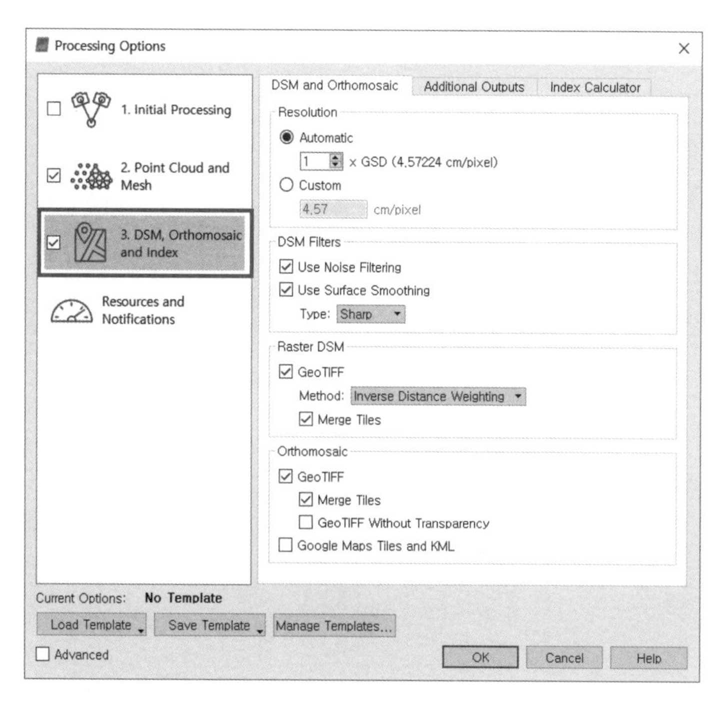

2. Additional Outputs

- 추가적인 결과물을 생성을 위한 옵션은 일반적으로 자동 세팅 값을 그대로 사용한다.
- DTM의 해상도를 Automatic으로 선택한다.
- Contour Lines(등고선)은 필요에 따라 파일 형태를 선택하고, 나머지 옵션 값은 그림과 같이 선택하여 실행한다.

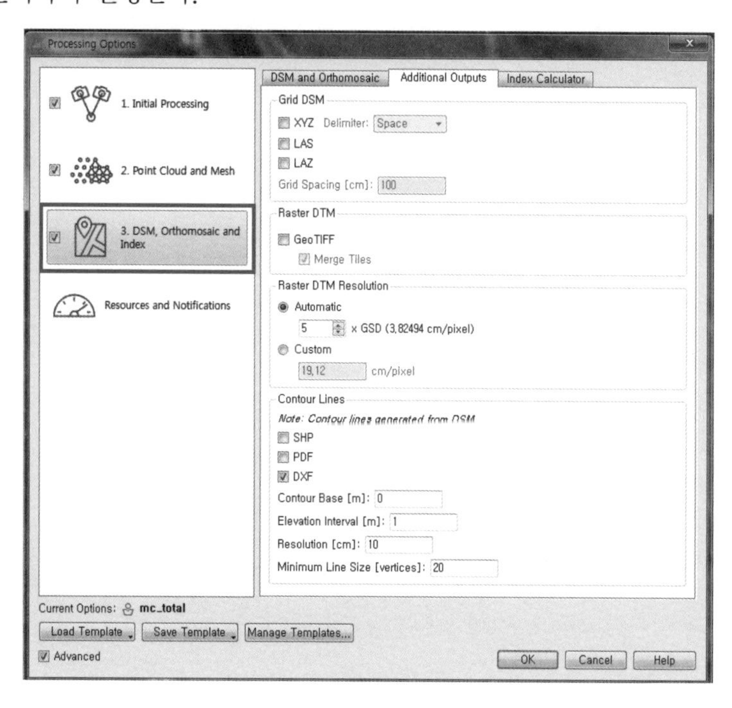

3. DSM, Othomosaic and Index 결과

Quality Report

Generated with Pix4Dmapper Pro version 3.2.23

Important: Click on the different icons for:

Help to analyze the results in the Quality Report

Additional information about the sections

Click here for additional tips to analyze the Quality Report

Summary

Project	sample
Processed	2018-01-09 12:04:24
Camera Model Name(s)	FC6310_8.8_5472x3648 (RGB)
Average Ground Sampling Distance (GSD)	4.57 cm / 1.8 in
Area Covered	0.145 km^2 / 14.4971 ha / 0.056 sq. mi. / 35.8416 acres

Quality Check

Images	median of 44139 keypoints per image	✔
Dataset	24 out of 24 images calibrated (100%), all images enabled	✔
Camera Optimization	35.67% relative difference between initial and optimized internal camera parameters	⚠
Matching	median of 17375.7 matches per calibrated image	✔
Georeferencing	yes, 5 GCPs (5 3D), mean RMS error = 0.016 m	✔

Preview

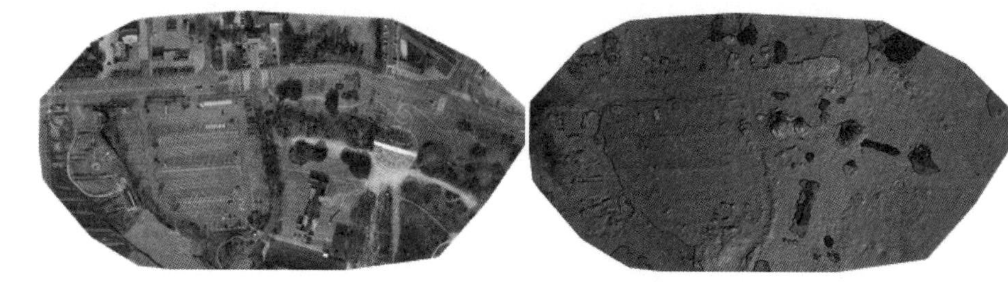

▶ 현황도 작성

1. 현황선형 추출

- rayCroud 클릭

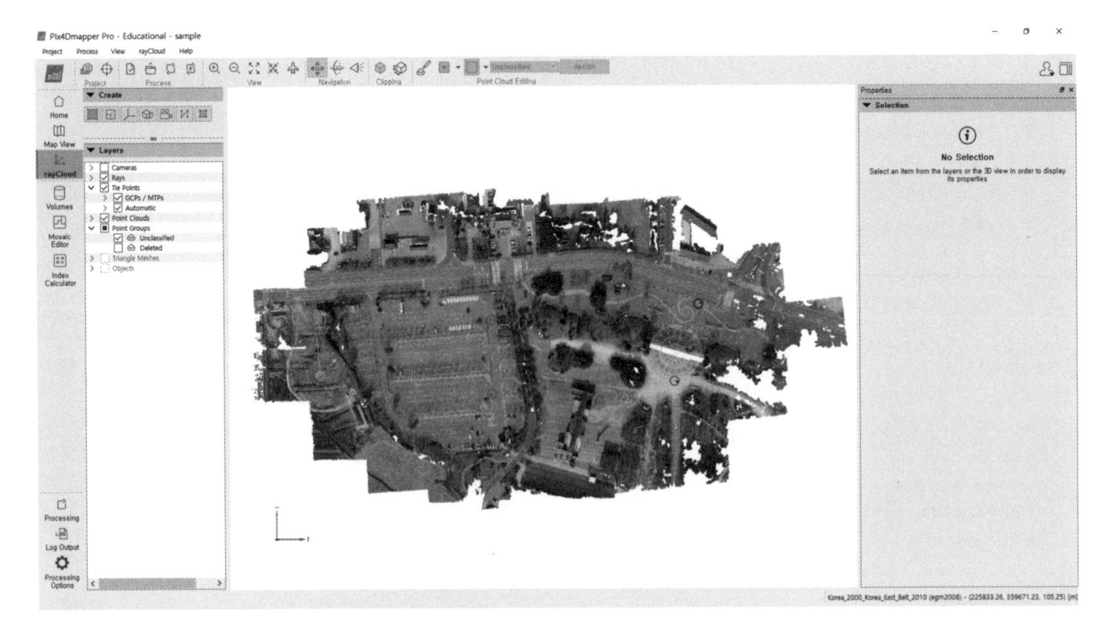

rayCloud-Triangle Meshes만 체크

2. Create-New Polyline 👆 클릭

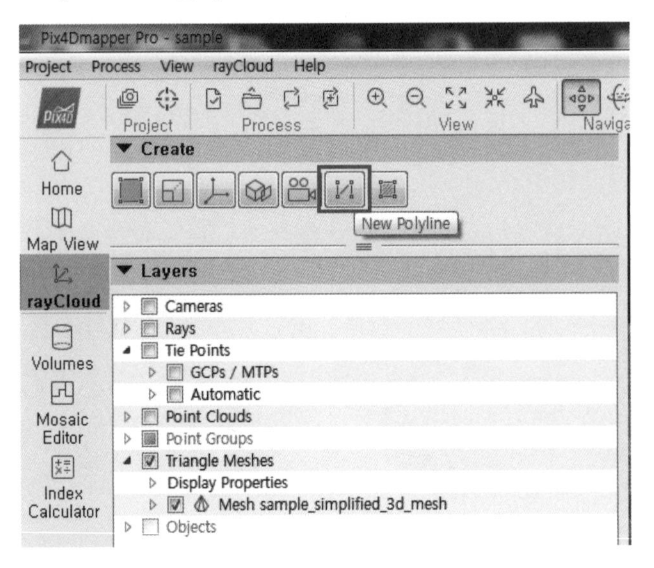

3. 도로선을 따라 현황선을 그린다.

- 화면에서 필요한 선형을 따라 클릭 후 오른쪽 마우스를 👆 클릭하여 마무리한다.

Polyline 1 이 생성됨(다량의 Polyline을 생성할 수 있다.)

생성된 파일(Polyline 1)은 마우스로 선택하여 이름을 변경하여 오토캐드파일 또는 SHP파일로 내보낼 수 있다. 이때 변경된 이름으로 내보낸 파일은 오토캐드에서 한 개의 레이어 파일이 된다.

- Polyline 1 선택 / 오른쪽마우스 클릭 / rename (F2) / flower garden 01

4. 현황선 편집

- 왼쪽의 뷰 툴바의 rayCloud 밑에 Objects에서 생성된 현황선을 편집 가능하다.
- 삭제, 이름 변경, flower garden 01 선택 후 마우스 오른쪽 클릭

Export를 클릭하게 되면, 다음과 같이 4가지의 파일 형식(shp, dxf, dgn, kml)으로 내보낼 수 있다.

원하는 파일 형식을 선택 후 ok 👆 클릭

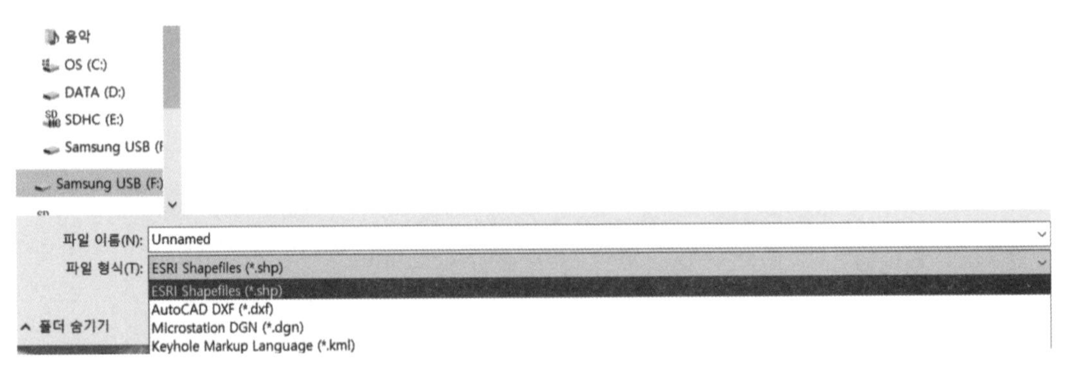

AutoCAD DXF로 Export 하면 vertices 와 lines 파일로 저장된다.

같은 방법으로 다양한 현황선을 작성하여 파일 이름을 변경하여 Export하면 AutoCAD 폼의 레이어들이 만들어진다.

만들어진 레이어들을 모두 정합하면 지형도가 완성된다.

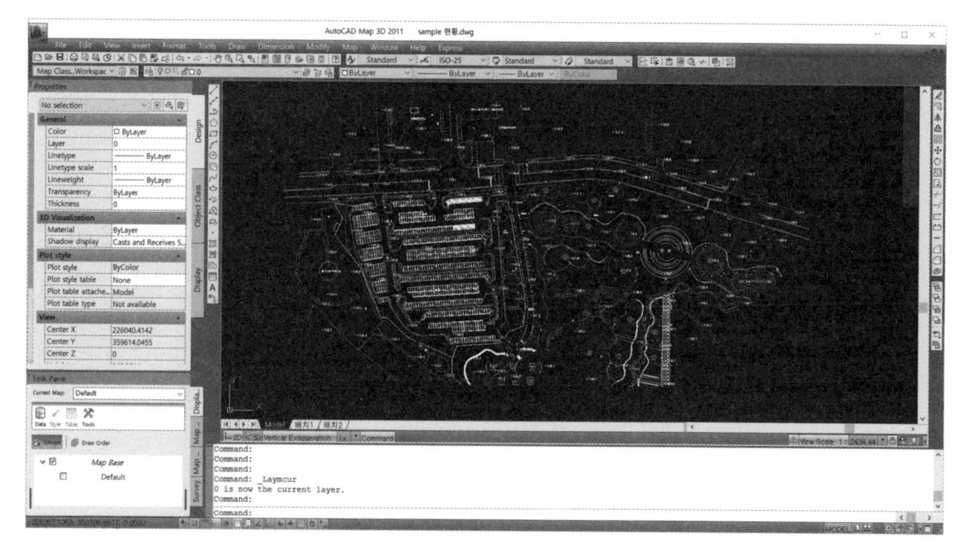
AutoCAD Map 3D 2011 sample 현황.dwg
Command:
Command:
Command:
Command: _Laymcur
0 is now the current layer.
Command:
Command:

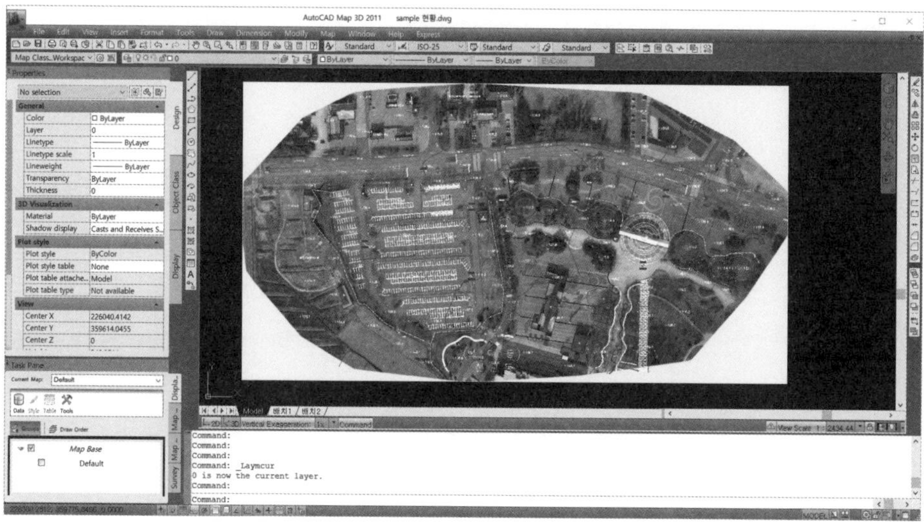
AutoCAD Map 3D 2011 sample 현황.dwg
Command:
Command:
Command:
Command: _Laymcur
0 is now the current layer.
Command:
Command:

CHAPTER 10

부록 : 관련 법규

CHAPTER 10

부록 : 관련 법규

국내에서는 1997년 외환위기 이후 IMF 등 국제기구에서 정부재정통계 작성을 요청함에 따라 1999년 행정자치부에서 복식부기 도입에 대한 기본계획수립, 구체적 도입을 추진하였다(한국건설기술연구원, 2008a). 도로자산(사회기반시설물)의 감가상각, 자산가치평가와 관련된 법령은 크게 국가회계법, 국가회계기준에 관한 규칙, 도로법에서 다루고 있으며 이와 관련된 처리지침은 기획재정부가 일반유형자산과 사회기반시설 회계처리지침(2016년)을 제정하여 자산가치 평가방법을 제시하고 있다.

10.1 국유재산법

국유재산법은 1950년 최초로 제정되어 현재까지 지속적인 개정을 거치고 있으며, 이 중에서 2009년 7월은 국가회계기준의 도입에 맞추어 국유재산의 가격평가 및 결산기능을 보완, 강화하는 내용을 담고 있다. 법제처는 개정의 주요이유로 다음을 제시하고 있다.

- 국가회계제도 도입에 따라 국유재산 평가 제도를 개선하고, 국유재산관리운용 현황을 파악할 필요성이 있다.
- 가격평가 등의 회계처리에 복식부기와 발생주의를 반영하고, 도로·하천·항만·공유수면을 포함한 국유재산관리운용보고서를 작성하여 감사원의 검사를 받도록 한다.

이처럼 국유재산법은 우리나라 공공재의 정의와 분류, 관리, 가치평가 등 자산관리의 기반이 되는 내용들을 담고 있어, 향후 개정을 통해 자산관리도입을 강제할 수 있는 법적근거로써의 역할을 기대할 수 있다.

국유재산법은 제1조(목적)에 따라 국유재산의 적정한 보호와 효율적인 관리·처분을 목적으로 하고 있으며, 국유재산 관리·처분의 기본원칙으로써 제3조에서 다음을 제시하고 있다.

- 국가전체의 이익에 부합되도록 할 것
- 취득과 처분이 균형을 이룰 것
- 공공가치와 활용가치를 고려할 것
- 경제적 비용을 고려할 것
- 투명하고 효율적인 절차를 따를 것

국유재산의 범위로는 각종권리부터, 선박, 기계 등 다양하나 도로와 관련된 항목으로는 제5조1항의 '부동산과 그 종물'로 정의하고 있어 토지와 그에 설치된 도로구조물과 시설물을 모두 국유재산으로 인정하고 있다.

국유재산은 크게 행정재산과 일반재산으로 구분하고 있으며, 행정재산은 공용재산, 공공용재산, 기업용재산, 보존용 재산으로 구분한다. 여기서 도로는 공공용재산으로 구분됨. 참고로 국유재산법을 적용하지 않는 자산은 재평가 대상에서 제외되고 있다.

한편 관리적 측면에서는 제66조(대장과 실태조사)제1항에서 서관에 따라 국유재산의 대장·등기사항증명서와 도면을 갖추도록 하고 있으며, 제2항에서는 매년 국유재산의 실태를 조사하도록 하고 있다.

가치평가와 관련된 조항으로는 제68조(가격평가 등)에서 국유재산의 가격평가 등 회계처리는 「국가회계법」 11조에 따른 국가회계기준에서 정하는 바에 따르도록 하고 있다.

10.2 시설물 안전 및 유지관리에 관한 특별법

우리나라의 주요 시설물은 크게 국토교통부 소관 「시설물의 안전관리에 관한 특별법」의 '1종 및 2종시설물'과 행정안전부 소관 「재난 및 안전관리기본법」의 '특정관리대상시설'로 구분되어 시설물 안전점검 및 유지보수 업무가 수행되어왔다.

그런데 산업화와 도시화로 시설물의 종류가 늘어나고 그 규모가 증가함에 따라 시설물안전관리에 사각지대가 발생하여, 정부는 2015년 3월 「안전혁신 마스터플랜」 수립을 통해 '시설물 안전관리 일원화' 방안을 제시하였고, 국회는 이를 주요 내용으로 하는 「시설물안전법 전부개정법률안」을 2016년 12월 29일 가결(可決)하였으며, 이에 따라 2018년 1월 18일부터 「재난안전법상의 특정관리대상시설이 시설물안전법」상의 3종시설물로 편입되고, 안전점검 업무가 국토교통부로 일원화되었다.

기존의 「시설물 안전관리에 관한 특별법」이 전부 개정되어 「시설물 안전 및 유지관리에 관한 특별법」으로 명칭이 변경되었으며, 개정 이유는 「재난 및 안전관리 기본법」상의 특정관리대상시설을 「시설물의 안전관리에 관한 특별법」상 제3종 시설물로 편입함으로써 국토교통부와 국민안전처로 이원화되어 있는 시설물의 안전관리체계를 국토교통부로 일원화하고, 시설물의 중요도 및 안전취약도 등을 고려하여 안전점검 등의 안전관리체계를 정비하고 성능중심의 유지관리체계를 도입하는 등 전반적인 시설물의 안전 및 유지관리체계를 강화함으로써 시설물의 안전에 대한 국민 불안을 해소하고 공공 안전에 만전을 기하는 한편, 불법 하도급 제한, 「형법」상 뇌물범죄의 적용 시 공무원 의제, 벌칙 등 현행 제도의 운영상 나타난 일부 미비점을 개선·보완하려는 것이라 밝히고 있다.

시설물 안전 및 유지관리에 관한 특별법의 주요 내용을 요약하면 다음과 같다.

가. 법 제명을 「시설물의 안전 및 유지관리에 관한 특별법」으로 함(제명).

나. 국토교통부장관은 시설물의 안전 및 유지관리에 관한 기본계획을, 관리주체는 소관 시설물에 대한 안전 및 유지관리계획을 수립·시행하도록 함(제5조 및 제6조).

다. 시설물의 종류를 제1종시설물·제2종시설물 및 제3종시설물로 구분함(제7조).

1. 제1종시설물 : 공중의 이용편의와 안전을 도모하기 위하여 특별히 관리할 필요가 있거나 구조상 안전 및 유지관리에 고도의 기술이 필요한 대규모 시설물로서 다음 각 목의 어느 하나에 해당하는 시설물 등 대통령령으로 정하는 시설물

가. 고속철도 교량, 연장 500미터 이상의 도로 및 철도 교량

나. 고속철도 및 도시철도 터널, 연장 1000미터 이상의 도로 및 철도 터널

다. 갑문시설 및 연장 1000미터 이상의 방파제

라. 다목적댐, 발전용댐, 홍수전용댐 및 총저수용량 1천만톤 이상의 용수전용댐

마. 21층 이상 또는 연면적 5만제곱미터 이상의 건축물

바. 하구둑, 포용저수량 8천만톤 이상의 방조제

사. 광역상수도, 공업용수도, 1일 공급능력 3만톤 이상의 지방상수도

2. 제2종시설물 : 제1종시설물 외에 사회기반시설 등 재난이 발생할 위험이 높거나 재난을 예방하기 위하여 계속적으로 관리할 필요가 있는 시설물로서 다음 각 목의 어느 하나에 해당하는 시설물 등 대통령령으로 정하는 시설물
가. 연장 100미터 이상의 도로 및 철도 교량
나. 고속국도, 일반국도, 특별시도 및 광역시도 도로터널 및 특별시 또는 광역시에 있는 철도터널
다. 연장 500미터 이상의 방파제
라. 지방상수도 전용댐 및 총저수용량 1백만톤 이상의 용수전용댐
마. 16층 이상 또는 연면적 3만제곱미터 이상의 건축물
바. 포용저수량 1천만톤 이상의 방조제
사. 1일 공급능력 3만톤 미만의 지방상수도
3. 제3종시설물 : 제1종시설물 및 제2종시설물 외에 안전관리가 필요한 소규모 시설물로서 제8조에 따라 지정·고시된 시설물

부록 표 1 안전점검, 정밀안전진단 및 성능평가의 실시시기(제8조제2항, 제10조제1항 및 제28조제2항 관련)

안전등급	정기안전점검	정밀안전점검		정밀안전진단	성능평가
		건축물	건축물 외 시설물		
A등급	반기에 1회 이상	4년에 1회 이상	3년에 1회 이상	6년에 1회 이상	5년에 1회 이상
B·C등급		3년에 1회 이상	2년에 1회 이상	5년에 1회 이상	
D·E등급	1년에 3회 이상	2년에 1회 이상	1년에 1회 이상	4년에 1회 이상	

라. 관리주체는 정기적으로 안전점검을 실시하여야 하며, 다만 「공동주택관리법」에 따른 의무관리대상 공동주택이 아닌 공동주택 등 민간관리주체 소관 시설물 중 대통령령으로 정하는 시설물의 경우에는 시장·군수·구청장이 안전점검을 실시하도록 함(제11조).
마. 관리주체는 제1종시설물에 대하여 정기적으로 정밀안전진단을 실시하도록 함(제12조).

부록 표 2 시설물의 안전등급 기준(제12조 관련)

안전등급	시설물의 상태
A(우수)	문제점이 없는 최상의 상태
B(양호)	보조부재에 경미한 결함이 발생하였으나 기능 발휘에는 지장이 없으며, 내구성 증진을 위하여 일부의 보수가 필요한 상태
C(보통)	주요부재에 경미한 결함 또는 보조부재에 광범위한 결함이 발생하였으나 전체적인 시설물의 안전에는 지장이 없으며, 주요부재에 내구성, 기능성 저하 방지를 위한 보수가 필요하거나 보조부재에 간단한 보강이 필요한 상태

부록 표 2 시설물의 안전등급 기준(제12조 관련)(계속)

안전등급	시설물의 상태
D(미흡)	주요부재에 결함이 발생하여 긴급한 보수·보강이 필요하며 사용 제한 여부를 결정하여야 하는 상태
E(불량)	주요부재에 발생한 심각한 결함으로 인하여 시설물의 안전에 위험이 있어 즉각 사용을 금지하고 보강 또는 개축을 하여야 하는 상태

바. 국토교통부장관 및 관계 행정기관의 장은 시설물의 구조상 공중의 안전에 중대한 영향을 미칠 우려가 있다고 판단되는 경우에는 소속 공무원으로 하여금 긴급안전점검을 하게 하거나 관리주체 등에게 긴급안전점검을 실시할 것을 요구할 수 있으며, 긴급안전점검 결과 필요한 경우 정밀안전진단의 실시, 보수·보강 등 필요한 조치를 취할 것을 명할 수 있도록 함(제13조).

사. 국가가 지방자치단체에 제3종시설물의 지정과 안전점검 등의 실시에 필요한 지원을 할 수 있는 근거를 마련함(제15조).

아. 관리주체는 시설물의 구조상 공중의 안전한 이용에 미치는 영향이 중대하여 긴급한 조치가 필요하다고 인정되는 경우에는 사용제한·사용금지·철거·주민대피 등의 안전조치를 하여야 함(제23조).

자. 관리주체는 안전점검 및 정밀안전진단에 대한 불법 하도급의 의심사유가 있는 경우에는 국토교통부장관 또는 시·도지사에게 사실조사를 요청할 수 있도록 함(제27조).

차. 관리주체는 시설물의 유지관리·성능평가지침에 따라 소관 시설물을 유지관리하여야 하며, 도로, 철도, 항만, 댐 등 대통령령으로 정하는 시설물의 관리주체는 시설물에 대한 성능평가를 실시하여야 함(제39조 및 제40조).

카. 시설물의 안전 및 유지관리를 효율적으로 지원하기 위하여 한국시설안전공단으로 하여금 시설물의 안전 및 유지관리 지원센터를 운영하도록 함(제49조).

타. 국토교통부장관은 시설물의 안전 및 유지관리에 관한 정보를 체계적으로 관리하기 위하여 시설물통합정보관리체계를 구축·운영하여야 함(제55조).

파. 중앙시설물사고조사위원회, 시설물사고조사위원회 및 정밀안전점검·정밀안전진단평가위원회의 민간위원을 「형법」상 뇌물범죄의 적용 시 공무원으로 보도록 함(제62조).

부록 표 3 성능평가대상 시설물의 범위(제28조제1항 관련)

구분	성능평가 대상시설물
1. 교량	
가. 도로교량	제1종시설물 및 제2종시설물에 해당하는 고속국도 및 일반국도의 교량
나. 철도교량	제1종시설물 및 제2종시설물에 해당하는 고속철도 및 일반철도의 교량
2. 터널	
가. 도로터널	제1종시설물 및 제2종시설물에 해당하는 고속국도 및 일반국도의 터널
나. 철도터널	제1종시설물 및 제2종시설물에 해당하는 고속철도 및 일반철도의 터널
3. 항만	제1종시설물 및 제2종시설물에 해당하는 무역항 및 연안항의 계류시설
4. 댐	제1종시설물에 해당하는 다목적댐
5. 건축물	제1종시설물 및 제2종시설물에 해당하는 공항청사
6. 하천	
가. 하구둑	제1종시설물 및 제2종시설물에 해당하는 국가하천의 하구둑 및 방조제
나. 수문 및 통문	제1종시설물 및 제2종시설물에 해당하는 국가하천의 수문 및 통문
다. 제방	제2종시설물에 해당하는 국가하천의 제방(부속시설인 통관 및 호안을 포함한다)
7. 상수도	제1종시설물에 해당하는 광역상수도
8. 옹벽 및 절토사면	제2종시설물에 해당하는 고속국도·일반국도·고속철도·일반철도의 옹벽 및 절토사면

자산관리 측면에서 시설물 안전 및 유지관리에 관한 특별법에 주목해야 하는 이유는 시설물의 안전등급을 설정하여 이를 시설물의 안전도 평가에 활용한다는 점, 그리고 목표수준을 설정하고 이에 의거하여 유지보수를 수행한다는 점, 마지막으로 법으로써의 강제성이 있다는 사실임. 즉, 우리나라의 도로자산관리계획을 수립함에 있어서 교량, 터널, 옹벽, 사면 등의 대규모 구조물들은 이 법률에 의거하여 모니터링과 평가, 유지보수절차를 수립해야 할 필요가 있다.

10.3 법인세법

법인세법 자체의 목적은 자본주의 경제가 발달하면서 대자본 기업형태인 법인체의 활동이 큰 비중을 차지하게 되고 법인의 소득규모가 커감에 따라, 개인소득세와는 별도로 법인 소득세를 징수하기 위함이다.

자산관리도입에 있어 이 법률에 주목하는 이유는 구조물, 시설물, 부속물들에 대한 내용연수를 지정하고 있기 때문임. 법인세법 시행규칙(기획재정부령 제 159호)에서는 각종 자산의 내용연수를 시험연구용자산, 무형고정자산, 건축물, 업종별자산을 기준으로 제시하고 있음. 특히 제15조 제3항과 관련된 건축물 등의 기준내용연수는 구조물에 대한 내용연수 해석에 활용

가능하며, 업종별 기준내용연수는 도로에 포함된 다양한 구조물이나 서비스업에 대한 내용연수로의 해석 가능하다.

부록 표 4 건축물 등의 기준내용연수 및 내용연수범위표(제15조제3항 관련)

구분	기준내용연수 및 내용연수범위 (하한－상한)	구조 또는 자산명
1	5년(4~6년)	차량 및 운반구(운수업, 기계장비 및 소비용품 임대업에 사용되는 차량 및 운반구를 제외한다), 공구, 기구 및 비품
2	12년(9~15년)	선박 및 항공기(어업, 운수업, 기계장비 및 소비용품 임대업에 사용되는 선박 및 항공기를 제외한다)
3	20년(15~25년)	연와조, 블록조, 콘크리트조, 토조, 토벽조, 목조, 목골모르타르조, 기타 조의 모든 건물(부속설비를 포함한다)과 구축물
4	40년(30~50년)	철골·철근콘크리트조, 철근콘크리트조, 석조, 연와석조, 철골조의 모든 건물(부속설비를 포함한다)과 구축물

자산관리에서 내용연수(기대수명)는 장래예산수요, 자산가치평가, 생애주기비용 분석 등 자산관리계획 수립에 있어 핵심적인 요소임. 자산수명의 정의·수정에 따라 분석 결과는 완전히 달라질 수 있기 때문에 정확한 분석과 기준화가 매우 중요함. 국내에서는 아직 다양한 도로자산의 내용연수에 대한 연구가 미흡하고, 국가회계기준에서도 이를 구체적으로 다루고 있지 않다. 법인세법에서의 내용연수는 해석이 유연하기 때문에 다양한 분야에 폭넓게 활용될 수 있는 반면, 그 해석에 주관이 포함될 여지가 있음. 자산관리의 신뢰성을 제고하기 위해서는 자산의 파손과정에 대한 전문적인 연구가 요구되며, 이 결과를 도로법, 법인세법, 국가회계법 등의 개정에 활용할 필요가 있다.

10.4 국가회계법

2007년 10월 국가회계법의 제정으로 우리나라도 발생주의 회계제도가 2009년 회계연도부터 도입·시행되었으며 전문은 다음과 같다. 이에 따라 사회기반시설도 자산으로 계상하여 평가 및 관리하게 되었다.

제2장 회계처리의 기준

제11조(국가회계기준)

① 국가의 재정활동에서 발생하는 경제적 거래 등을 발생 사실에 따라 복식부기 방식으로 회계처리하는 데에 필요한 기준(이하 "국가회계기준"이라 한다)은 기획재정부령으로 정한다. <개정 2008.12.31.>

② 국가회계기준은 회계업무 처리의 적정을 기하고 재정상태 및 재정운영의 내용을 명백히 하기 위하여 객관성과 통일성이 확보될 수 있도록 하여야 한다.

③ 삭제 <2008.12.31.>

④ 기획재정부장관은 국가회계기준에 관한 업무를 대통령령으로 정하는 바에 따라 전문성을 갖춘 기관 또는 단체에 위탁할 수 있다. <개정 2008.2.29.>

발생주의 회계제도는 재정의 공공성이나 회계환경 등 정부회계의 특수성을 고려하여 기업회계의 논리와 정부회계 현실의 조화를 도모하는 데 중점을 두고 있으며, 대부분의 발생주의 회계에서는 기반시설물에 대한 자산가치를 실사를 통해 산정하도록 제시하고 있다(한국건설기술연구원, 2008a). 기존의 예산회계제도와 기업회계(발생주의/복식부기) 제도를 비교하면 다음 표와 같다.

부록 표 5 기존 예산회계제도와 발생주의 회계제도 비교

구분	예산회계	발생주의/복식부기 회계
성격	장래의 계획과 예산 집행실적의 기록	예산집행의 실시간 처리, 일정시점의 재정상태와 일정기간의 재정운영성과를 측정 및 보고
기장 및 인식방식	일반적으로 단식부기, 현금주의(단, 지방공기업회계 : 발생주의/복식부기 회계)	복식부기, 발생주의
결산보고서	세입결산서, 세출결산서	재정상태보고서, 재정운영보고서, 순자산변동보고서, 현금흐름보고서
보고형식	회계단위별 분리보고	회계단위 간 연계와 통합보고
가치지향	행정 내부조직 중심 : 예산집행통제, 법규준수	효율적 집행, 투명한 재정→주민의 삶의 질 향상
자기검증기능	없음	대차평형의 원리에 의한 회계오류의 자동검증

주 : 국가회계기준에서는 재무제표로 재정상태표, 재정운영표, 순자산변동표를 규정하고 있다.

출처 : 한국건설기술연구원(2008a)

10.5 국가회계기준에 관한 규칙

기획재정부령에 의한 국가회계기준에 관한 규칙 제9조에 의해 사회기반시설을 자산으로 인식하기 시작하였으며 사회기반시설의 자산평가 시에는 동법 제37조를 준용하여 취득원가와 추정한 기간에 정액법 등을 적용한 감가상각기법을 적용한다고 명시하고 있다.

제9조(자산의 정의와 구분)
① 자산은 과거의 거래나 사건의 결과로 현재 국가회계실체가 소유(실질적으로 소유하는 경우를 포함한다) 또는 통제하고 있는 자원으로서, 미래에 공공서비스를 제공할 수 있거나 직접 또는 간접적으로 경제적 효익을 창출하거나 창출에 기여할 것으로 기대되는 자원을 말한다.
② 자산은 유동자산, 투자자산, 일반유형자산, 사회기반시설, 무형자산 및 기타 비유동자산으로 구분하여 재정상태표에 표시한다.

또한 제38조제2항에 의하면 감가상각대체시설물의 경우 관리·유지에 투입되는 비용으로 감가상각비용을 대체할 수 있다고 정의하고 있다. 다만, 효율적인 사회기반시설 관리 시스템으로 사회기반시설의 용역 잠재력이 취득 당시와 같은 수준으로 유지된다는 것이 객관적으로 증명되는 경우로 한정하여 감가상각 대체 사회기반시설로 지정하는 것이 가능하다.

제14조(사회기반시설)
사회기반시설은 국가의 기반을 형성하기 위하여 대규모로 투자하여 건설하고 그 경제적 효과가 장기간에 걸쳐 나타나는 자산으로서, 도로, 철도, 항만, 댐, 공항, 하천, 상수도, 국가어항, 기타 사회기반시설 및 건설 중인 사회기반시설 등을 말한다.

제37조(일반유형자산의 평가)
① 일반유형자산은 해당 자산의 건설원가 또는 매입가액에 부대비용을 더한 금액을 취득원가로 하고, 객관적이고 합리적인 방법으로 추정한 기간에 정액법(定額法) 등을 적용하여 감가상각한다.
② 일반유형자산에 대한 사용수익권은 해당 자산의 차감항목에 표시한다.

제38조(사회기반시설의 평가)
① 사회기반시설의 평가에 관하여는 제37조를 준용한다. 이 경우 감가상각은 건물, 구축물 등 세부구성요소별로 감가상각한다.

② 제1항에도 불구하고 사회기반시설 중 관리·유지 노력에 따라 취득 당시의 용역 잠재력을 그대로 유지할 수 있는 시설에 대해서는 감가상각하지 아니하고 관리·유지에 투입되는 비용으로 감가상각비용을 대체할 수 있다. 다만, 효율적인 사회기반시설 관리 시스템으로 사회기반시설의 용역 잠재력이 취득 당시와 같은 수준으로 유지된다는 것이 객관적으로 증명되는 경우로 한정한다.
③ 사회기반시설에 대한 사용수익권은 해당 자산의 차감항목에 표시한다.

제38조의2(일반유형자산 및 사회기반시설의 재평가 기준)
① 제32조에도 불구하고 일반유형자산과 사회기반시설을 취득한 후 재평가할 때에는 공정가액으로 계상하여야 한다. 다만, 해당 자산의 공정가액에 대한 합리적인 증거가 없는 경우 등에는 재평가일 기준으로 재생산 또는 재취득하는 경우에 필요한 가격에서 경과연수에 따른 감가상각누계액 및 감액손실누계액을 뺀 가액으로 재평가하여 계상할 수 있다.
② 제1항에 따른 재평가의 최초 평가연도, 평가방법 및 요건 등 세부회계처리에 관하여는 기획재정부장관이 정한다.

10.6 도로법

도로자산의 가치 평가는 2011년도에 고시한 사회기반시설 회계처리지침에 의거할 것을 강제화 하고, 도로법 제5조에서 국토교통부장관이 국가도로망종합계획을 수립시 도로 자산의 가치 제고에 관한 사항을 포함시키도록 규정하고 있다.[1]

제2장 도로에 관한 계획의 수립 등
제5조(국가도로망종합계획의 수립) ① 국토교통부장관은 도로망의 건설 및 효율적인 관리 등을 위하여 10년마다 국가도로망종합계획(이하 "종합계획"이라 한다)을 수립하여야 한다.
② 종합계획은 「국토기본법」 제6조제2항제1호에 따른 국토종합계획, 「국가통합교통체계효율화법」 제4조제1항에 따른 국가기간교통망계획과 연계되어야 한다.
③ 종합계획에는 다음 각 호의 사항을 포함하여야 한다.
1. 도로의 현황 및 도로교통 여건 변화 전망에 관한 사항
2. 도로 정책의 기본 목표 및 추진 방향
3. 도로의 환경친화적 건설 및 지속 가능성 확보에 관한 사항
4. 사회적 갈등의 발생을 예방하기 위한 주민 참여에 관한 사항
5. 도로 자산의 효율적 활용을 통한 도로의 가치 제고에 관한 사항

1 기획재정부는 2014년 12월 국가회계편람을 제정하면서 기존의'유·무형자산 감가상각 회계처리지침', '자산재평가 회계처리지침', '사회기반시설 회계처리지침'을 통합하여 '일반유형자산과 사회기반시설 회계처리지침'으로 단일화하여 2016년 1월에 기획재정부예규 제267호로 발령되었다.

6. 도로 관련 연구 및 기술개발에 관한 사항
7. 국가간선도로망의 구성 및 건설에 관한 사항
8. 국가간선도로망의 건설 및 관리에 필요한 재원 확보의 기본방향과 투자의 개략적인 우선순위에 관한 사항
9. 국가간선도로망의 국제적 연계에 관한 사항
10. 그 밖에 국가간선도로망의 건설·관리·이용에 관한 사항으로서 대통령령으로 정하는 사항

나아가 2014년도에 개정된 도로법 제6조제3항에 의하면 도로건설·관리계획(5년)의 수립 시에 도로의 관리, 도로 및 도로 자산의 활용·운용에 관한 사항을 포함토록 하고 있다. 또한 동법 제6조제6항에 의하면 "도로관리청은 해당 도로의 재산적 가치를 조사·평가하여 이를 건설·관리계획에 반영하여야 하고, 관련 자료를 체계적으로 관리하여야 한다."고 명시되어 있으며, 자산가치의 평가시에는 국가회계법 제11조에 따른 국가회계기준에 적합해야 한다고 명시하고 있다. 전문은 다음과 같다.

제6조(도로건설·관리계획의 수립 등) ① 도로관리청은 도로의 원활한 건설 및 도로의 유지·관리를 위하여 5년마다 제23조의 구분에 따른 소관 도로(제13조에 따른 고속국도 또는 일반국도의 지선을 포함한다. 이하 이 조에서 같다)에 대하여 도로건설·관리계획(이하 "건설·관리계획"이라 한다)을 수립하여야 한다. 다만, 제15조제2항에 따른 국가지원지방도에 대해서는 국토교통부장관이 건설·관리계획을 수립한다.
② 건설·관리계획은 종합계획에 부합하여야 한다.
③ 건설·관리계획에는 다음 각 호의 사항을 포함하여야 한다.
1. 도로 건설·관리의 목표 및 방향
2. 개별 도로 건설사업의 개요, 사업기간 및 우선순위
3. 도로의 관리, 도로 및 도로 자산의 활용·운용에 관한 사항
4. 도로의 건설·관리 등에 필요한 비용과 그 재원의 확보에 관한 사항
5. 도로 주변 환경의 보전·관리에 관한 사항 및 지역공동체 보전에 관한 사항
6. 도로의 경관(景觀) 제고에 관한 사항
7. 도로교통정보체계의 구축·운영에 관한 사항
8. 그 밖에 도로관리청이 도로의 체계적인 건설·관리를 위하여 필요하다고 인정하는 사항

④ 도로관리청은 건설·관리계획을 수립하려는 때에는 도로 건설과 관련된 사항에 대해서는 미리 관계 행정기관의 장의 의견을 들어야 하며, 필요한 경우 관할 지방자치단체의 장에게 자료의 제출을 요구할 수 있다.
⑤ 국토교통부장관이 제1항에 따라 건설·관리계획을 수립하는 경우 제9조에 따른 도로정책심의위원회의 심의를 거쳐야 하고, 시·도지사가 건설·관리계획을 수립하는 경우에는 국토교통부장관과 협의하여야 하며, 시장·군수·구청장이 건설·관리계획을 수립하는 경우에는 특별시장·광역시장 또는 도지사와 협의하여야 한다.

⑥ 도로관리청은 국토교통부령으로 정하는 바에 따라 도로의 재산적 가치를 조사·평가하여 이를 건설·관리계획에 반영하여야 하고, 관련 자료를 체계적으로 관리하여야 한다. 이 경우 도로의 재산적 가치에 대한 조사·평가는 「국가회계법」 제11조에 따른 국가회계기준에 적합하여야 한다.
⑦ 도로관리청은 건설·관리계획을 수립한 경우에는 국토교통부령으로 정하는 바에 따라 고시하여야 한다.
⑧ 이미 수립된 건설·관리계획을 변경하는 경우에는 제5항 및 제7항의 규정을 준용한다. 다만, 대통령령으로 정하는 경미한 사항을 변경하는 경우에는 그러하지 아니하다.

한편, 도로법 시행령에서는 자산가치 평가에 대한 항목을 찾아볼 수 없었으나 도로법 시행규칙 제2조에서는 "도로법 제6조제6항에 따른 도로의 재산적 가치에 대한 조사·평가는 현장조사와 문헌조사 등의 방법으로 한다."고 규정되어 있으며 전문은 다음과 같다.

도로법 시행규칙
제2조(도로의 재산적 가치에 대한 조사·평가) 「도로법」(이하 "법"이라 한다) 제6조제6항에 따른 도로의 재산적 가치에 대한 조사·평가는 현장조사와 문헌조사 등의 방법으로 한다.

이를 살펴보면, 도로의 재산적 가치에 대한 조사·평가 시에 도로법 제6조제6항에서는 국가회계법 제11조에 따른 국가회계기준을 적용해야 한다고 명기되어 있으며, 도로법 시행규칙에서는 현장조사와 문헌조사 등의 방법으로 한다고 명기하고 있다.

10.7 사회기반시설 회계처리지침

사회기반시설 회계처리지침의 목적은 「국가회계기준에 관한 규칙」 제38조제2항을 적용하기 위한 세부사항과 제9조, 제10조, 제14조, 제32조, 제38조 제1항 및 제3항, 제38조의2, 제40조에 대한 회계처리지침을 제공하기 위함이다. 도로인프라의 자산가치평가는 이 「사회기반시설 회계처리지침」과 「자산재평가 회계처리지침」(2011.8)을 동시에 준용하여야 한다. 핵심항목을 소개하면 다음과 같다.

• (사회기반시설의 정의) : 사회기반시설은 국가의 기반을 형성하기 위하여 대규모로 투자하여 건설하고 그 경제적 효과가 장기간에 걸쳐 나타나는 자산으로서, 「사회기반시설에 대한

민간투자법」제2조(정의)에서 나열한 시설 및 그 부속 토지 중 국가회계실체가 소유(실질적으로 소유하는 경우를 포함한다) 또는 통제하고 있는 자산을 말한다.

• (도로 자산유형 정의) 「도로법」 제2조에 따라 일반인의 교통을 위하여 제공되는 시설로서 일반국도와 고속국도를 말한다.

• (취득원가의 기준) 사회기반시설의 취득원가는 취득을 위하여 제공한 자산의 공정가액과 취득부대비용을 포함한다. 취득부대비용에는 (1) 설치장소 준비를 위한 지출, (2) 외부 운송 및 취급비, (3) 설치비, (4) 설계와 관련하여 전문가에게 지급하는 수수료, (5) 취득세, 등록세 등 유형자산의 취득과 관련된 제세공과금

• (자산가치 재평가 시행기준) 다음에 한하여 재평가를 실시

– 취득이후 공정가액과 장부금액의 차이가 중요하게 발생한 자산

– 국유재산 관리 총괄청이 일정주기를 정하여 재평가하기로 한 자산

– 「국가회계법」시행일(2009년 1월1일) 이전 취득자산 (자산재평가 회계처리지침 시행 후 최초 재평가에 한함)

• (재평가 판단기준) 재평가 사유 검토는 매 보고기간 말에 수행하며, 공정가액과 장부금액의 중요한 차이에 대한 판단기준은 사회기반시설 자산분류 내에서는 동일하게 적용하여야 한다.

• (재평가의 기준액) 최초 인식 이후 재평가하는 자산의 금액은 재평가 기준일의 공정가액으로 한다. 공정가액은 시장에서 거래되는 시장가격으로 하되, 시장가격이 없는 경우에는 전문성이 있는 평가인이 시장에 근거한 증거를 기초로 수행한 평가에 의해 결정한다. 공정가액에 대한 합리적인 증거가 없는 경우 공신력 있는 기관의 공시가격이나 상각후대체원가법으로 평가하는 방법이 있다.

• (차액의 회계처리)자산의 재평가로 인식한 "자산재평가이익(순자산조정)"은 해당 자산이 감가상각, 폐기, 처분될 때 관련손익과 상계처리한다. 감소된 경우에 그 감소액은 "자산재평가손실(비배분비용)"로 인식

• (감가상각의 대상) 사회기반시설의 감가상각은 정액법을 원칙으로 한다. 토지, 건설중인 사회기반시설, 감가상각대체 사회기반시설은 감가상각하지 않는다.

• (내용연수의 규정 및 수정) 사회기반시설을 관리하는 중앙관서의 장은 감가상각대상 사회기반시설의 내용연수를 정해야 한다. 내용연수는 경제적 효익의 감소, 주기적인 대규모 수선, 교체 주기 등을 고려하여 합리적인 기간으로 정한다. 사회기반시설의 내용연수는 자본적 지출 또는 진부화, 용도폐지 등의 사유로 인해 증감될 수 있으므로 해당 사유가 발생하

는 경우 각 중앙관서의 장은 잔존내용연수를 수정할 수 있다.

- (잔존가액의 처리) 사회기반시설의 잔존가액은 "0"으로 하되, 잔존가액을 합리적으로 추정할 수 있는 경우에는 추정한 금액으로 할 수 있다. 사회기반시설의 감가상각이 완료되는 마지막 연도에는 일정금액을 제외한 감가상각비를 인식하고 일정금액을 처분시점까지 사회기반시설의 자산가액으로 한다. 일정금액은 잔존가액을 추정한 경우에는 잔존가액으로 하되, 잔존가액이 "0"인 경우에는 1천 원으로 한다.
- (상각후 대체원가의 적용)사회기반시설을 재평가한 경우에는 재평가액을 취득원가로 보아 취득이후 기간 경과를 감안한 잔존내용연수에 걸쳐 감가상각한다.
- (2009년을 기준으로 한 감가상각의 처리) 2009년 1월 1일 이후 취득되어 재평가되지 아니한 사회기반시설의 경우에는 취득시점부터 소급하여 감가상각하되, 지침 시행일 이전까지의 감가상각 효과는 기초순자산에 반영한다.
- (감가상각대체 사회기반시설의 정의) (1) 자산의 성능 및 상태를 최소유지등급 이상으로 유지관리하는 사회기반시설, (2) 특정정보 제공이 가능한 사회기반시설 관리 시스템으로 관리하는 사회기반시설의 경우 감가상각대체 사회기반시설로 분류할 수 있다.
- (사회기반시설 관리 시스템의 조건) (1) 사회기반시설 자산목록의 최근정보, (2) 사회기반시설의 상태평가 내용 및 상태평가 결과, (3) 최소유지등급 이상으로 사회기반시설을 유지관리하기 위해 매년 소요될 수선유지비의 추정치에 대한 정보를 산출하고 문서화하여 관리할 수 있는 경우에는 사회기반시설관리 시스템으로 관리되는 것으로 보아 감가상각대체 사회기반시설로 분류할 수 있다.
- (감가상각대체 사회기반시설의 운영조건) 감가상각대체 사회기반시설을 관리하는 중앙관서의 장은 해당 자산의 용역 잠재력을 측정하기 위한 상태평가, 상태평가기준, 최소유지등급에 대해 전문가의 의견을 반영하여 사전적으로 정책을 수립해야 하며 이는 문서화되어야 한다. 또한 감가상각대체 사회기반시설이 최소유지등급 이상으로 유지 관리되는지 여부를 확인하기 위해 최소 3년마다 동일한 방법으로 상태평가를 수행하여야 한다.

감가상각대체 사회기반시설로 분류한 경우 다음과 같은 사항을 필수보충정보로 공시한다. 단, (5), (6) 항목은 이 지침 시행일 이전 정보는 제외한다.

(1) 감가상각대체 사회기반시설 분류기준의 충족 여부

(2) 감가상각대체 사회기반시설의 종류 및 규모(또는 수량)

(3) 상태평가 기준 : 상태평가, 상태평가기준 및 작성기관, 상태평가기준의 평가등급

(4) 최소유지등급

(5) 상태평가 결과 : 최근 3개년치의 상태평가 결과

(6) 최근 5개년의 추정된 수선유지비와 실제 지출된 수선유지비의 비교

- (유지관리 등 가치증가에 따른 회계처리) 사회기반시설의 내용연수를 연장시키거나 당해 사회기반시설의 가치를 실질적으로 증가시키는 지출은 자본적 지출로서 당해 사회기반시설의 장부가액에 가산한다. 이외의 지출은 수익적 지출로서 당기 비용으로 처리한다.

부록 표 6 자산유형 구분에 따른 자산가치평가 관련 기준 요약

<table>
<tr><th>구분</th><th>일반유형자산</th><th>사회기반시설</th></tr>
<tr><td rowspan="2">자산의 정의 및 인식 기준</td><td colspan="2">국가회계기준에 관한 규칙 제9조(자산의 정의와 구분)
① 자산은 과거의 거래나 사건의 결과로 현재 국가회계실체가 소유(실질적으로 소유하는 경우를 포함한다) 또는 통제하고 있는 자원으로서, 미래에 공공서비스를 제공할 수 있거나 직접 또는 간접적으로 경제적 효익을 창출하거나 창출에 기여할 것으로 기대되는 자원을 말한다.
② 자산은 유동자산, 투자자산, 일반유형자산, 사회기반시설, 무형자산 및 기타 비유동자산으로 구분하여 재정상태표에 표시한다.</td></tr>
<tr><td colspan="2">국가회계기준에 관한 규칙 제10조(자산의 인식기준)
① 자산은 공용 또는 공공용으로 사용되는 등 공공서비스를 제공할 수 있거나 직접적 또는 간접적으로 경제적 효익을 창출하거나 창출에 기여할 가능성이 매우 높고 그 가액을 신뢰성 있게 측정할 수 있을 때에 인식한다.
② 현재 세대와 미래 세대를 위하여 정부가 영구히 보존하여야 할 자산으로서 역사적, 자연적, 문화적, 교육적 및 예술적으로 중요한 가치를 갖는 자산(이하 "유산자산"이라 한다)은 자산으로 인식하지 아니하고 그 종류와 현황 등을 필수보충정보로 공시한다.
③ 국가안보와 관련된 자산은 기획재정부장관과 협의하여 자산으로 인식하지 아니할 수 있다. 이 경우 해당 중앙관서의 장은 해당 자산의 종류, 취득시기 및 관리현황 등을 별도의 장부에 기록하여야 한다.</td></tr>
<tr><td>일반유형자산과 사회기반시설의 정의</td><td>국가회계기준에 관한 규칙
제13조(일반유형자산) (p.31)
① 일반유형자산은 고유한 행정활동에 1년 이상 사용할 목적으로 취득한 자산(사회기반시설은 제외)으로서, 토지, 건물, 구축물, 기계장치, 집기·비품·차량운반구, 전비품, 기타 일반유형자산 및 건설 중인 일반유형자산 등을 말한다.
② 제1항의 전비품은 전쟁의 억제 또는 수행에 직접적으로 사용되는 전문적인 군사장비와 탄약 등을 말한다.

일반유형자산과 사회기반시설 회계처리지침
문단 3. (정의) (p.171)</td><td>국가회계기준에 관한 규칙
제14조(사회기반시설) (pp.31~32)
사회기반시설은 국가의 기반을 형성하기 위하여 대규모로 투자하여 건설하고 그 경제적 효과가 장기간에 걸쳐 나타나는 자산으로서, 도로, 철도, 항만, 댐, 공항, 기타 사회기반시설(상수도를 포함한다) 및 건설 중인 사회기반시설 등을 말한다.

일반유형자산과 사회기반시설 회계처리지침
문단 3. (정의) (p.171)
이 예규에서 사용하는 용어의 정의는 다음과 같다.
(2) "사회기반시설"이란 국가의 기반을 형성하</td></tr>
</table>

	이 예규에서 사용하는 용어의 정의는 다음과 같다. (1) "일반유형자산"이란 고유한 행정활동에 1년 이상 사용할 목적으로 취득한 자산(사회기반시설은 제외)으로서, 토지, 건물, 구축물, 기계장치, 집기·비품·차량운반구, 전비품, 기타 일반유형자산 및 건설중인일반유형자산 등을 말한다. 일반유형자산은 재화의 생산, 용역의 제공 또는 자체 사용 등의 목적으로 보유하는 물리적 형태가 있는 자산이다.	기 위하여 대규모로 투자하여 건설하고 그 경제적 효과가 장기간에 걸쳐 나타나는 자산으로서, 도로, 철도, 항만, 댐, 공항, 기타사회기반시설 및 건설중인사회기반시설 등을 말한다. 사회기반시설은 「사회기반시설에 대한 민간투자법」 제2조에서 나열한 시설 및 그 부속토지 중 국가회계실체가 소유(실질적으로 소유하는 경우를 포함한다) 또는 통제하고 있는 자산이다. ☞ 관련 부록 실무해설 1
분류	일반유형자산과 사회기반시설 회계처리지침 문단 4. (일반유형자산의 분류) (p.172) (1) "토지"란 대지, 임야, 전답 등 「측량·수로조사 및 지적에 관한 법률」 지적공부(토지대장, 임야대장 등을 말한다)에 등록·관리되는 대상을 말한다. (2) "건물"이란 청사, 관사, 아파트 등 「건축법」상 건축물로서 토지에 정착하는 공작물 중 지붕과 기둥 또는 벽이 있는 것과 부수되는 시설물을 말한다. (3) "구축물"이란 토지에 정착된 부동산 중 입목, 건물 및 건물 부속시설 등을 제외한 시설물을 말한다. (4) "기계장치" (5) "집기·비품·차량운반구" (6) "전비품" (7) "기타일반유형자산" (가) 입목 (나) 치안유지자산 (다) 정부미술품·정부미화물품 (라) 기타의기타일반유형자산 (8) "건설중인일반유형자산"이란 취득과정이 진행 중인 일반유형자산과 관련하여 발생한 재료비, 노무비 및 경비 등의 지출액을 일시적으로 처리하는 계정을 말한다. 건설중인일반유형자산은 검수 또는 국유재산 등에 등재 시점에 본계정으로 대체한다.	일반유형자산과 사회기반시설 회계처리지침 문단 5. (사회기반시설의 분류) (p.174) (1) "도로"란 「도로법」 제2조에 따라 일반인의 교통을 위하여 제공되는 시설로서 일반국도와 고속국도를 말한다. (2) "철도"란 「철도산업발전기본법」 제3조에 따라 여객 또는 화물을 운송하는 데 필요한 철도시설과 이와 관련된 운영·지원체계로서 일반철도, 광역철도와 고속철도를 말한다. (3) "항만" (4) "댐" (5) "공항" (6) "기타사회기반시설" (가) 하천 (나) 상수도 (다) 국가어항 (7) "건설중인사회기반시설"이란 취득과정이 진행 중인 사회기반시설과 관련하여 발생한 재료비, 노무비 및 경비 등의 지출액을 일시적으로 처리하는 계정을 말한다. 건설중인사회기반시설은 검수 또는 국유재산 등에 등재 시점에 본계정으로 대체한다.
계정과목	실무해설2. 일반유형자산 상세 계정과목 (pp.172~173)	실무해설3. 사회기반시설상세 계정과목 (pp.177~179)
평가	국가회계기준에 관한 규칙 제32조(자산의 평가기준) ① 재정상태표에 표시하는 자산의 가액은 해당 자산의 취득원가를 기초로 하여 계상한다. 다만, 무주부동산의 취득, 국가 외의 상대방과의 교환 또는 기부채납 등의 방법으로 자산을 취득한 경우에는 취득 당시의 공정가액을 취득원가로 한다. ② 국가회계실체 사이에 발생하는 관리환은 무상거래일 경우에는 자산의 장부가액을 취득 원가로 하고, 유상거래일 경우에는 자산의 공정가액을 취득원가로 한다.	

<table>
<tr><td></td><td colspan="2">③ 재정상태표에 표시하는 자산은 이 규칙에서 따로 정한 경우를 제외하고는 자산의 물리 적인 손상 또는 시장가치의 급격한 하락 등으로 해당 자산의 회수가능가액이 장부가액에 미달하고 그 미달액이 중요한 경우에는 장부가액에서 직접 빼서 회수가능가액으로 조정하고, 장부가액과 회수가능가액의 차액을 그 자산에 대한 감액손실의 과목으로 재정운영순원가에 반영하며 감액명세를 주석으로 표시 한다. 다만, 감액한 자산의 회수가능가액이 차기 이후에 해당 자산이 감액되지 아니하였을 경우의 장부가액 이상으로 회복되는 경우에는 그 장부가액을 한도로 하여 그 자산에 대한 감액손실환입 과목으로 재정운영순원가에 반영한다.
④ 「군수품관리법」에 따라 관리되는 전비품 등의 평가기준은 국방부장관이 따로 정하는 바에 따를 수 있다.</td></tr>
<tr><td></td><td>국가회계기준에 관한 규칙
제37조(일반유형자산의 평가) (p.36)
① 일반유형자산(원칙 : 강제규정)★
－취득원가 : 해당 자산의 건설원가 또는 매입가액에 부대비용을 더한 금액으로 하고,
－감가상각 : 객관적이고 합리적인 방법으FH 추정한 기간에 정액법 등을 적용하여야 한다.
② 사용수익권
해당 일반유형자산의 차감항목으로 표시한다.</td><td>국가회계기준에 관한 규칙
제38조(사회기반시설의 평가) (p.36)
① 사회기반시설의 평가에 관하여는 일반유형자산의 평가 규정을 준용한다. 이 경우 감가상각은 건물, 구축물 등 세부 구성요소별로 감가 상각한다.
② 감가상각 대체비용(선택적 규정)★
제1항에도 불구하고 사회기반시설 중 관리·유지 노력에 따라 취득 당시의 용역 잠재력을 그대로 유지할 수 있는 시설에 대해서는 감가상각하지 아니하고 관리·유지에 투입되는 비용으로 감가상각비용을 대체할 수 있다. 다만, 효율적인 사회기반시설 관리 시스템으로 사회기반시설의 용역 잠재력이 취득 당시와 같은 수준으로 유지된다는 것이 객관적으로 증명되는 경우로 한정한다.
③ 사용수익권
해당사회기반시설의 차감항목에 표시한다.</td></tr>
<tr><td>재평가</td><td colspan="2">국가회계기준에 관한 규칙 제38조의2(일반유형자산 및 사회기반시설의 재평가 기준)
① 제32조에도 불구하고 일반유형자산과 사회기반시설을 취득한 후 재평가할 때에는 공정가액으로 계상하여야 한다. 다만, 해당 자산의 공정가액에 대한 합리적인 증거가 없는 경우 등에는 재평가일 기준으로 재생산 또는 재취득하는 경우에 필요한 가격(재조달가격)에서 경과연수에 따른 감가상각누계액 및 감액손실누계액을 뺀 가액으로 재평가하여 계상할 수 있다.</td></tr>
<tr><td>취득후 지출</td><td colspan="2">국가회계기준에 관한 규칙 제40조 (일반유형자산 및 사회기반시설의 취득 후 지출)
(1) 자본적 지출
일반유형자산 및 사회기반시설의 내용연수를 연장시키거나 가치를 실질적으로 증가시키는 지출은 자산의 증가로 회계처리하고,
(2) 수익적 지출
원상회복시키거나 능률유지를 위한 지출은 비용으로 회계 처리한다.</td></tr>
</table>

참고문헌

CHAPTER 01 사회기반기설의 자산관리 개요

채명진·윤원건(2014), 사회기반시설 자산관리 입문서, 구미서관.

IPWEA(2015), International Infrastructure Management Manual 2015.

ISO(2014a), International Standard ISO 55000 : Asset management-Overview, principles and terminology.

ISO(2014b), International Standard ISO 55001 : Asset management-Management systems.

ISO(2014c), International Standard ISO 55002 : Asset management-Management systems : Guidelines for the application of ISO 55001.

CHAPTER 02 자산가치의 평가와 회계처리

국가회계기준센터(국가회계재정통계센터), 감가상각대체 사회기반시설 관련 해외사례조사, 국가회계기준센터 연구자료집 2012-01, 2012.5.

기획재정부, 국가회계기준에 관한 규칙, 국가회계편람, 2016.

기획재정부, 일반유형자산과 사회기반시설 회계처리 지침, 국가회계예규, 국가회계편람, 2016.

기획재정부, 국가결산서 2011~2016.

기획재정부, 소관별 결산서 2011~2016.

CHAPTER 03 사회기반시설의 장기 공용성 모형

도명식·이종달·김주현(2007), SOC계획과 시스템분석, 대가.

한대석·도명식·김성현, 김정환(2007), 이용자 및 사회환경비용을 고려한 포장유지대안의 생애주기비용 분석, 대한토목학회논문집, 제27호, 제6권, pp.727~740.

한대석·이수형·유인균(2016), 자산관리개념과 파손모형의 이해, 한국도로학회지, 제18권, 제4호, pp.14~19.

Han, D. and Do, M.(2016), Evaluation of Socio-Environmental Effects considering Road Service Levels for Transportation Asset Management," Journal of Testing and Evaluation, Vol. 44, No. 1, 2016, pp. 679-691, doi:10.1520/JTE20140484.

Han, D. and Lee, S.(2016), Stochastic Forecasting of Life Expectancies considering

Multi-maintenance Criteria and Localized Uncertainties in the Pavement-deterioration Process, Journal of Testing and Evaluation, Vol. 44, No. 1, pp.679~691, DOI: 10.1520/JTE20140246.

Han, D., Kaito, K., and Kobayashi, K.(2014), Application of Bayesian Estimation Method with Markov Hazard Model to Improve Deterioration Forecasts for Infrastructure Asset Management, KSCE J. of Civil Engineering, Vol. 18, No. 7, pp.2107~2119, DOI: 10.1007/s12205-012-0070-6.

Han, D., Kaito, K., Kobayashi, K., and Aoki, K.(2016), Performance Evaluation of Advanced Pavement Materials by Bayesian Markov Mixture Hazard Model, KSCE J. of Civil Engineering, Vol. 20, No. 2, pp.729~737, DOI: 10.1007/s12205-015-0375-3.

Han, D., Kaito, K., Kobayashi, K., and Aoki, K.(2017), Management Scheme of Road Pavements Considering Heterogeneous Multiple Life Cycles Changed by Repeated Maintenance Work, KSCE J. of Civil Engineering, Vol. 21, No. 5, pp.1747~1756, DOI: 10.1007/s12205-016-1461-x.

ISO(2014), ISO 55000~2; Asset Management, International Standard Organization, Geneva.

Kaito and Kobayashi (2007), "Bayesian Estimation of Markov deterioration hazard model", JSCE J. of Civil Engineers, Vol. 63, No. 2, pp.336~355(in Japanese).

Koop, G., Poirier, D.J., and Tobias J.L.(2007), Bayesian Econometric Methods, Cambridge University Press, N.Y., 2007.

Lancaster, T.(1990), The Econometric Analysis of Transition Data, Cambridge University Press, New York.

Markov, A. A.(1907), Extension of the Limit Theorems of Probability Theory to a Sum of Variables Connected in a Chain, Reprinted in Appendix B of: R.A Howard, Dynamic Probabilistic Systems (Volume I: Markov Models), Dover Publication INC, Mineola, New York.

Train, K. E.(2009), Discrete Choice Methods with Simulation (2nded.), Cambridge University Press, New York, USA.

Tsuda, Y., Kaito, K., Aoki, K., and Kobayashi, K.(2006), "Estimating Markovian Transition probabilities for bridge deterioration forecasting", J. of Structural Engineering and Earthquake Engineering, JSCE., Vol. 23, No. 2, pp.241~256, DOI:

10.1007/s12205-010-0343-x.

CHAPTER 04 사회기반시설의 경제성 분석

AASHTO(1993), AASHTO Guide for Design of Pavement Structures, American Association of State Highway and Transportation Officials, Washington, D.C.

AASHTO(2003), User Benefit Analysis for Highway, American Association of State Highway and Transportation Officials, Washington, D.C.

FHWA(1998). Life-Cycle Cost Analysis in Pavement Design-In Search of Better Investment Decisions, Federal Highway Administration, U.S. Department of Transportation, Washington, D.C.

FHWA(1999). Asset Management Primer, Office of Asset Management, Federal Highway Administration, U.S. Department of Transportation, Washington, D.C.

FHWA(2000). Highway Economic Requirements System, Federal Highway Administration, U.S. Department of Transportation, Washington, D.C.

Labi, S., and Sinha, K. C. (2002). Effect of Routine Maintenance on Capital Expenditures, Purdue University, West Lafayette, IN.

Lee, S. H. (2010). Optimal Highway Investment Decision-making under Risk and Uncertainty, Dissertation, Illinois Institute of Technology, Chicago, IL.

Peshkin, D. G., Hoerner, T. E., and Zimmerman, K. A. (2005). Optimal Timing of Pavement Preventive Maintenance Treatment Applications, NCHRP Report 523, National Academies Press, Washington, D.C.

Walls, J., and Smith, M. R. (1998). Life-Cycle Cost Analysis in Pavement Design, Report FHWA-SA-98-079, Federal Highway Administration, U.S. Department of Transportation, Washington, D.C.

Zaniewski, J. P., Butler, B. C., Cunningham, G. E., Paggi, M. S., and Machemehl, R. (1982). Vehicle Operating Costs, Fuel consumption, and Pavement Types and Condition Factors, Final Report No. PB82-238676. Federal Highway Administration, Washington, D.C.

CHAPTER 05 자산관리계획 수립과 의사결정

국토해양부(2012), 제3차 시설물의 안전 및 유지관리 기본계획
노윤승·도명식(2014), 도로네트워크 기능 및 연결성을 고려한 긴급대피교통로선정, 한국ITS학회논문지, 제13권 제6호, pp.34~42.
도명식·권수안·이상혁·김용주(2014), 국도 포장관리 시스템을 위한 의사결정시스템 개발, 대한토목학회 논문집, 제34권 제2호, pp.645~654.
도명식·권수안·최승현(2013), 국도포장 유지보수 공법 및 시기에 따른 편익산정 방안, 한국도로학회 논문집, 제15권 제5호, pp.91~99.
정호용·최승현·도명식(2018), 재난 강도에 따른 도로 네트워크의 성능 및 회복력 산정 방안, 한국도로학회 논문집, 제20권 제1호, pp.35~45.
채명진·윤원건(2014), 사회기반시설 자산관리 입문서, 구미서관.
통계청(2014), 2014년 사회조사 결과.
현대경제연구원(2014), 현안과 과제 : 안전의식 실태와 정책 과제.
한국건설산업연구원(2013), 영미 선진국 인프라 평가 체계의 이해와 국내 도입 방향.
한국건설기술연구원(2008), 2007 도로포장 관리 시스템 최종보고서, 국토해양부.
American Society of Civil Engineers(2013), REPORT CARD for america INFRASTRUCTURE.
ENGINEERS AUSTRALIA(2010), Infrastructure report cad 2010 australia. Engineers Australia.
IPWEA(2015), International Infrastructure Management Manual 2015.
Institution of Civil Engineers(2014), THE STATE OF THE NATION : INFRASTRUCTURE 2014.
Jerry Casey, P.E(2014), Communicating Customer Service Levels, MaineDOT.
Kenneth L.(2011), Prioritizing: Customer Service Levels, MAINE TRAILS.
NCHRP REPORT 551(2006), Performance Measures and Targets for Transportation Asset Management.
OECD(2001), Asset Management for the Roads Sector.
Qindong, Li. and Arun, Kumar.(2003), National&International Practices in decision support tools in road asset management.
The Canadian Infrastructure Report Card(2012), Canadian Infrastructure Report Card Volume 1: 2012 Municipal Roads and Water Systems.
TRB(2010), NCHRP Report 677 Development of Levels of Service for the Interstate

Highway System.
Willoughby City Council(2014), Road Pavements.

CHAPTER 06 ISO 55000과 IIMM

국토교통부(2016), 도로자산 관리체계 구축방안 마련연구(도로포장 중심).
채명진·윤원건(2014), 사회기반시설 자산관리 입문서, 구미서관.
ISO(2014a),International Standard ISO 55000 : Asset management–Overview, principles and terminology.
ISO(2014b),International Standard ISO 55001 : Asset management–Management systems.
ISO(2014c),International Standard ISO 55002 : Asset management–Management systems : Guidelines for the application of ISO 55001.

CHAPTER 07 도로포장의 자산관리

Han, D. and Kobayashi, K (2013), Criteria for the development and improvement of PMS models, *KSCE Journal of Civil Engineering*, Vol. 17, No. 6, pp.1302~1316.

CHAPTER 08 상수도의 자산관리

일본 후생노동성(厚生労働省健康局水道課), 수도 사업의 자산관리 지침(水道事業におけるアセットマネジメント(資産管理)に関する手引き), 2009.
특허 : 상하수도 관망 자산관리 시스템, 출원번호 1020100109412.
한국건설기술연구원, 상하수도관로의 성능 및 사용효율 증대를 위한 자산관리기법 개발, 2012.
환경부, 2014 상수도통계, 2016.
환경부, ICT기반 상수도시설 스마트 자산관리 시스템 개발(1차 연도), 2017.
환경부, 상수도시설의 운영 및 자산관리 통합 시스템 개발, 2017.
황환국 외, 상하수도 관로의 효과적 유지관리를 위한 자산관리기법 개발, 2010.
ADB, Water Utility Asset Management: A Gudie for Development Practitioners, Asian Development Bank, p.45, 2013.
AMSA, AMWA, AWWA, WEF, "Managing Public Infrastructure Assets", 2001.
EPA, "Asset Management A Best Practice Guide", 2008.
EPA, "The Fundamentals of Asset Management", 2012.

IBM, Maximo, http://www.tolerro.com/our-solutions/asset-management/#ibm-maximo-eam (accessed 15 JAN 2017)

Innovyze, CapPlan Water, http://www.innovyze.com/products/capplan_water/(accessed 15 JAN 2017)

IPWEA, IIMM(International Infrastructure Management Manual) international 5th edition 2015, IPWEA, p.372, 2015.

Saegrov et al, CARE-W(Computer Aided Rehabilitation for Water Networks), IWA Publishing, 2005.

SINTEF, User Manual CARE-W Rehab Manager, 2004.

US EPA(Environmental Protection Agency), The Fundamental of Asset Management session 0-Executive overview, https://www.epa.gov/sustainable-water-infrastructure/asset-management-workshops-training-slides(accessed 15 JAN 2017)

CHAPTER 09 드론을 이용한 기반시설의 자산관리

김도형, 지상측량과 UAV 연계를 통한 임야지역 경계설정 방향 연구, 학위논문(석사), 청주대학교 대학원, 2017.

박진평, 무인항공시스템을 이용한 접근난해지역의 지적정보 취득 및 활용, 학위논문(박사), 청주대학교 대학원, 2015.

신현선, 드론영상을 활용한 토석류의 피해 추적기법 개발, 학위논문(석사), 경북대학교 대학원, 2017.

이강원, 손호웅, 김덕인, 드론(무인기)원격탐사 사진측량, 구미서관, 2017.

이근상, 이종조, UAV기반 열적외선 센서를 이용한 태양광 셀의 발열 검출, 한국지형공간정보학회지, 제 25권 제1호, 정기간행물실(524호), pp.71~78, 2017.

임성하, UAV(드론)활용 도로 관리운영 효율화 방안, 한국도로협회, 제1467호, 정기간행물실(524호), pp.52~56, 2017.

임수봉 외 2명, UAV를 이용한 접근불가 지역의 지형측량, 한국측량학회 학술대회자료집, 2015.

임홍빈, 항공라이다 데이터를 이용한 수문정보의 분석, 학위논문(석사), 한국교통대학교 대학원, 2015.

Liu, K. and Bohm, J., Classification of big point cloud data using cloud computing. The International Archives of Photogrammetry, Remote Sensing and Spatial Information

Sciences40(3), p.553.(2015)

Zhou, M., Li, C. R., Ma, L. and Guan, H. C., Land cover classification from full-waveform LIDAR data based on Support Vector Machines. ISPRS-International Archives of the Photogrammetry, Remote Sensing and Spatial Information Sciences XLI-B3, pp.447~452, 2016.

찾아보기

집필진 소개

도명식

한밭대학교 도시공학과 교수
교토대학교 공학박사(교통계획 전공)
한국도로학회 자산관리분과 위원장
국토교통부 도시교통정책실무위원회 위원

박성환

한밭대학교 경영회계학과 교수
서강대학교 경영학박사(회계학 전공)
한국회계학회 회계저널 편집위원장
한국조세재정연구원 재정전문가 네트워크 위원

한대석

한국건설기술연구원 도로연구소 수석연구원
교토대학교 공학박사(SOC자산관리 전공)
오사카대학교 토목공학과 특임연구원
자산관리 국제표준 ISO55001 인증심사원

이상혁

한국건설기술연구원 도로연구소 연구원
Illinois Institute of Technology 공학박사(토목공학 전공)
한밭대학교 도시공학과 겸임교수

신휘수

㈜도화엔지니어링 기술개발연구원 연구원
교토대학교 공학박사(도시사회공학 전공)
한국상하수도협회 강사
전) 서울시립대 연구교수

김성훈

㈜스마트지오 대표이사
영남대학교 박사수료(토목공학 전공)
영남이공대학교 토목과 겸임교수

사회기반시설의 자산관리와 ISO 55000

초판인쇄 2018년 3월 2일
초판발행 2018년 3월 9일

저　　자 한국도로학회 자산관리분과위원회
펴 낸 이 김성배
펴 낸 곳 도서출판 씨아이알

책임편집 박영지
디 자 인 김나리, 윤미경
제작책임 이헌상

등록번호 제2-3285호
등 록 일 2001년 3월 19일
주　　소 (04626) 서울특별시 중구 필동로8길 43(예장동 1-151)
전화번호 02-2275-8603(대표)
팩스번호 02-2265-9394
홈페이지 www.circom.co.kr

I S B N 979-11-5610-369-1 93530
정　　가 22,000원